U0216919

建筑工程图识读与
AutoCAD2009 绘图实训

林和德 编著

厦门大学出版社
XIAMEN UNIVERSITY PRESS
国家一级出版社
全国百佳图书出版单位

内容简介

　　本书根据高职高专建筑工程专业培养方案要求,在简单介绍制图基本知识和 AutoCAD 绘图方法的基础上,结合大量工程实例,重点讲述了建筑施工图、结构施工图、给水排水管道施工图、燃气管道施工图、通风空调系统施工图和电气施工图的识读方法,并配合大量实例介绍 AutoCAD 2009 的绘图技巧。

　　本书适合高职专科建筑工程类各专业作为制图课和 AutoCAD 教材使用,也可作为市政类工科专业的制图课和 AutoCAD 学习教材。

前　言

1. 本教材编写思路

本教材根据国家高职高专人才培养目标及要求,在编者长期教学与工程实践经验积累的基础上,本着基本知识够用的原则,对工作中较少涉及的绘画几何理论进行删除,着重考虑实用性,采用新制图标准进行编写。考虑到 AutoCAD 现在已经成为工科大学生必须掌握的一门技术,本教材也将结合国家最新设计规范与制图标准,较全面地介绍利用 AutoCAD 2009 进行工程制图的一般方法及常用技巧。

2. 主要特色

① 结合建筑工程各专业学生学习特点和今后工作要求,在制图基本理论内容编排上,力争简单实用。

② 在专业制图部分,所有实例均来自实际工程,有很强的实用性和参考性;

③ 在内容编排上,不断穿插介绍相关新规范及工程图纸的识读方法;

④ 本教材将专业制图基本知识与 AutoCAD 绘图技巧融会在一起,通过大量的工程实例图的绘制练习,可以让学生较快地掌握 AutoCAD 的绘图技巧,并将其应用到专业制图当中。

3. 本书包含三大部分内容:

上篇:建筑工程图的识读与绘制,第一章至第十章;

下篇:AutoCAD 2009 绘图方法,第十一章至第十四章;

AutoCAD 2009 专业绘图实训,第十五章至第十六章。

4. 本书按 120 学时(制图基本知识 60 学时 ＋ AutoCAD 2009 60 学时)要求进行编写。

5. 本书有配套的《建筑工程图的识读与绘制习题集》及教学辅助光盘,可供使用。

6. 本书编写过程中参考了许多相关书籍,并在此表示衷心的感谢!

由于编者水平有限,书中难免存在缺点和错漏,恳请读者提出批评指正。编著者联系方式:limhd2055108@163.com,13906068873

编　者

2010-10-6

目　录

下篇　计算机绘图

上篇

建筑工程图识读与绘制

CAD

第一章　建筑工程制图基本知识

1.1　工程制图标准的一般规定

　　制图国家标准(简称国标 GB)是所有工程人员在设计、施工、管理中必须严格执行的条例,是学习制图的依据,绘图时必须严格遵守。建设部批准并颁布了有关建筑制图的国家标准6 项,包括总纲性质的《GB/T 50001-2001 房屋建筑制图统一标准》和专业部分的《GB/T 50103-2001 总图制图标准》、《GB/T50104-2001 建筑制图标准》、《GB/T50105-2001 建筑结构制图标准》、《GB/T50106-2001 给水排水制图标准》、《GB/T 50114-2001 暖通空调制图标准》,并自 2002 年 3 月 1 日起施行。

1.1.1　图纸幅面和格式

　　图纸的幅面是指图纸本身的大小规格。图框是图纸上所供绘图的范围的边线。图纸的幅面和图框的尺寸应符合表 1-1 规定和图 1-1a、b 的格式,从表中可以看出,A1 幅面是 A0 幅面的对开,其他幅面依此类推。表中代号的意义如图 1-1 所示。在一个工程设计中,每个专业所使用的图纸,一般不宜多于两种幅面。图纸以短边作为垂直边称为横式(图 1-1a),以短边作为水平边称为立式(图 1-1b)。一般 A0～A3 图纸宜横式使用。图纸的短边一般不应加长,长边可加长,但加长的尺寸必须按照国标的有关规定。

表 1-1　幅面及图框尺寸　　　　　　　　　　　　　mm

尺寸代号 \ 幅面代号	A0	A1	A2	A3	A4
$b×l$	841×1189	594×841	420×594	297×420	210×297
c		10		5	
a			25		

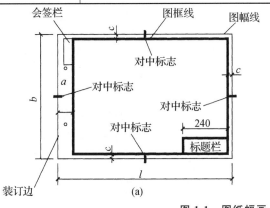

图 1-1　图纸幅画

图纸的标题栏如图 1-2,会签栏如图 1-3 所示。

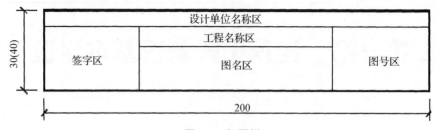

图 1-2 标题栏

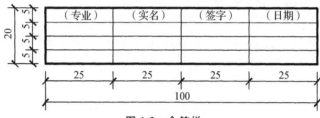

图 1-3 会签栏

学生制图作业可采用图 1-4 所示格式标题栏。

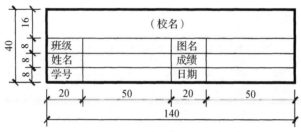

图 1-4 制图作业的标题栏格式

1.1.2 图线

画在图纸上的线条统称图线。图线有粗、中、细之分。各类图线的线型、宽度、用途如表 1-2 所示。

表 1-2 图 线

名称		型 式	宽度	一般用途
实线	粗		b	主要可见轮廓线
	中		$0.5b$	可见轮廓线
	细		$0.25b$	可见轮廓线、图例线
虚线	粗		b	见各有关专业制图标准
	中		$0.5b$	不可见轮廓线
	细		$0.25b$	不可见轮廓线、图例线
单点长画线	粗		b	见各有关专业制图标准
	中		$0.5b$	见各有关专业制图标准
	细		$0.25b$	中心线、对称线等

续表

名称		型 式	宽度	一般用途
双点长画线	粗		b	见各有关专业制图标准
	中		$0.5b$	见各有关专业制图标准
	细		$0.25b$	假想轮廓线、成型前原始轮廓线
折断线			$0.25b$	断开界线
波浪线			$0.25b$	断开界线

各种线型在房屋平面图上的用法如图 1-5 所示。

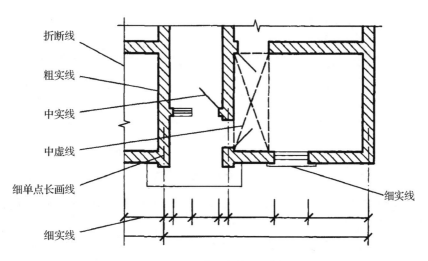

图 1-5 各种图线应用示例

每个图样,应根据复杂程度与比例大小,先选定基本线宽 b。b 值可从线宽系列中选取,即 2.0、1.4、1.0、0.7、0.5、0.35 mm。选定 b 值后,再选用表 1-3 中相应的线宽组。

表 1-3 线宽组   mm

线宽比	线 宽 组					
b	2.0	1.4	1.0	0.7	0.5	0.35
$0.5b$	1.0	0.7	0.5	0.35	0.25	0.18
$0.25b$	0.5	0.35	0.25	0.18	—	—

注:①需要缩微的图纸,不宜采用 0.18 及更细的线宽。

②同一张图纸内,各不同线宽中的细线,可统一采用较细的线宽组的细线。

画线时还应注意下列几点:

①在同一张图纸内,相同比例的各图样,应选用相同的线宽组。

②图纸的图框和标题栏线,可采用表 1-4 中的线宽。

表 1-4　图框线、标题栏线的宽度　　　　　　　　　　　　　　mm

幅面代号	图框线	标题栏外框线	标题栏分格线、会签栏线
A0、A1	1.4	0.7	0.35
A2、A3、A4	1.0	0.7	0.35

③虚线的画长和间隔应保持长短一致。画长为 3～6 mm,间隔为 0.5～1 mm。单点长画线或双点长画线画的长度应大致相等,为 15～20 mm。

④虚线与虚线交接或虚线与其他图线段交接时,应是线段交接。虚线为实线的延长线时,不得与实线连接。其正确和错误的画法如图 1-6 所示。

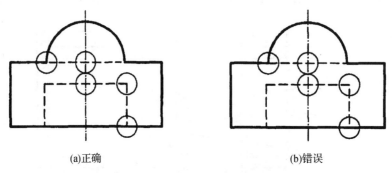

(a)正确　　　　　　　　　　　　　　　　(b)错误

图 1-6　虚线交接的圆法

⑤单点长画线或双点长画线的两端,不应是点。点画线与点画线交接或点画线与其他图线交接时,应是线段交接。

⑥单点长画线或双点长画线,当在较小图形中绘制有困难时,可用实线代替。

⑦相互平行的图线,其间隔不宜小于其中的粗线宽度,且不宜小于 0.7 mm。

⑧图线不得与文字、数字或符号重叠、混淆,不可避免时,应首先保证文字等的清晰。

1.1.3　字体

图纸上所书写的文字、数字或符号等,均应笔划清楚、字体端正、排列整齐、间隔均匀;标点符号应清楚正确。

文字的高度,应从如下系列中选用:3.5、5、7、10、14、20 mm。

1. 汉字

在图样及说明中的汉字宜采用长仿宋体。汉字的简化字书写,必须符合国家公布的汉字简化的有关规定。长仿宋体字体的高度与字宽的比例大约为 1∶0.7,长仿宋体字体的示例如图 1-7。

字体端正　笔划清楚　排列整齐　间隔均匀

图 1-7　长仿宋体汉字示例

2. 拉丁字母和数字

拉丁字母、阿拉伯数字与罗马数字的字体有直体和斜体之分,斜体字的斜度应是从字的底线逆时针向上倾斜 75°,其高度与宽度应与相应的直体字相等。

数量的数值注写,应采用直体阿拉伯数字。直体和斜体拉丁字母、阿拉伯数字与罗马数字示例如图 1-8、图 1-9。

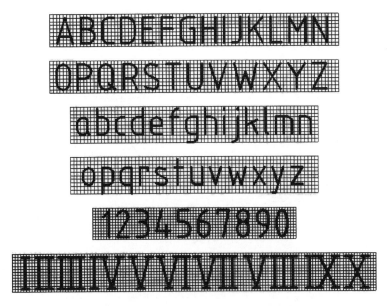

图1-8　直体拉丁字母、阿拉伯数字与罗马数字示例

图1-9　斜体拉丁字母、阿拉伯数字示例

1.1.4　比例

图中图形与其实物相应要素的线性尺寸之比,称为比例。绘图所用的比例,应根据图样的用途与被绘对象的复杂程度,从表中选用,并优先用表中的常用比例。

常用比例	1:1、1:2、1:5、1:10、1:20、1:50、1:100、1:150、1:200、1:500、1:1000、1:2000、1:5000、1:10000、1:20000、1:50000、1:100000、1:200000
可用比例	1:3、1:4、1:6、1:15、1:25、1:30、1:40、1:60、1:80、1:250、1:300、1:400、1:600

建筑及设备图中,最常用的比例在1:100左右,建筑平面图最常用的比例为1:100和1:200,而1:50和1:20通常在剖面图或大样图中采用。

1.1.5　尺寸标注

图样只能表示建筑物及其各部分的形状,其大小及各部分的相对位置是通过尺寸标注来确定的。表1-5和表1-6列出了标注尺寸的基本规则和注法示例。

表 1-5　标注尺寸的基本规则

说　明	图　例
完整的尺寸,由下列内容组成(如图 a 所示): 　　(1)尺寸线(细实线) 　　(2)尺寸界线(细实线) 　　(3)尺寸数字 　　(4)尺寸起止符号——一般用中粗斜短线绘制,其倾斜方向应与尺寸界线成顺时针 45°角,长度宜为 2~3 mm(如图 b 所示)。标注半径、直径和角度时,尺寸起止符号用箭头表示(如图 c 所示)	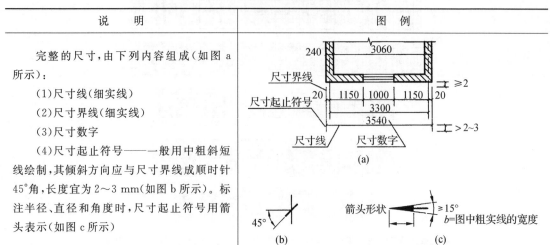

表 1-6　标注尺寸示例

说　明	正　确	错　误
尺寸线倾斜时数字的方向应便于阅读,尽量避免在 30°斜线范围内注写尺寸		
尺寸数字应写在尺寸线的中间。在水平尺寸线上的应从左到右写在尺寸线上方。在铅直尺寸线上的,应从下到上写在尺寸线左方		
大尺寸在外,小尺寸在内		
不能用尺寸界线作为尺寸线		
轮廓线、中心线可作为尺寸界线,但不能用作尺寸线		

8

续表

说　　明	正　　确	错　　误
同一张图纸内尺寸数字应大小一致	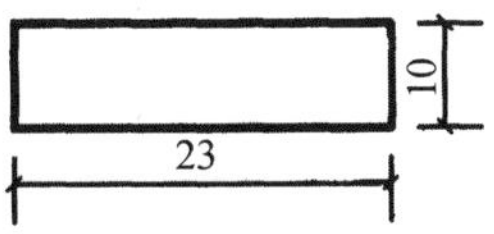 23　10	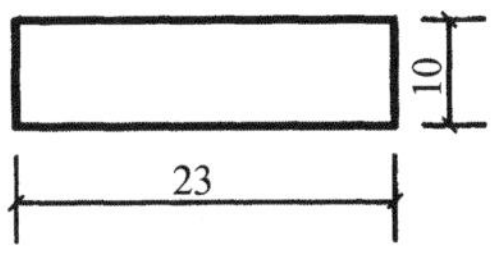 23　10
在断面图中写数字处,应留空不画断面线	 26	 26
两尺寸界线之间比较窄时,尺寸数字可注在尺寸界线外侧,或上下错开,或用指引线引出再标注	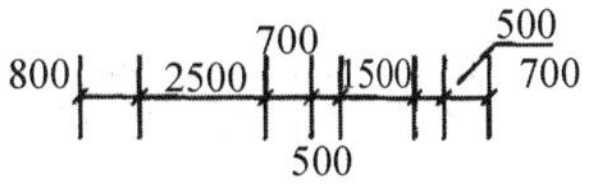 800　2500　700　1500　500　700　500	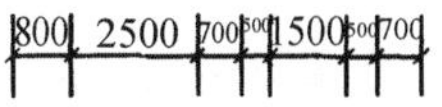 800　2500　700　500　1500　500　700
桁架式结构的单线图,宜将尺寸直接注在杆件的一侧	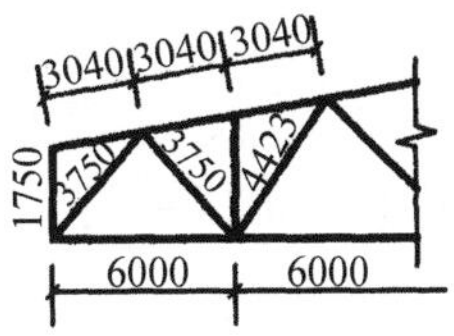 1750　3040 3040 3040　3750 3750 4423　6000　6000	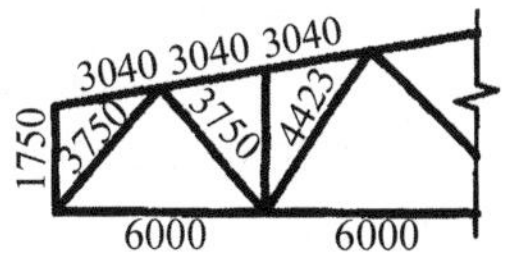 1750　3040 3040 3040　3750 3750 4423　6000　6000

说　　明	正　　确
标注直径尺寸时,应在尺寸数字前加注符号"Φ",标注半径尺寸时,加注符号"R",角度数字一律水平书写	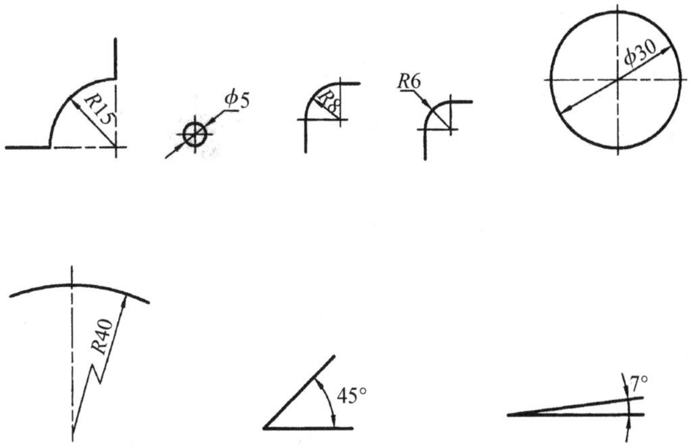 $R15$　$\phi5$　$R8$　$R6$　$\phi30$　$R40$　$45°$　$7°$

1.2　投影的分类

1.2.1　投影法概述

投射线通过物体,向选定的面投射而在该面上得到物体投影的方法称为投影法。

投射线交于一点时所形成的投影称为中心投影(图 1-10);

相互平行的投射线所形成的投影称为平行投影(图 1-11);

投射线垂直于投影面时称为正投影,如图 1-11a;

倾斜于投影面时称为斜投影,如图 1-11b。

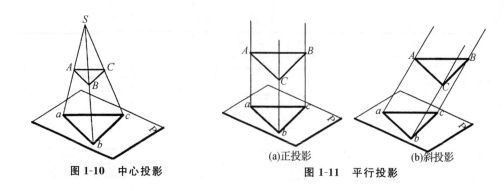

图 1-10　中心投影　　　　图 1-11　平行投影

（a)正投影　　　　（b)斜投影

1.2.2　工程上常用的几种图示方法

用图样表达形体的空间形状的方法,称为图示法。工程上常用的图示方法有透视投影法、斜投影法、正投影法和标高投影法。

1. 透视投影

图 1-12a 是按中心投影法画出的形体的透视投影图,简称透视图。其图样直观性强,在表达室内、室外建筑效果或设计方案比较时常用这种图样来表示。

2. 斜投影

图 1-12b 是按斜投影法画出的轴测图,这种图样具有立体感,但不能完整地表达物体的形状,一般只能作为工程辅助图样。

3. 正投影

图 1-12c 是按正投影法(也称直角投影法)画出的形体三面投影图。这种图样度量性好,工程上应用最广,但它缺乏立体感,需经过一定的训练才能看懂。

4. 标高投影

标高投影图是一种带有数字标记的单面直角投影,它用直角投影反映形体的长度和宽度,其高度用数字标注。作图时,假想用间隔相等的水平面截割地形面,其交线即为等高线,将不同高程的等高线投影在水平的投影面上,并标注出各等高线的高程数字,即得标高投影图。如图 1-12d 所示。

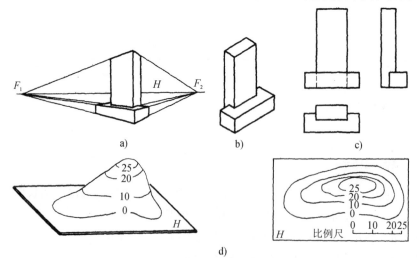

图 1-12　工程常用的几种图示方法

a)透视投影图　b)轴测投影图　c)正投影图　　d)标高投影图

工程图样一般采用正投影,本书今后所称的投影都是正投影。

1.3　点、直线、平面的正投影基本性质

任何形体的构成都是由点、线、面组成的。若要正确表达或分析形体,应先了解点、直线和平面的正投影的基本性质,才有助于更好理解投影图的内在联系及投影规律。

点、直线、平面的正投影归纳起来主要有如下基本性质:真实性、积聚性、类似性。

1)点的投影仍是点,并规定空间点用大写字母表示,其在投影面上的投影用对应的小写字母表示,如图 1-13a 所示。

2)如果有两个或两个以上的空间点,它们位于同一投射线的投影必重影在投影面上,这种性质叫重影性;并规定重影性中被遮挡的投影点应加括号表示,如图 1-13b 所示。

3)垂直于投影面的空间直线在该投影面上的投影积聚成一点,如图 1-13c 所示;垂直于投影面的空间平面在该投影面上的投影积聚成一直线,且空间平面上的任意线或点的投影必在该平面的投影积聚直线上,如图 1-13d 所示,这种性质叫积聚性。

4)当空间直线或平面图形平行于投影面时,其平行投影反映其实长或实形,即直线的长短和平面图形的形状和大小,都可以直接从其平行投影确定和度量,如图 1-13e、f 所示。这种性质叫真实性。

5)倾斜于投影面的空间直线或平面图形,其投影小于其实长或实形,如图 1-13g、h 所示,即直线仍为直线,平面仍为平面,但长度和大小发生了变化,这种性质叫类似性。另外,在空间直线上任意一点的投影必在该直线的投影上,如图 1-13g 中的 C 点。

6)互相平行的空间两直线的同一投影面上的平行投影保持平行,如图 1-13i 所示。互相平行的空间两平面在同一投影面上的平行投影保持平行,如图 1-13j 所示。

7)空间一直线或空间一平面,经过平行地移动之后,它们在同一投影面上的投影,虽然位置变动了,但其形状和大小没有变化,如图 1-13i、j 所示。

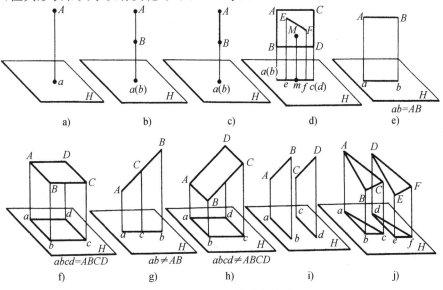

图 1-13　正投影的基本性质

a)点的投影　b)点的重影性　c)线的积聚性　d)面的积聚性　e)线的真实性　f)面的真实性　g)线的类似性　h)面的类似性　i)线的平行性　j)面的平行性

1.4 三面投影图的形成

正投影图的形成及投影规律

《房屋建筑制图统一标准》(GB/T50001-2001)图样画法中规定了投影法:房屋建筑的视图,应按正投影法并用第一角画法绘制。建筑制图中的视图就是画法几何中的投影图,都是按正投影的方法和规律绘制的。它相当于人站在离投影面无限远处,正对投影面观看形体的结果。也就是说在投影体系中,把光源换成人的眼睛,把光线换成视线,直接用眼睛观看的形体形状与投影面上投影的结果相同,如图 1-14 所示。

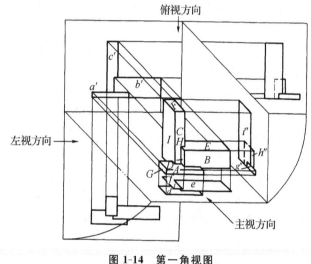

图 1-14 第一角视图

采用正投影法进行投影所得到的图样,称为正投影图。下面介绍正投影图的形成及其投影规律。

1.4.1 三面投影图的形成

1. 单面投影

如图 1-15 所示,台阶在 H 面的投影(H 投影)仅反映台阶的长度和宽度,不能反映台阶的高度。我们还可以想象出不同于台阶的其他形体 I 和形体 II 的投影,它们的 H 投影都与台阶的 H 投影相同。因此,单面投影不足以确定形体的空间形状和大小。

2. 两面投影

如图 1-16a 所示,在空间建立两个互相垂直的投影面,即正立投影面和水平投影面,其交线 OX 称为投影轴。将三棱体(两坡屋顶模型)放置于 H 面之上,V 面之前,使该形体的底面平行于 H 面,按正投影法从上向下投影,在 H 面上得到水平投影,即形体上表面的形状,它反映出形体的长度和宽度;自观察者向前投影,在 V 面上得到正面投影,即形体前表面的形状,它反映出形体的长度和高度。若将形体在 V 和 H 两面的投影综合起来分析、思考,即可得到三棱体长、宽、高三个方向的形状和大小。

当作出三棱体的两个投影后,将该形体移开,并将两投影面展开且规定 V 面不动,使 H 面连同水平投影,以 OX 为轴向下旋转至与 V 面同在一平面上,如图 1-16b 所示。去掉投影面边界,并不影响三棱体的投影图,如图 1-16c 所示。在工程图样中,投影轴一般不画出。但在初学练习时,应将投影轴保留,投影轴用细实线画出。

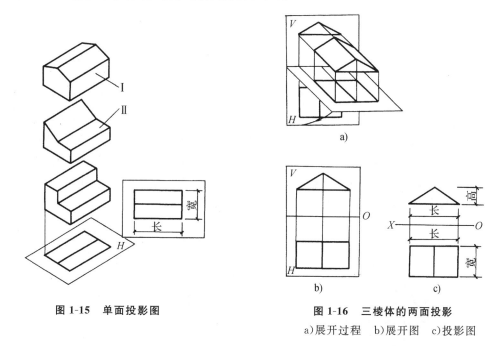

图 1-15　单面投影图

图 1-16　三棱体的两面投影

a)展开过程　b)展开图　c)投影图

3. 三面投影

有时仅凭两面投影,也不足以确定形体的唯一形状和大小。如图 1-17 所示的形体 I 和形体 II,它们的 V 投影和 H 投影都相同。为了确切地表达形体的形状特征,可在 V、H 面的基础上再增设一右侧立面(W 面),则 I 与 II 两个形体的 W 投影有明显的区别,形体 I 的 W 投影是三角形,形体 II 的 W 投影是正方形。于是 V、H、W 三个垂直的投影面,构成了第一角三投影面体系,如图 1-18 所示。OX、OY、OZ 三根坐标轴互相垂直,其交点称为原点 O,并规定平行于 OX 轴方向的向度是形体的长度;平行于 OY 轴方向的向度为形体的宽度;平行于 OZ 轴方向的向度为形体的高度。

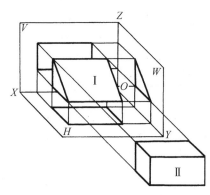

图 1-17　三面投影的必要性

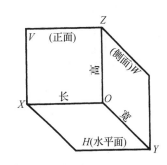

图 1-18　第一角三面投影面体系

如图 1-19a 所示,将一台阶模型置于第一角三投影面体系中进行投影,分别作出台阶模型在 V、H、W 三投影面上的正投影图。为了把这三个相互垂直的投影面画在同一平面上,需要展开投影面,如图 1-19b 所示。展开时规定 V 面不动,H 面(连同 H 投影)绕 OX 轴向下旋转

13

90°、W 面（连同 W 投影）绕 OZ 轴右旋转 90°，使 H 面和 W 面都与 V 面同在一平面上，如图 1-19c 所示。去掉投影面边界，台阶模型的三面投影图如图 1-19d 所示。

1.4.2　三面投影规律及尺寸关系

每个投影图（即视图）表示形体一个方向的形状和两个方向的尺寸。如图 1-19 所示，V 投影图（即主视图）表示从形体前方向后看的形状（为两个长方框，即两个踢面）和长与高方向的尺寸。H 投影图（即俯视图）表示从形体上方向下俯视看的形状（为两个长方框即，两个踏面）和长与宽方向的尺寸。W 投影图（即左视图）表示从形体左方向右看的形状（为一个 L 形平面）和宽与高方向的尺寸。因此，V、H 投影反映形体的长度，这两个投影图左右对齐，这种关系称为"长对正"。V、W 投影反映形体的高度，这两个投影图上下平齐，这种关系称为"高平齐"。H、W 投影反映形体的宽度，这两个图的宽度相等，这种关系称为"宽相等"。"长对正、高平齐、宽相等"是正投影图重要的对应关系及投影规律。

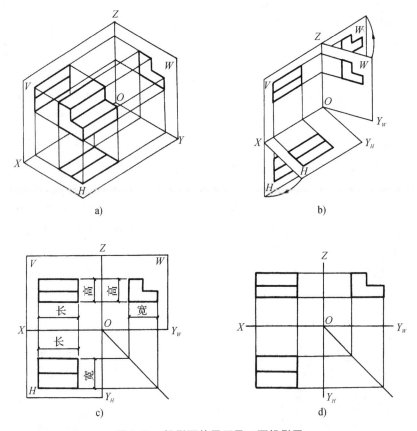

图 1-19　投影面的展开及三面投影图

a)立体图　b)展开过程　c)展开图　d)投影图

1.4.3　三面投影图与形体的方位关系

在投影图上能反映出形体的投影方向及位置关系，由图 1-20 可直观地知道，V 投影反映形体的上下和左右关系，H 投影反映形体的左右和前后关系，W 投影反映形体的上下和前后关系。在投影图上识别形体的方位，会对读图有所帮助，读图时应特别注意 H、W 面的前后方向的位置。即 H 投影的上方和 W 投影的左方是空间形体的后方,反之为前方。

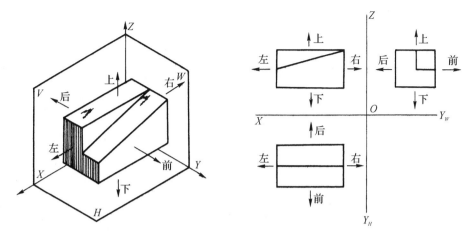

图 1-20 投影图上形体方向的反映

1.4.4 三面正投影的作图方法

下面以长方体为例(图 1-21a),说明三面正投影的作图方法与步骤。

1)先作水平和垂直二相交直线作为投影轴,如图 1-21 b 所示。

2)根据形体尺寸及选定的 V 投影方向,先作 V 面投影图或 H 面投影图,如图 1-21 b 所示,先在 V 投影面上画出形体的长度与高度方向的尺寸。

3)量取宽度尺寸并保持长对正的投影关系,作出 H 面投影图,如图 1-21 c 所示。

4)画水平线与转折引线相交,即保持高平齐、宽相等的投影关系,作出 W 面投影图,如图 1-21 d 所示。

5)为了保持 H、W 面投影图宽相等的关系,可利用原点 O 为圆心作圆弧,或用 45°三角板作斜引线进行宽度的转移,如图 1-21 e、f 所示。

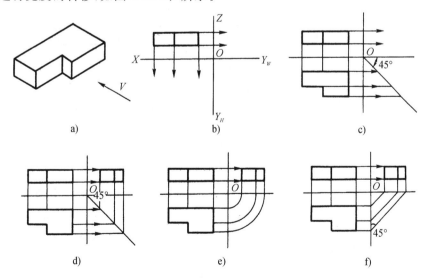

图 1-21 三面投影图的作图方法

a)立体图 b)画轴线、定长、高度画 V 投影 c)定宽度并"长对正"画 H 投影 d)转折线与水平线相交画 W 投影 e)以 O 为圆心作弧定宽度 f)作 45°斜线定宽度

1.5　形体的基本视图

在原有三面投影体系 V、H、W 的基础上，再增加三个新的投影面 V_1、H_1、W_1 可得到六个基本投影面，又称六面投影体系，形体在此体系中向各投影面作正投影时，所得到的六个投影图称为六个基本视图。投影后，规定正面不动，把其他投影面展开到与正面成同一平面，如图 1-22a 所示。展开以后，六个基本视图的排列关系如图 1-22 b 所示。如在同一张图纸内按这种排列关系则不用标注视图的名称。按其投影方向，六个基本视图的名称分别规定为：主视图、俯视图、左视图、右视图、仰视图、后视图。

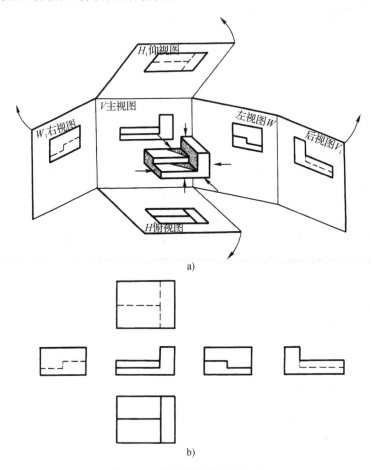

图 1-22　基本视图的排列关系

a)六个基本投影图的展开方式　b)展开后视图的排列

在建筑制图中，把由前向后观看形体在 V 面上得到的图形称为正立面图；把由上向下观看形体在 H 面上得到的图形称为平面图；把由左向右观看形体在 W 面上得到的图形称为左侧立面图；把由下向上观看形体在 H_1 面上得到的图形称为底面图；把由后向前观看形体在 V_1 面上得到的图形称为背立面图；把由右向左观看形体在 W_1 面上得到的图形称为右侧立面图。如在同一张图纸上绘制若干个视图时，各视图的位置宜按图 1-23 和 1-24 所示顺序进行配置，每个视图一般均应标注图名。图名宜标注在视图下方或一侧，并在图名下用粗实线绘一条横线，其长度应以图名所占长度为准。使用详图符号作图名时，符号下不再画线。

正立面图
左侧立面图
右侧立面图
平面图
底面图
背立面图

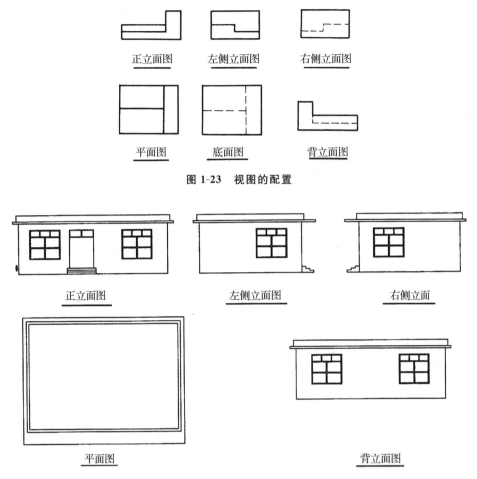

图 1-23　视图的配置

正立面图
左侧立面图
右侧立面
平面图
背立面图

图 1-24　一个房子的五个视图

制图标准中规定了六个基本视图，不等于任何形体都要用六个基本视图来表达，而应考虑到看图方便，根据形体的结构特点，选用适当的表示方法。在完整、清晰地表达形体形状的前提下，视图的数量应尽可能减少，力求制图简便。六个基本视图间仍然应满足与保持“长对正、高平齐、宽相等”的投影规律。

第二章　建筑形体表达方法

2.1　组合体的组成方式及画法

2.1.1　组合体的组合方式

1. 叠加

(1)共面　共面是指两基本体的表面互相重合。当两个基本体的表面共面时，中间不应有分界线，如图 2-1 所示。

(2)相切　相切是指两个基本体的表面(平面与曲面或曲面与曲面)光滑过渡。如图 2-2 所示，由于两个基本体表面相切的地方没有轮廓线，因此在投影图中不应该有线。

(3)相交　相交是指两基本体的表面相交。当两个基本体的表面相交时有交线(如截交线或相贯线)，在投影图中应该画出。如图 2-3 所示，两个圆柱体垂直相交，有相贯线，在投影图中画出了相贯线的投影。

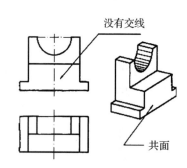

没有交线
共面

图 2-1　共面的画法

相切没有交线
没有交线
(a)立体图
(b)三视图

图 2-2　相切的画法

相交有交线
(a)立体图
(b)三视图

图 2-3　相交的画法

2. 切割(含穿孔)

切割(含穿孔)是指基本体被平面或曲面切割后所产生的截交线或相贯线。在视图中应该画出。如图 2-3 所示，圆柱体的上部开了一个垂直于 V 面的通槽，在水平投影和侧面投影中画出了截交线的投影。圆柱体的中部穿了一个垂直于 W 面的圆柱孔，有相贯线，在投影图中应画出。

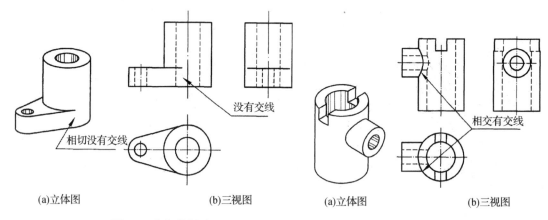

2.1.2 组合体投影图的画法

在画组合体的投影图时,一般按以下步骤进行:

1)进行形体分析。

2)确定组合体安放位置。

3)确定投影数量。

4)画投影图。

(1)形体分析

组合体可以看成是由基本体组合而成的,如果假想将组合体分解成若干个基本体,然后分析它们之间的组成方式,以及各组合体相邻表面之间的连接关系,从而产生对整个形体的完整概念,这种方法称为形体分析法。图 2-4a 所示的组合体,可看成是在一个四棱柱形的底板上面放有三个三棱柱和一个由半圆柱和四棱柱形成的 U 形块,这几部分之间是叠加而成的,其中 U 形块位于底板的中间靠后,如图 2-4b、2-4c 所示。形体分析法是作图、读图和尺寸标注的主要方法。

(2)确定组合体安放位置

确定组合体安放位置,就是要考虑组合体对三个投影面处于怎样的位置。由于 V 投影是三个投影中最主要的投影,因此在确定 V 投影时,要以反映物体形状特征最多的方向作为 V 投影的投影方向。为了看图和作图方便,在放置物体时,应使物体放置成正常位置,并使它的主要面与投影面平行或垂直。同时,应尽可能减少各投影中的不可见轮廓线。以图 2-4 所示的组合体为例,经对比分析后,应以 A 即示方向作为 V 投影的投影方向。

(3)确定投影数量

确定投影数量,就是要确定画几个投影图就可把形体各部分特征均能反映清楚。在保证能完整清晰地表达出形体各部分形状和位置的前提下,投影图的数量应尽可能减少。图 2-4 所示的组合体,只需三个投影就能把形体反映清楚。

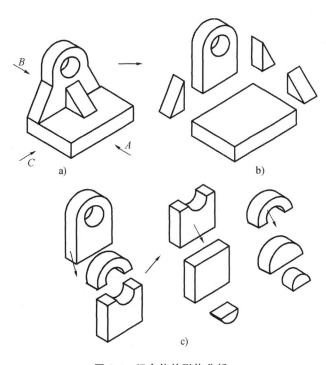

图 2-4 组合体的形体分析

a)立体图 b)组合体形体分析 c)基本形体分析

(4)画图步骤

①选比例、定图幅 按选定的比例,根据组合体的长、宽、高计算出三个投影所占的面积,并在投影之间留出标注尺寸的位置和适当的间距,据此选用合适的标准图幅。

②布图、画基准线 先固定好图纸,然后根据各投影的大小,合理布置好各投影的位置,画出基准线。这里的基准线是指画图的基准线,即画图时测量尺寸的基准,每个投影有两个基准线,一般以物体的对称中心线、轴线、较大的平面作为基准线(图 2-5a)。

③逐个画出各基本体的投影,完成底稿 对于各基本体,一般先从反映实形的投影开始画。画形体的顺序:一般先大(大形体)后小(小形体);先实(实形体)后空(挖去的形体);先轮廓后细节,三个投影联系起来画(图 2-5b、c、d)。

④检查、描深 底稿画完后,逐个基本体检查,按标准图线描深(图 2-5e)。

⑤标注尺寸 图样上必须标注尺寸。

⑥全面检查 最后再进行一次全面检查。

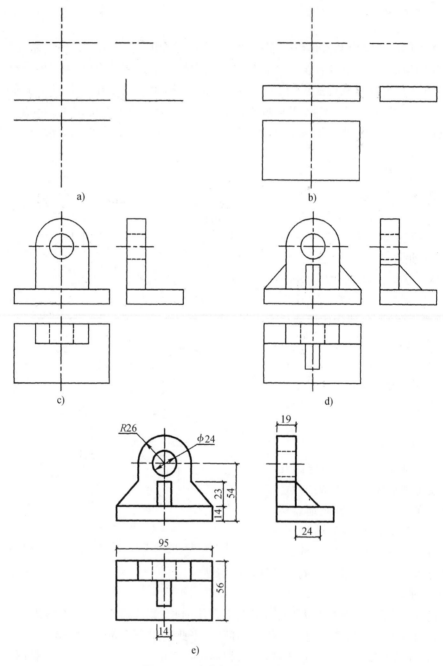

图 2-5 组合体投影的画图步骤

2.2　建筑形体的尺寸标注

2.2.1　基本体的尺寸标注

投影图只能反映组合体的形状结构,而其真实大小则要通过标注尺寸来确定。一般情况下,标注基本体的尺寸时,应标出长、宽、高三个方向的尺寸。柱体和圆锥,应标出确定底面形状的尺寸和高度尺寸,球体只标出它的直径大小,并在直径数字前注上"SΦ",表示球的直径。对于圆柱体、圆锥体等,如果在它们投影为非圆的投影图上标注直径"Φ"时,可以减少标注一个尺寸,同时也可以省略一个视图。图 2-6a 为基本体尺寸标注的一些例子。

对于带有缺口的基本体,标注时,只标注基本体的尺寸和缺口的位置,而不标注缺口的形状尺寸。如图 2-6b 所示。

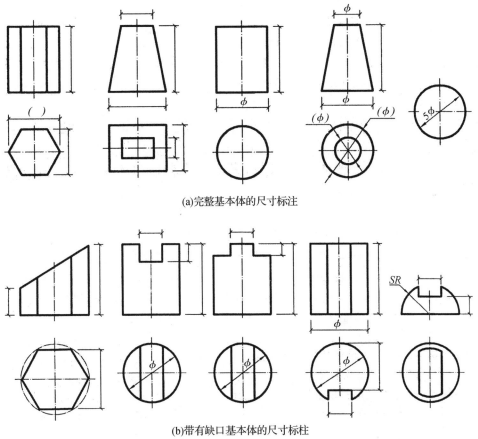

(a)完整基本体的尺寸标注

(b)带有缺口基本体的尺寸标柱

图 2-6　基本体的尺寸标注

2.2.2　组合体的尺寸标注

建筑工程中的各种形体,都可以看作是由若干基本体组合而形成的组合体。因此,标注时,也可运用形体分析来分析组合体的尺寸。

组合体的尺寸按形体分析可分为三类:定形尺寸、定位尺寸和总尺寸。

1．定形尺寸

表示构成组合体的各基本体大小的尺寸,称为定形尺寸,用来确定各基本体的形状和大小。

如图 2-7 所示,是由底板和竖板组成的 L 形的组合体。底板由长方体、半圆柱体以及圆柱孔组成。长方体的长、宽、高尺寸分别为 80,60,20;半圆柱体尺寸为半径 R30 和高度 20;圆柱孔尺寸为直径 Φ30 和高度 20。其中高度 20 是三个基本几何体的公用尺寸。竖板为一长方体切去前上方的一个三棱柱体而成(竖板也可看作是一个五棱柱体)。长方

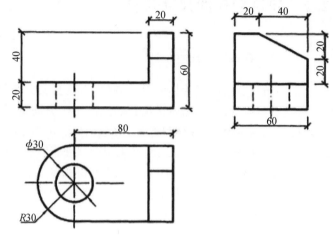

图 2-7　组合体尺寸标注

体的三个尺寸分别是 20,60 和 40;切去的三棱柱的定形尺寸为 20,40 和 20。

2．定位尺寸

表示组合体中各基本体之间相对位置的尺寸,称为定位尺寸,用来确定各基本体的相对位置。

如在图 2-7 所示的平面图中表示圆柱孔和半圆柱体中心位置的尺寸 80、侧立面图中切去的三棱柱到竖板左侧轮廓线尺寸 40 和到底板面的尺 20 等都是定位尺寸。

一般回转体(如圆柱孔)的定位尺寸,应标注到回转体的轴线(中心线)上,不能标注到孔的边缘。如图 2-7 所示的平面图,圆柱孔的定位尺寸 80 是标注到中心线的。

3．总尺寸

表示组合体的总长、总宽和总高的尺寸,称为总尺寸。

如图 2-7 中组合体的总宽、总高尺寸均为 60,它的总长尺寸应为长方体的长度尺寸 80 和半圆柱体的半径尺寸 30 之和 110,但由于一般尺寸不应标注到圆柱的外形素线处,故本例图中的总长尺寸不必另行标注。当基本几何体的定形尺寸与组合体总尺寸的数字相同时,两者的尺寸合而为一,因而不必重复标注。如图 2-7 中的总宽尺寸 60。

2.2.3　尺寸标注应注意的几个问题

在工程图中,工程形体尺寸的标注除了要求齐全、正确和合理外,还应力求清晰、整齐和便于阅读。因此,尺寸标注时应注意以下几点:

1．尺寸标注要齐全

在工程图中不能少标注尺寸,否则就无法按图施工。运用形体分析方法,首先标注出各基本形体的定形尺寸,然后标注出确定它们之间相对位置的定位尺寸,最后再标注出工程形体的总尺寸,这样就能做到尺寸齐全。对于建筑形体,为便于施工,标注尺寸宜采用封闭式,即各个部分的尺寸均应标注,每一方向的细部尺寸的总和应等于总尺寸,如图 2-8 所示,H 投影图中标出了台阶的各个部分的长、宽尺寸和总体尺寸。

2．尺寸标注要清晰

尺寸尽可能标注在反映形体形状特征的视图上,一般可布置在图形轮廓线之外,并靠近被

标注的轮廓线;与两个视图有关的尺寸尽可能标注在两视图之间,且集中在一个视图上。对一些细部尺寸,允许标注在图形内。此外,还要尽可能避免将尺寸标注在虚线上。

如图 2-7 的平面图中注写反映底板形状特征的尺寸 $\Phi30$、$R30$ 和 80,左立面图中反映形状特征的尺寸 $20,40,20$ 和 20;圆柱孔的定位尺寸 80 则布置在平面图和正立面图之间。

3. 尺寸标注要集中

同一个几何体的定形和定位尺寸尽量集中标注。图 2-7 中,底板的定形和定位尺寸都集中标注在平面图上。在工程图中,水平方向的尺寸一般都集中注写在平面图上,如图 2-8 所示的台阶尺寸。

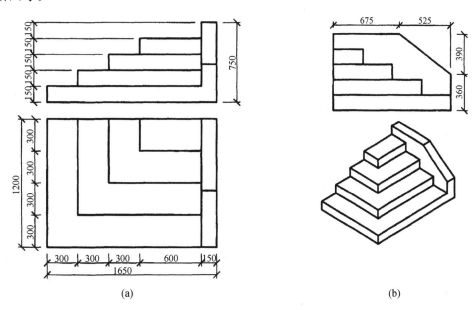

(a)   (b)

图 2-8 台阶的尺寸标注

4. 尺寸布置要整齐

通常把长、宽、高三个方向的定形、定位尺寸组合起来排成几道尺寸,小尺寸在内,大尺寸在外且整齐排列,平行排列的尺寸线的间距应相等,尺寸数字应写在尺寸线的中间位置。

2.3 建筑形体图的阅读

读图和画图是学习本课程的两个重要的环节,画图是将空间形体运用正投影原理画在图纸上,读图是根据给出的投影图想象形体的空间形状和大小,这是密切联系,相互提高的两个过程。要做到迅速、准确地读懂图样,需在掌握读图的基本方法的基础上,多进行读图训练,不断提高读图能力。

2.3.1 读图的基本知识

1. 明确投影图中的线条、线框的含义

看图时根据正投影法原理,正确分析投影图中的各种图线、线框的含义,这里的线框指的是投影图中由图线围成的封闭图形。

1)投影图中的点,可能是一个点的投影,也可能是一条直线的投影。

2)投影图中的线(包括直线和曲线),可能是一条线的投影,也可能是一个具有积聚性投影的面的投影。如图 2-9a 中的 2 表示的是半圆柱面和四边形平面的交线,1 表示的是半圆孔的积聚性投影,3 表示的是正平面图形,5 表示的是一个半圆孔面。

3)投影中的封闭线框,可能是一个平面或者是一个曲面的投影,也可能是一个平面和一个曲面构成的光滑过渡面,如图 2-9b 中 4 表示的是一个四边形水平面,6 表示的是圆弧面和四边形构成的光滑过渡面。

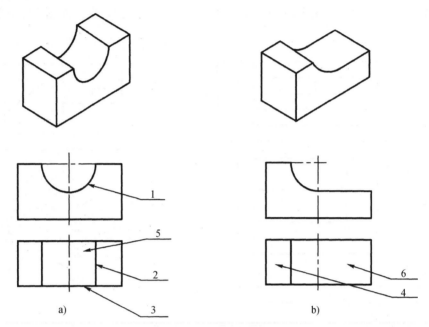

图 2-9　组合体中的图线和线框

4)封闭线框中的封闭线框,可能是凸出来或凹进去的一个面或是穿了一个通孔,要区分清楚它们之间的前后高低或相交等的相互位置关系。如图 2-10 中小的封闭线框,在图 2-10a 中表示凹进去的一平面,在图 2-10b 所示的是凸出来的一个平面,在图 2-10c 中表示的是穿了一个通孔。

2. 看图的注意点

(1)要把几个投影联系起来看,通常一个投影不能确定形体的形状和相邻表面之间的相互位置关系,如图 2-10 所示中的 H 投影均相同,但表示的不是同一个形体。有时,两个投影也不能确定唯一一个形体,如图 2-11 所示中的 H 投影和 V 投影均相同,但 W 投影不同,则表达的形体不相同。由此可见,必须把几个投影联系起来看,反复对照,切忌只看了一个投影就下结论。

(2)要从反映形状特征的投影开始看起　看图时一般从 V 投影看起,了解形体的大部分特征,这样,识别形体就容易了。根据正投影规律,弄清楚各投影之间的投影关系,几个投影结合起来,识别形体的具体形状。

2.3.2　看图的方法和步骤

1. 形体分析法

画图时运用形体分析法把组合体的投影画出来,看图时也要应用形体分析法,按照三面投

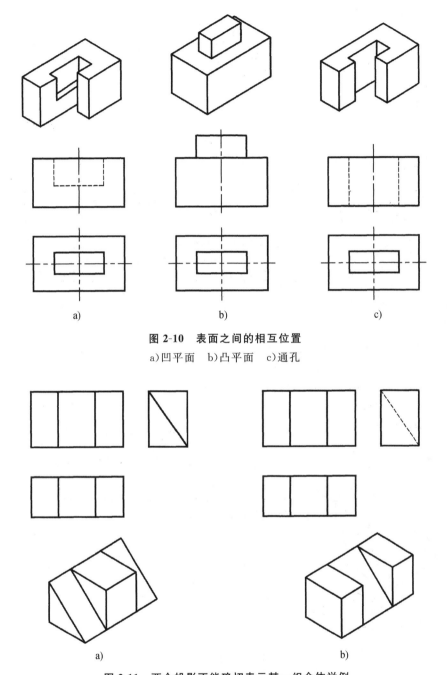

图 2-10　表面之间的相互位置

a)凹平面　b)凸平面　c)通孔

图 2-11　两个投影不能确切表示某一组合体举例

影的投影规律,从图上逐个识别出构成组合体的每一部分,进而确定它们之间的组合方式和相邻表面之间的相互位置,最后综合想象出组合体的完整形状。

下面以图 2-5e 图所示的组合体为例,说明运用形体分析法看图的具体步骤。

(1)认识投影、抓特征

根据给出的投影,分析清楚每个投影的投影方向,找出反映形体特征最多的投影,一般情况下,V 投影就为特征投影。如图 2-5e 图所示中,V 投影反映形体的形状和相互位置比较多,V 投影为特征投影。

（2）分出线框、对投影

利用形体分析法，从 V 投影看起，将形体按线框分解成几个部分，把每一部分的其他投影，根据"长对正、宽相等、高平齐"的正投影规律，借助直尺、三角板、分规等绘图工具找出来。

（3）认识形体、定位置

根据区分出的每一部分的投影，确定各部分的形状、大小以及它们之间的相互位置。

（4）综合起来、想整体

经过以上几个步骤，形体每一部分的形状、大小及相互位置均清楚了，按照它们之间的相互位置，最终想出整个的形体，如图 2-4 所示。

2. 线面分析法

对于一些比较复杂的形体，尤其是切割型的形体，在形体分析的基础上，还要借助线、面的投影特点，进行投影分析，如分析组合体的表面形状、表面交线，以及它们之间的相对位置，最后确定组合体的具体形状，这种方法称为线面分析法。

在线面分析时要善于利用线面的真实性、积聚性、类似性的投影特性看图。一个线框一般情况下表示一个面，如果它表示一个平面，那么在其他投影中就能找着该平面的类似形投影，若找不着，则它一定是积聚成一直线。如图 2-12a 所示中的平面 P、Q、R 反映了这种投影特性，图 2-12b 中，有一线框 p'，在 W 投影中能找到对应的类似形 p''，在 H 投影中找不着对应的类似形，则它在 H 投影中积聚为一直线 p，它们所表示的平面为铅垂面。在 H 投影由有两线框 q、r，在 V 投影和 W 投影中都找不到对应的类似形，这两平面在 V 投影和 W 投影中分别都积聚为一直线 q'、r' 和 q''、r''，很明显，这两平面为水平面。

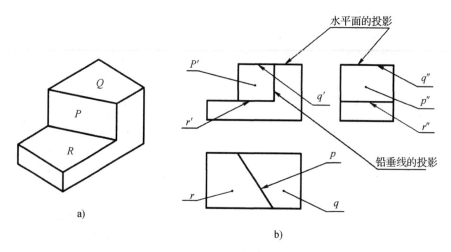

图 2-12 投影中的线框分析

a)立体图　b)投影图

在分析投影图中的直线时，要联系其他投影中的对应投影来确定。如图 5-10 所示中，V 投影中的直线对应不同的 H 投影和 W 投影就表示不同的含义。

第三章 剖面图、断面图与简化画法

3.1 剖面图的画法

3.1.1 剖面图的形成

如果合理选用前面所介绍的各种投影图,就可以把形体的外部形状和大小表达清楚,至于

形体的内部构造,在投影图中用虚线表示。如果形体的内部结构比较复杂,则在视图中会出现较多的虚线,甚至出现虚、实线相互重叠或交叉情况,这样会给看图带来不利,也不便于标注尺寸。如图 3-1 所示的双柱杯形基础的视图,在 V、W 投影上都有虚实线相交情况,表达很不清晰。

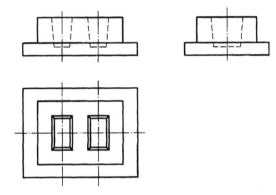

图 3-1 双柱杯形基础三面投影

为此,在工程制图中采用剖面图来解决这一问题。假想用一个平面作为剖切平面,将形体切开,移去观看者与剖切平面之间的形体后所得到的形体剩下部分的视图,称为剖面图。

如图 3-2a 所示,假想用剖切平面 P 在双柱杯形基础的前后对称位置将其剖开,移走前半部分,将余下的部分向 V 投影,在双柱杯形基础被剖切平面截断的部分(断面)用材料图例表示,就得到 V 面的剖面图。图 3-2b 为假想用剖切平面 Q 在双柱杯形基础的左杯口位置将其剖开后,在 W 面产生的剖面图。图 3-2c 为用剖面图表达的双柱杯形基础投影图。

3.1.2 画剖面图注意事项

(1)因为剖切是假想的,因此除剖面图外,其余投影图仍应按完整形体来画,如图 3-2c 的平面图还是按完整的形体画出。若一个形体需用几个剖面图来表示时,各剖面图选用的剖切面互不影响,各次剖切都是按完整形体进行的。

(2)剖面图中已表达清楚的形体内部形状,在其他视图中投影为虚线时,一般不必画出;但对没有表示清楚的内部形状,仍应画出必要的虚线。

(3)按照国家制图标准规定,绘制剖面图时,在截断面部分,一般都要画出建筑材料图例。图 3-2 的断面上,所画的是钢筋混凝土图例。

3.1.3 剖面图的标注

剖面符号由剖切位置线、投射方向线和剖面图编号等内容组成,标注时有如下规定:

27

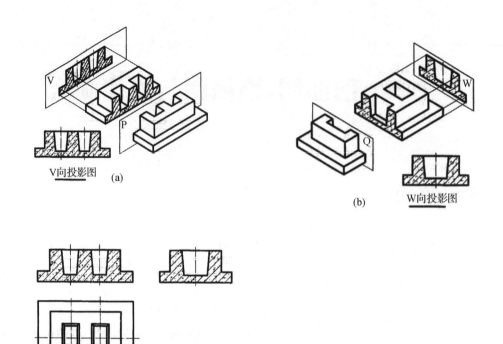

V向投影图 (a)

W向投影图 (b)

(c)

图 3-2　剖面图的形成

　　(1)剖切位置　剖面的剖切位置由剖切位置线来表示,剖切位置线就是剖切平面的积聚投影,用断开的两段粗实线表示,长度宜为 6～10 mm,剖切线不宜与图面上的图形轮廓线相交,如图 3-3 所示。

　　(2)投射方向　在剖切位置线两端的同侧各画一段与它垂直的短粗实线,称为投射方向。投射方向线长度宜为 4～6 mm,如图 3-3 所示。

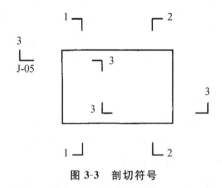

图 3-3　剖切符号

　　(3)编号　剖切符号的编号,通常都采用阿拉伯数字,并以水平方向注写在投射方向线的端部。若需要转折的剖切线,应在转角的外侧加注与该符号相同的编号,如图 3-3 中的 3-3 剖面标注。

　　(4)如果剖面图与被剖切图样不在同一张图纸内时,应在剖切线下注明所在图纸的图号,如图 3-3 中的 3-3 剖切位置线下侧注写"J-05",即表示 3-3 剖面图绘在"建筑施工图"编号为 5 的图纸上。其中 J 是建筑施工图的代号。

（5）剖面图一般都要标注剖切符号，但对于习惯使用的剖切位置（如建筑平面图，其剖切位置通过门窗洞），以及当剖切平面通过形体的对称平面时，可以不在图上作任何标注。

（6）在剖面图的下方或一侧，应写上该剖面图的图名，即所对应的剖面符号编号，如"1-1"、"2-2"等，并在图名下方画一等长的粗实线，如图 3-4 所示。

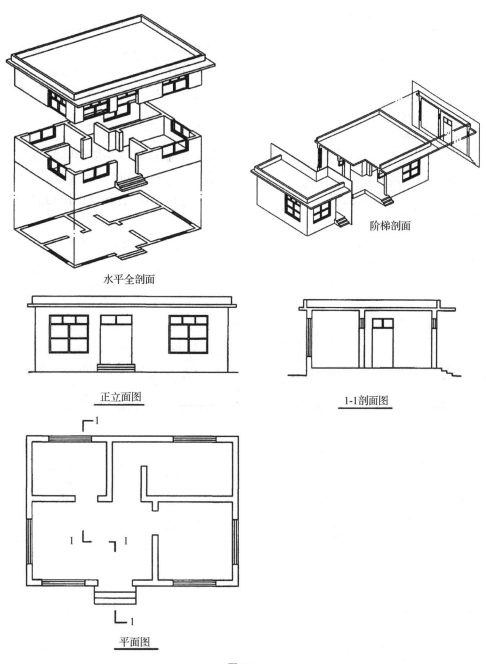

阶梯剖面

水平全剖面

正立面图

1-1剖面图

平面图

图 3-4

3.2 剖面图的分类

根据剖切范围的不同,剖面图分为下列几种类型。

3.2.1 全剖面图

沿一个假想剖切面把形体全部剖开后所得到的剖面图称为全剖面图。全剖面图常用于表达外形不对称的形体,或者对称而外形比较简单的形体。如图 3-2 所示的双柱杯形基础的 V 面与 W 面的剖面图。

图 3-4 为一幢房屋的三个视图,为了表达房屋的内部布置,将平面图画成全剖面图。平面图是由一个水平的剖切面假想沿窗台上方将房屋切开后,移去上面部分,再向下投射而得到,因其剖切面总是在窗台上方,故在正立面图中也不标注剖切符号。平面图能清楚地表达房屋内部各房间的分隔情况、墙身厚度,以及门窗(按规定的建筑图例画出)的数量、位置和大小。

3.2.2 半剖面图

当形体具有对称平面时,以图形对称线作为分界线,一半表示物体外部形状的视图,另一半表示物体内部形状的剖面图,这种图形称为半剖面图。如图 3-5 所示,水盘的三面投影图都采用了半剖面图。图 3-6 所示的正锥形基础,由于前后与左右都对称,因此其正立面图与左立面图都采用了半剖面图。

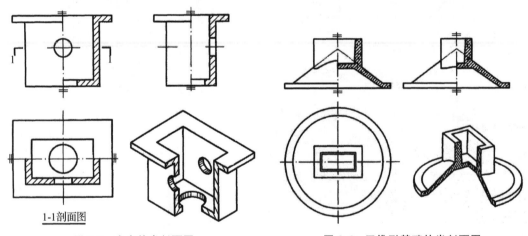

1-1剖面图

图 3-5　水盘的半剖面图　　　　　　　　图 3-6　正锥形基础的半剖面图

当图形左右对称时,一般在竖直点画线的右方画剖面图,如图 3-5 的正立面位置的半剖面图和左侧立面图位置的半剖面图;当图形上下对称时,剖面图画在水平点画线的下方,如图 3-5 中位于平面图位置的半剖面图。

当剖切平面通过形体的对称平面,且半剖面图位于基本视图的位置时,可以不标注剖面剖切符号,如图 3-5 的正立面图和左侧立面图位置的半剖面图所示。当剖切平面不通过形体的对称平面,则应标注剖切位置线和投射方向线。如图 3-5 中的 1-1 剖面图,在正立面图中就标注了剖切位置线和投射方向线。

3.2.3 阶梯剖面图

用两个或两个以上平行的剖切平面将形体剖切后的剖面图称为阶梯剖面图。

当用一个剖切平面剖切形体不能把形体内部构造表达清楚,而要表达的结构又与基本投影面平行,这时,可假想用两个或两个以上互相平行的剖切平面剖切,并将剖切平面作适当转折,成为阶梯状,把观看者与剖切平面之间的那部分形体移去,然后画出剖面图,如图 3-7 所示。注意,由于剖切是假想的,因此在剖面图中不应画出两个剖切平面的分界交线,而且要避免剖切平面在图形轮廓线上转折。需要转折的剖切线,应在转角的外侧加注与该符号相同的编号。

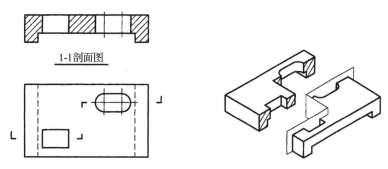

1-1剖面图

图 3-7 阶梯剖面图

如图 3-4b、c 所示,为了表达前墙的正门、房间门和后墙的窗,侧面投影是由两个互相平行的侧平面剖切后所得到的 1-1 阶梯剖面图。

3.2.4 局部剖面图

用剖切平面将形体局部地剖切后得到的剖面图,称为局部剖面图。

对于外形比较复杂,且不对称的形体,当只有一小部分结构需要用剖面图表达时,可采用局部剖面图。局部剖面图不标注剖切符号,如图 3-8。图 3-9 为杯口基础的局部剖面图,它反映了基础底板内钢筋的布置情况。

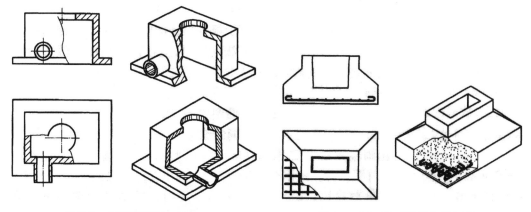

图 3-8 局部剖面图　　　　图 3-9 杯口基础的局部剖面图

局部剖面与外形视图之间用波浪线隔开,波浪线不能与轮廓线或中心线重合且不能超出外形轮廓线。如图 3-10a 所示,瓦筒局部剖面图中的波浪线因两端超出了瓦筒的外形,因而是错误的;图 3-10b 中波浪线的画法才是正确的。

如果要表达层次比较多的诸如楼面、地面、屋顶和路面的结构等,可应用分层局部剖切的方法,画出分层剖切剖面图,如图 3-11 所示。画图时,用波浪线将各层分开,波浪线不应与任何投影线重合。

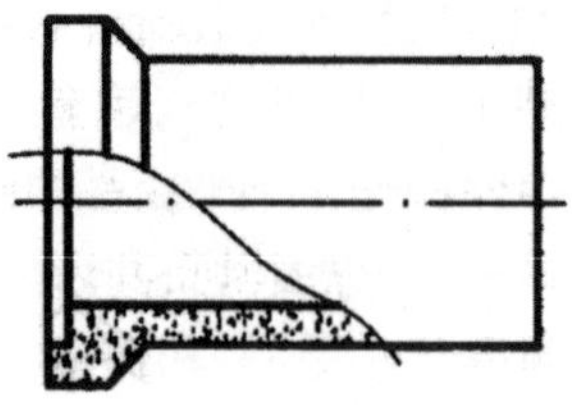

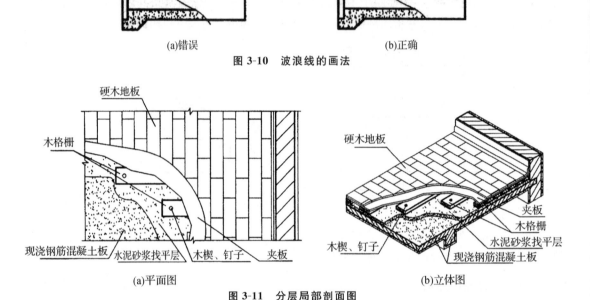

(a)错误   (b)正确

图 3-10   波浪线的画法

图 3-11   分层局部剖面图

(a)平面图   (b)立体图

3.2.5   旋转剖面图

用两个相交的剖切平面将形体剖切,并将倾斜于基本投影面的剖面旋转到平行于基本投影面后得到的剖面图称为旋转剖面图。用此方法剖切时,应在该剖面图的图名后加注"(展开)"两字。

在图 3-12 所示的圆柱形组合体中,由于两个圆孔的轴线不处于平行基本投影面的一个平面上,故采用旋转(展开)剖面图。注意,在剖面图中不应画出两个相交剖切平面的交线。在相交的剖切线外侧,应加注与该剖切符号相同的编号。

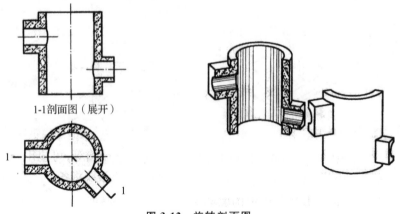

1-1剖面图（展开）

图 3-12   旋转剖面图

3.3 断面图的形成与标注

3.3.1 断面图的形成

当用剖切平面剖切形体时,只画出剖切平面与形体相交部分的图形称为断面图(简称断面)。图 3-13b 为一工字钢的断面图。由图 3-13a 中可看出,断面图与剖面图不同,断面图仅仅是一个"面"的投影,而剖面图则是形体被剖切后剩下部分的"体"的投影。

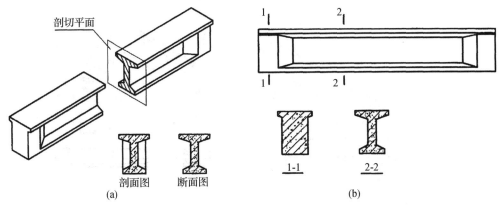

图 3-13 断面图的形成

3.3.2 断面剖切符号

(1)断面的剖切符号,用剖切位置线表示,并以粗实线绘制,长度宜为 6～10 mm。

(2)断面剖切符号要编号,采用阿拉伯数字按顺序连续编号,并注写在剖切线的一侧,编号所在的一侧就为该断面的剖视方向。断面图宜按顺序依次排列。

3.3.3 断面图的种类

根据断面图在投影图中的位置,可分为移出断面图、中断断面图和重合断面图三种。

(1)移出断面图

绘制在投影图以外的断面,称为移出断面图。

图 3-13 的 1-1 断面图和 2-2 断面图均为移出断面图。移出断面的轮廓线用粗实线画出,断面图上要画出材料图例,不指明材料时用细的 45°斜线画出。

图 3-14 为凹形钢的移出断面图,断面部分用钢的材料图例表示。当移出断面图形为对称,且断面图绘制在沿剖切平面迹线的延长线时,可省略标注剖切符号和编号,如图 3-14b 所示。

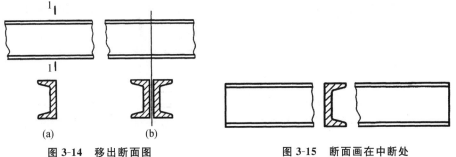

图 3-14 移出断面图　　　　图 3-15 断面画在中断处

（2）中断断面图

对于较长的杆件和各种型钢，将断面图画在形体的中断处。如图 3-15 所示的角钢较长，且沿全长断面形状相同，可假想把角钢中间断开画出视图，而把断面布置在中断位置处。图 3-16 为用来表示一杆件中钢形的形状及组合情况的中断断面图。

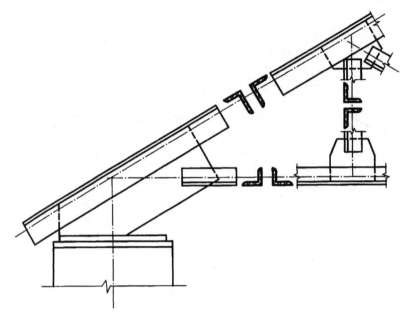

图 3-16　杆件的中断断面图

（3）重合断面图

在投影图之内绘制的断面图，称为重合断面图。它是假想把剖切得到的断面图形，绕剖切线旋转后，重合在视图内而成。通常不标注剖切符号，也不予编号。

这种断面的轮廓线应画粗些，以便与投影图上的线条有所区别，避免引起混淆。断面部分应画上相应的材料图例，如图 3-17 所示为一墙上装饰的重合断面图。如果断面尺寸较小，可以涂黑。如图 3-18 所示，由于梁、板断面图形较窄，不易画出材料图例，故予以涂黑表示。

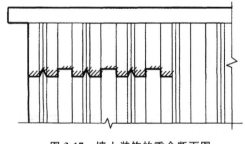

图 3-17　墙上装饰的重合断面图

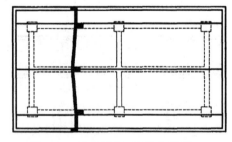

图 3-18　结构的梁、板重合断面

3.4　简化画法

为了简化绘图,国家标准对建筑制图制定了下列的几种简化画法:

（1）对称的图形允许只画一半,但要加上对称符号。对称符号由对称线和两端的两对平行线组成。对称线用细点画线表示,平行线用细实线表示,其长度为 6～10 mm,每对平行线的间距宜为 2～3 mm;对称线垂直平分两对称平行线,两端超出平行线宜为 2～3 mm。两端的对称符号到图形的距离应相等,如图 3-18a 所示。也可以稍稍超出对称线之外,然后加上用细实线画出的折断线或波浪线,注意此时不画对称符号。如图 3-18b 的屋架图。

(a)　　　　　　　　　　　　　　　　　　(b)

图 3-18　对称图形画法

(2)形体的图形中有多个完全相同而连续排列的要素,可仅在两端或适当位置画出其完整形状,其余部分以中心线或中心线交点表示,如图 3-19 所示。

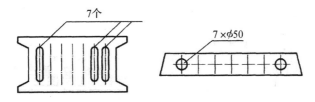

图 3-19　相同要素省略画法

(3)较长的形体,如果沿长度方向的形状相同或按一定规律变化,可以断开省略画出,断开处应以折断线表示。如图 3-20a 所示。

(4)如果一个形体与另一个形体仅部分不相同,这个形体可以只画不同部分,但应在两个形体的相同部分与不同部分的分界线处,在折断靠图样一侧标注大写拉丁字母表示连接符号,两个连接符号应对准在同一线上。如图 3-20b 所示。

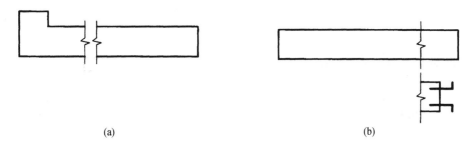

(a)　　　　　　　　　　　　　　　　　　(b)

图 3-20　折断省略画法

第四章　轴测投影图

前面讲的三面投影图能完整准确地表示形体的形状和大小,而且作图简便,度量性好,所以在工程中被广泛采用,但这种图不直观,要有一定的读图能力才能看懂。如图 4-1a 所示为一台阶的投影图,由于每个投影只反映出长、宽、高三个方向中的两个方向的尺寸,所以缺乏立体感,不容易看懂,如果画出它的轴测投影图(图 4-1b),可以看出轴测投影图能同时反映出物体的长、宽、高三个方向的尺寸,富有一定的立体感,容易看懂,但是轴测投影图有变形,不能确切地反映物体的形状,作图也比较麻烦。因此,轴测投影图常作为辅助图样,用以帮助阅读正投影图。一些简单的形体,也可以用轴测投影图来代替部分正投影图。

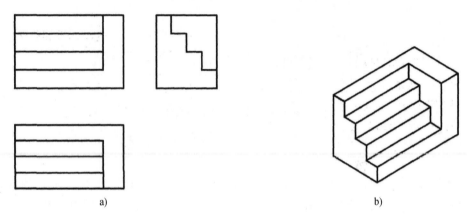

a)　　　　　　　　　　　　　　　　　　　b)

图 4-1　三面投影图与轴测投影图

a)投影图　b)轴测投影图

4.1　轴测投影的基本知识

4.1.1　轴测投影图的形成

如图 4-2 所示,将物体(例如正方体)和确定它的空间位置的坐标系,用平行投影法沿不平行于任一坐标轴的方向 S 投影到平面 P 上,得到的投影图称为轴测投影图,简称轴测图。平面 P 称为轴测投影面,各坐标轴 OX、OY、OZ 在 P 面上的投影轴称轴测投影轴简称轴测轴,用 O_1X_1、O_1Y_1、O_1Z_1 表示,空间 A 点在轴测投影面上的投影称为轴测投影,用 A_1 表示。

4.1.2　轴间角和轴向伸缩系数

1.轴间角

在轴测投影面 P 上,各轴测轴 O_1X_1、O_1Y_1、O_1Z_1 之间的夹角 $\angle X_1O_1Y_1$、$\angle Y_1O_1Z_1$、

$\angle X_1O_1Z_1$ 称为轴间角,用轴间角来控制物体轴测投影的形状变化。

2. 轴向伸缩系数

由于坐标轴与轴测投影面成一定的角度,所以在坐标轴上的线段长度投影以后会发生变化。轴测轴方向线段的长度与该线段的实际长度之比,称为轴向伸缩系数。用 p、q、r 分别表示 X、Y、Z 轴的轴向伸缩系数。则

$$p=O_1X_1/OX,q=O_1Y_1/OY,r=O_1Z_1/OZ$$

用轴向伸缩系数来控制物体轴测投影的大小变化。

4.1.3 轴测投影的基本性质

由于轴测投影所用的是平行投影,所以轴测投影具有平行投影的投影特性,应用这些性质,可使作图简便、迅速。轴测投影的基本性质如下:

1. 平行于某一坐标轴的空间直线,投影以后平行于相应的轴测轴。如图 4-2 中 BC 平行于 OZ 轴,轴测投影 B_1C_1,平行于 O_1Z_1,线段的轴测投影与线段实长之比等于相应的轴向伸缩系数。

2. 空间互相平行的两直线,投影以后仍互相平行。

3. 点在直线上,点的轴测投影在直线的轴测投影上。

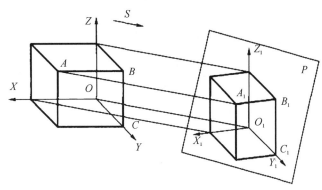

图 4-2　轴测投影图的形成

4.2　正等轴测投影图

4.2.1　正等轴测投影的轴向伸缩系数和轴间角

在正等轴测投影中,当把空间三个坐标轴放置成与轴测投影面成相等倾角时,通过几何计算,可以得到各轴的轴向伸缩系数均为 0.82,即 $p=q=r=0.82$,这时得到的投影就为正等轴测投影。正等轴测投影的三个轴间角相等,都等于120°,为了作图方便,常将轴向伸缩系数进行简化,取 $p=q=r=1$,称为轴向简化系数,如图 4-3 所示。采用简化系数画出的图,叫正等轴测投影图,简称正等测图。在轴向尺寸上,正等测图较形体原来的真实轴测投影放大 1.22 倍,但不影响物体的形状。

4.2.2　平面立体正等测图的画法

给定物体的三面投影画其轴测图时,应先根据形体的具体形状,在投影图中设定好直角坐标系,即选好 X 轴、Y 轴、Z 轴,然后量出各点的坐标,作出轴测轴,根据轴向伸缩系数画出各点的轴测图,从而作出轴测图,这种方法叫坐标法,是

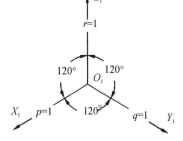

图 4-3　正等轴测图的轴测轴
和轴向变形系数

37

画平面立体轴测图的基本方法。一般选物体的对称面作为一坐标轴,对称中心点作为坐标轴的原点。

【例 4-1】 如图 4-4a 所示,已知正六棱柱的正面投影和水平投影,试作其正等测图。

作图步骤:

1)在投影图中选坐标轴 OX、OY、OZ(图 4-4a)。

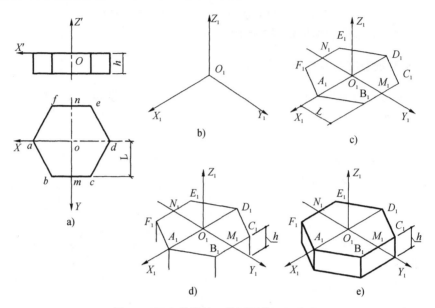

图 4-4 正六棱柱的正等测图的画图步骤

a)已知投影图 b)作轴测轴 c)画上底面 d)画侧棱(竖高度) e)完成全图

2)作轴测轴 O_1X_1、O_1Y_1、O_1Z_1(图 4-4b)。

3)作上底面。在 O_1X_1 上量取 $O_1A_1 = O_1D_1 = Oa$ 得 A_1、D_1,在 O_1Y_1 上量取 $O_1M_1 = O_1N_1 = om = L$ 得 M_1、N_1,过 M_1、N_1 两点作 O_1X_1 的平行线 B_1C_1、E_1F_1,并量取 $M_1B_1 = M_1C_1 = mb$、$N_1E_1 = N_1F_1 = nf$ 得 B_1、C_1、E_1、F_1,顺次连接 A_1、B_1、C_1、D_1、E_1、F_1,得上底面的轴测图(图 4-4c)。

4)作侧棱。过上底面各顶点,作平行于 O_1Z_1 的直线,并向下量取六棱柱高 h,得各侧棱,画出可见的侧棱(图 4-4d)。

5)作下底面。作出各可见的下底面的各边。

6)描深,完成全图(图 4-4e)。

4.2.3 曲面立体正等测图的画法

1. 坐标面或平行于坐标面的平面上的圆的投影

坐标面或平行于坐标面的平面上的圆,其正等轴测投影为椭圆,通过几何分析证明可以得出:投影椭圆的长轴方向垂直于不属于此坐标面的第三根轴的轴测投影,长轴的长度等于圆的直径 d,短轴方向平行于不属于此坐标面的第三根轴,其长度等于 $0.58d$。按简化的轴向伸缩系数作图,椭圆的长轴长度为 $1.22d$,短轴为 $0.7d$,如图 4-5 所示。知道了长短轴的长度和方向以后,就可以采用四心近似法、菱形法画椭圆。

下面以菱形法为例说明水平圆的正等测图的画法。

1）过圆心 O 作坐标轴 OX、OY，交圆于 a、b、c、d。

2）以 a、b、c、d 为切点，作圆的外切正方形，如图 4-6a 所示。

3）画轴测轴 O_1X_1、O_1Y_1，并画切点及外切正方形的轴测图——菱形如图 4-6b 所示。

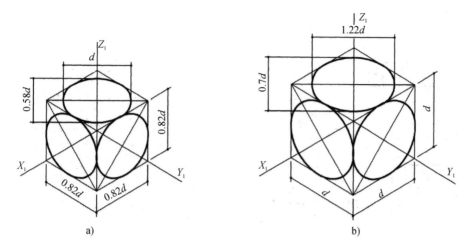

图 4-5 平行于各坐标面圆的正等测投影和正等测图

a）圆的正等测投影图 b）采用简化系数后圆的正等测图

4）过切点分别作菱形各边的垂线，得四个交点 O_2、O_3、O_4、O_5 如图 4-6c 所示。

5）分别以交点 O_2、O_3 为圆心作圆弧 C_1D_1、A_1B_1，以 O_4、O_5 为圆心作圆弧 A_1D_1、B_1C_1，如图 4-6d 所示。

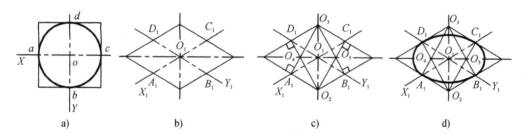

图 4-6 正等测椭圆的近似画法（菱形法）

a）作圆的外切正方形 b）画菱形 c）找圆心 d）画近似椭圆

同理可作出正平圆和侧平圆的正等测图。

2. 几种曲面立体正等测图的画法

（1）圆柱正等测图的画法

根据图 4-7 所示圆柱的两面投影，作其正等测图。作图步骤如下：

1）在投影图上作坐标轴 OX、OY、OZ，如图 4-7a 所示。

2）作轴测轴及用菱形法画上底面的轴测图。

3）根据圆柱的高度，用平移圆心法作下底面的轴测图，如图 4-7b 所示。

4）作两椭圆的外公切线或连接长轴端点，擦去多余的线和不可见的线，加深、完成全图，如图 4-7c、d 所示。

圆锥和圆台的画法类似于圆柱，可自行分析其画法。

（2）截切圆柱的正等测图

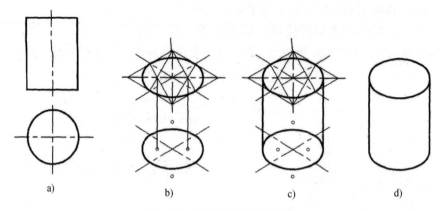

图 4-7　圆柱正等测图的画法

a)投影图　b)画上下底圆的正等测　c)画两椭圆的外公切线　d)完成全图

如图 4-8a 所示,已知截切圆柱的投影图,试作它的正等测图。

作图步骤:

1)画圆柱的下底面　确定圆心后,作中心线分别平行于轴测轴,画外切菱形,如图 4-8b 所示。

2)画截平面　根据截交线上点的 X 坐标、Y 坐标作出各点的轴测图,如图 4-8b、c 所示。

3)完成全图　画轴测图上的转向轮廓线,用曲线板连接各点,擦去多余的线,加深、完成全图,如图 4-8d 所示。

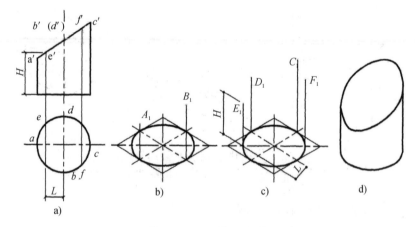

图 4-8　截切圆柱的正等测图的画图步骤

a)投影图　b)画底面的轴测图　c)定顶面椭圆上各点　d)画顶面、完成全图

4.2.4　组合体正等测图的画法

画组合体的投影图,常用的方法为:切割法、叠加法、综合法。对于切割型的物体,先画出未切割的完整形体的轴测图,然后用切割的方法画出其切割的部分,这种方法称为切割法;对于叠加型的物体,逐个形体画出其轴测图,这种方法称为叠加法;对于混合型的物体,可采用以上两种方法画出其轴测图,这种方法称为综合法。

【例 4-2】　根据给出的三面投影,画出其轴测图。

作图步骤：

1）在投影图上画作坐标轴 OX、OY、OZ（图 4-9a）。

2）作轴测轴及完整长方体的轴测图（图 4-9b）。

3）根据尺寸 h、g 切去前上角的一块长方体（图 4-9c）。

4）根据尺寸 c、d、e 切去中间的一块长方体（图 4-9d）。

5）擦去多余的图线，加深，完成全图（图 4-9e）。

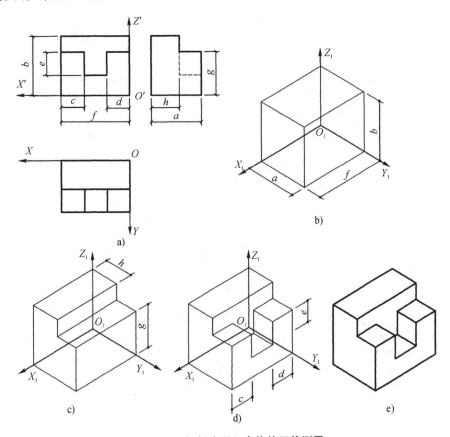

图 4-9　用切割法画组合体的正等测图

a）投影图　b）画未切外形长方体　c）切去前上角长方体　d）画切前中部正方体　e）完成全图

4.3　正面斜轴测投影图

当投影方向倾斜于轴测投影面时，得到斜轴测投影。以正投影面或其平行面作为轴测投影面得到的轴测投影称为正面斜轴测投影。以水平投影面或其平行面作为轴测投影面得到的轴测投影称为水平面斜轴测投影。根据轴向伸缩系数的不同，分别将上述两类轴测投影称为正面斜等轴测投影、水平斜等轴测投影。以下主要介绍正面斜轴测投影。

4.3.1　正面斜轴测图的画法和轴向伸缩系数

1.轴间角

由于确定物体位置的坐标面 XOZ 平行于轴测投影面，所以，坐标轴 OX、OZ 投影成的轴

测轴 O_1X_1 和 O_1Z_1 之间的夹角反映真实夹角,即 $\angle X_1O_1Z_1 = 90°$。变换投影方向,可使轴间角 $\angle X_1O_1Y_1 = 135°$ 或 $\angle X_1O_1Y_1 = 45°$,图 4-10 所示即为斜轴测轴间角的画法。

2. 轴向伸缩系数

确定形体位置的坐标面 XOZ 平行于轴测投影面,因此,坐标面上的坐标轴 OX、OZ 也平行于轴测投影面,坐标轴 OX、OZ 投影成的轴测轴 O_1X_1 和 O_1Z_1 的伸缩系数都为 1,即 $p = r = 1$,也就是说,物体上平行于坐标面 XOZ 的平面,其轴测投影反映实形,这个特性使斜轴测图的作图较为方便,尤其对于有较复杂侧面的形体,这个特点更为显著。变换投影方向,可使轴向伸缩系数 $q = 0.5$,可以证明,正面斜轴测的轴间角和轴向伸缩系数可以单独随意选择,一般选 $\angle X_1O_1Y_1 = 135°$ 或 $\angle X_1O_1Y_1 = 45°$,$q = 0.5$。

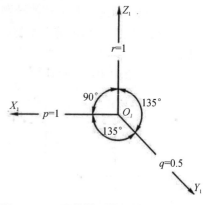

图 4-10　正面斜轴测轴和轴向伸缩系数

4.3.2　平面体正面斜轴测图的画法

【例 4-3】　根据如图 4-11a 所给出的平面体的正面投影和侧面投影图,画出其正面斜轴测图。

分析:根据形体分析可知,该组合体由底板、竖板、肋板组成。

作图步骤:

1)在三面投影图上作物体的坐标轴,然后作轴测轴。

2)作组合体的底板和竖板的反映实形的正面斜轴测图,即前端面(图 4-11b)。

3)根据宽度 f,作底板和竖板的正面斜轴测图(图 4-11c)。

4)作肋板的反映实形的正面的斜轴测图(图 4-11d)。

5)完成肋板的斜轴测图,擦去多余的图线(图 4-11e)。

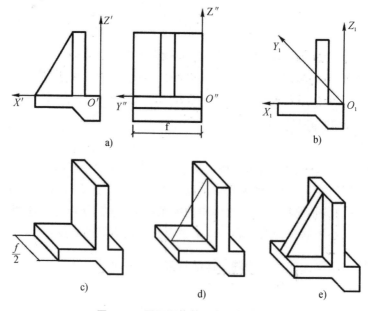

图 4-11　画平面体的正面斜轴测图

42

4.3.3　曲面体正面斜轴测图的画法

【例 4-4】　根据图 4-12a 所给出的铁箍的投影图,画出其正面斜轴测图。

作图过程如图 4-12 所示,具体作图步骤同上例所述。

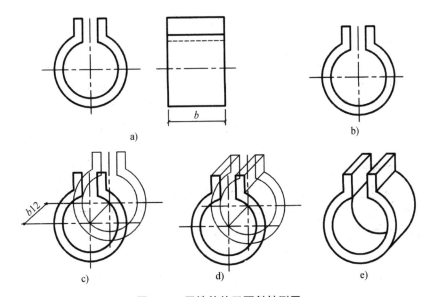

图 4-12　画铁箍的正面斜轴测图

a)投影图　b)画前端面　c)画后端面　d)连线　e)完成全图

4.4　管道正面斜等轴测图的画法

在画管道的正面斜等轴测图时,习惯上把 OX_1 轴选定为左右走向的轴,OZ_1 轴选定为上下走向的轴,OY_1 轴放置在与 OZ_1 轴成 135°的另一侧位置上,三个坐标轴上的轴向伸缩系数都相等,常取 1,如图 4-13 所示。

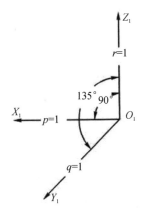

图 4-13　正面斜等测轴的选定

【例 4-5】　根据图 4-14a 所示的管道平面图和立面图,画出其正面斜等轴测图。

分析:在画管道的轴测图时,首先应分析图形,弄清楚每根管子在空间的实际走向和具体位置。对于交叉管线,高的或前面的管线应显示完整,标高低的或后面的管线应用断开的形式表示。

作图步骤:

1)画轴测轴。

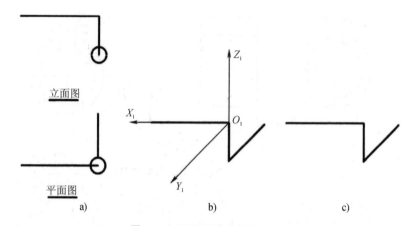

图 4-14 画已知管道的轴测图

a)投影图　b)画轴测轴和管道　c)完成全图

2)根据平、立面图的实际长度和走向按比例沿轴量尺寸并连线段(图 4-14b)。

3)擦去多余的线,即得正面斜等轴测图(图 4-14c)。

第五章　建筑施工图

5.1　概　述

作为人类赖以生存的衣、食、住、行四要素之一,房屋在人们生活中起着举足轻重的作用。建造房屋要经过设计与施工的两个过程。设计时把想象中的房屋,按照"国标"的规定,用正投影方法画出的图样,称为房屋建筑图。设计过程中用来研究、比较、审批等反映房屋功能组合、房屋内外概貌和设计意图的图样,称为房屋初步设计图,简称初设图。为施工服务的图样称为房屋施工图,简称施工图。

5.1.1　房屋的组成

房屋建筑按其使用功能通常可分为工业建筑、农业建筑和民用建筑。工业建筑包括各种厂房、仓库、动力站等;农业建筑包括谷仓库、饲养场、农机站等。在民用建筑中,一般又分为居住建筑和公共建筑两种。居住建筑包括住宅、宿舍、公寓等;公共建筑包括学校、办公楼、宾馆、图书馆、车站、码头、飞机场、体育场馆等。

各种不同类型的建筑物,尽管它们在使用要求、空间组合、外形处理、结构型式、构造方式及规模大小等各自有着种种特点,但其基本的组成内容是相似的,如构成建筑物的主要部分是基础、墙(或柱)、楼(地)面、屋面、楼梯和门窗等。此外,建筑物通常还有台阶、坡道、雨篷、阳台、雨水管、散水、明沟以及其他各种构配件和装饰等。

现以图 5-1 所示的一幢六层住宅楼为例,将房屋各组成部分的名称及其作用作一简单介绍。楼房的第一层称为首层(也称底层),往上数,称二层、三层……顶层(本例的第六层即为顶层)。房屋由许多构件、配件和装饰组成,从图中可知它们的名称和位置。其中钢筋混凝土基础承受上部建筑的荷载并传递到地基;内外墙起着围护(挡风雨、隔热、保温)和分隔作用;楼面与地面是分隔建筑空间的水平承重构件;屋面是房屋顶部的围护和承重构件,由承重层、防水层和隔热层等组成;楼梯是楼房的垂直交通设施,供人们上下楼层之用;门主要用作交通联系和分隔房间,窗主要用作采光和通风,门窗是建筑外观的一部分,对建筑的立面造型和室内装饰产生影响。此外,压顶、女儿墙、雨篷、雨水管、勒脚、散水、明沟等起着排水和保护墙身的作用。阳台供远眺、晾晒之用,女儿墙在屋面上起遮拦的作用,它们同时也起到立面造型的效果。

5.1.2　施工图的产生及分类

房屋建筑的设计一般分为两个阶段:初步设计阶段和施工图设计阶段。但对于一些大型的、重要的或技术复杂的工程,还要增加扩大初步设计(或称技术设计)阶段,作为协调该工程各专业工种之间的关系和绘制施工图的准备,其图样称为扩大初步设计图,简称扩初图。

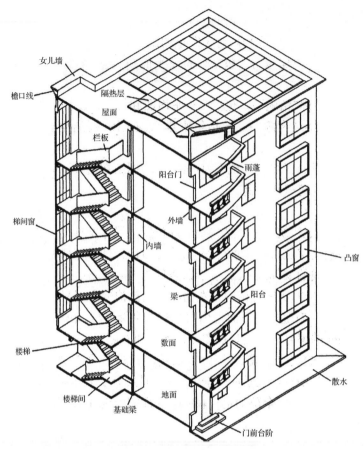

图 5-1　房屋各组成部分示意图

1. 初步设计阶段

根据该项目的设计任务,明确要求,收集资料,调查研究。对于建筑中的主要问题,如建筑的平面布置,水平与垂直交通的安排,建筑外形与内部空间处理的基本意图,建筑与周围环境的整体关系,建筑材料和结构形式的选择等进行初步的考虑,作出较为合理的设计方案。设计方案主要用平面图、立面图和剖面图等图样,把设计意图表达出来,以便于与建设方做进一步研究和修改。重要建筑常作多个方案以便比较选用。

设计方案确定后,需进一步去解决结构选型及布置,各工种之间的配合等技术问题,从而对方案作进一步修改;然后按一定的比例绘制初步设计图,送有关部门审批。初步设计图的内容包括建筑总平面图,建筑平、立、剖面图。此外,通常还加绘彩色透视图等表达建筑物外表面的颜色搭配及其立体造型效果,必要时还要做出小比例的模型,以表示建筑物竣工后的外貌。

2. 施工图设计阶段

施工图设计主要是依据报批获准的初步设计图,按照施工的要求予以具体化。各专业各自用尽可能详尽的图样、尺寸、文字、表格等方式,将工程对象在本专业方面的有关情况表达清楚。为施工安装、编制工程概预算、工程竣工后验收等工作提供完整的依据。

一套完整的施工图,根据其专业内容或作用的不同,一般的编排顺序为:

(1)图纸目录。列出本套图纸有几类,各类图纸有几张,每张图纸的编号、图名和图幅大小。如果选用标准设计图,则应注明该标准设计图所在的标准设计图集名称和图号或页次。

（2）设计总说明。内容包括本工程项目的设计依据、设计规模和建筑面积；本工程项目的相对标高与绝对标高的对应关系；建筑用料和施工要求说明；采用新技术、新材料或有特殊要求的做法说明等。以上各项内容，对于简单的工程，可分别在各专业图纸上表述。

（3）建筑施工图（简称"建施"）。包括建筑总平面图、建筑平面图、建筑立面图、建筑剖面图及建筑详图。

（4）结构施工图（简称"结施"）。包括结构平面图和构件详图。

（5）设备施工图（简称"设施"）。包括给水排水施工图、暖通空调施工图、电气施工图等。

此外，各专业施工图的图纸编排顺序为：全局性的图纸在前，局部性的图纸在后。

5.1.3　施工图中常用的符号和图例

1.定位轴线

定位轴线是用来确定建筑物主要结构及构件位置的尺寸基准线。凡承重构件如墙、柱、梁、屋架等位置都要画上定位轴线并进行编号，施工时应以此为定位的基准。定位轴线应用细单点长画线表示，在线的端部画一细实线圆，直径为 8～10 mm。圆内注写编号，如图 5-2a。在建筑平面图上编号的次序是横向自左向右用阿拉伯数字编写，如图 5-9 平面图上横向编号为 1～7；竖向自下而上用大写拉丁字母编写，如图 5-9 平面图上竖向编号为 A～C。定位轴线的编号一般注写在图形的下方和左侧。

对于某些次要构件的定位轴线，可用附加轴线的形式表示，如图 5-2b 所示。附加轴线的编号以分数表示，其中分母表示前一根轴线的编号，分子表示附加轴线的编号，用数字依次编写。平面图上需要画出全部的定位轴线。立面图或剖面图上一般只需画出两端的定位轴线。

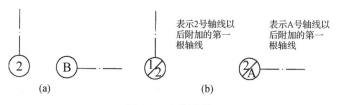

图 5-2　定位轴线

2.标高符号

标高符号表示某一部位的高度。在图中用标高符号加注尺寸数字表示，见图 5-3a。标高符号用细实线绘制，符号中的三角形为等腰三角形。个体建筑物图样上用的标高符号画法见图 5-3b，长横线上下可用来注写尺寸，尺寸单位为米，注写到小数点后三位（总平面图上可注到小数点后两位）。总平面图上的标高符号，用涂黑的三角形表示，见图 5-3c。标高符号的尖端指至被注高度，尖端可向下，也可向上，见图 5-3d。

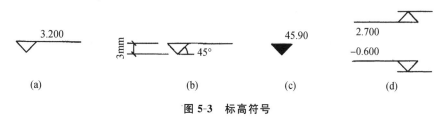

图 5-3　标高符号

常以房屋的底层室内地面作为零点标高,注写形式为:±0.000;零点标高以上为"正",标高数字前不必注写"+"号,如 3.200;零点标高以下为"负",标高数字前必须加注"-"号,如 -0.600。标高的注写形式可参见图 5-9 所示。

3. 索引符号和详图符号

在房屋建筑图中某一局部或构配件需要另见详图时,应以索引符号索引。如在图 5-23 的 1-1 剖面图中画出了索引符号⊕,并在相应的天沟剖面节点详图上,标注了详图符号①等。标注索引符号和详图符号的方法规定如下:

(1)索引符号。用一细实线为引出线指出要画详图的地方,在线的另一端画一直径为 10 mm 的细实线圆,引出线应指向圆心,圆内过圆心画一水平线,见图 5-4a。如索引出的详图与被索引的图样同在一张图纸内,应在索引符号的上半圆内用阿拉伯数字注明该详图的编号,并在下半圆内画一段水平细实线,见图 5-4b;如索引出的详图与被索引的图样不在同一张图纸内,应在索引符号的下半圆中用阿拉伯数字注明该详图所在图纸的图号,如图 5-4c,表示索引的 5 号详图在图号为 2 的图纸上。如索引出的详图采用标准图,应在索引符号水平直径的延长线上加注该标准图册的编号,如图 5-4d,表示索引的 5 号详图在名为 J103 的标准图册、图号为 2 的图纸上。

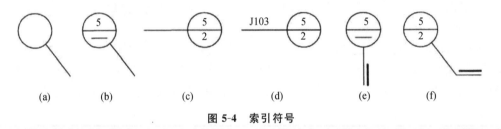

图 5-4 索引符号

索引符号如用于索引剖面详图,应在被剖切的部位绘制剖切的位置线,并以引出线引出索引符号,引出线所在的一侧应为投射方向。如图 5-4e 所示,表示剖切后向左投射。

(2)详图符号。详图符号为一粗实线圆,直径为 14 ram。表示方法如图 5-5 所示,图 5-5a 表示这个详图的编号为 5,被索引的图样与这个详图同在一张图纸内;图 5-5b 表示这个详图的编号为 5,与被索引的图样不在同一张图纸内,而在图号为 2 的图纸内。

4. 指北针

在首层建筑平面图上的左下角,均应画上指北针。如图 5-6 所示,指北针用细实线绘制,圆的直径为 24 mm,指针尾部宽度为 3 ram,指针头部应注"北"或"N"字。

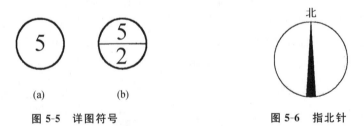

图 5-5 详图符号　　　　　　图 5-6 指北针

表 5-1　常用建筑材料的图例

名　称	图　例	说　明
自然土壤		包括各种自然土壤
夯实土壤		
沙、灰土	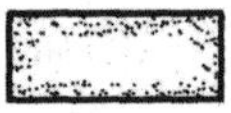	靠近轮廓线较密的点
粉　刷	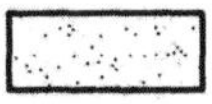	本图例点绘以较稀的点
普通砖	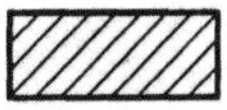	①包括砌体、砌块 ②断面较窄、不易画出图例线时,可涂红
饰面砖		包括铺地砖、马赛克、陶瓷锦砖、人造大理石等
混凝土		①本图例仅适用于能承重的混凝土及钢筋混凝土 ②包括各种标号、骨料、添加剂的混凝土 ③在剖面图上画出钢筋时,不画图例线
钢筋混凝土		④断面较窄,不易画出图例线时,可涂黑
毛　石	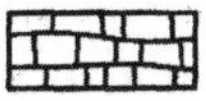	
木　材	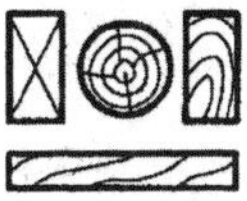	①上图为横断面,左上图为垫木、木砖、木龙骨 ②下图为纵断面
金　属		①包括各种金属 ②图形小时,可涂黑

5. 建筑施工图常用图例

为了简化作图,建筑施工图中常用建筑材料的图例见表 5-1。在房屋建筑图中,对比例小于或等于 1:50 的平面图和剖面图,砖墙的图例不画斜线;对比例小于或等于 1:100 的平面图和剖面图,钢筋混凝土构件(如柱、梁、板等)的建筑材料图例可简化为涂黑。

表 5-2 为建筑施工图中常用的建筑构造及配件图例。

表 5-2 常用的建筑构造及配件图例

名 称	图 例	说 明	名 称	图 例	说 明
楼梯	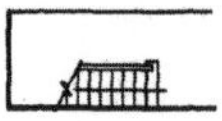	①上图为底层楼梯平面中图为中层楼梯平面下图为顶层楼梯平面 ②楼梯的形式及步数应按实际情况绘制	单扇门(包括平开或单面弹簧)	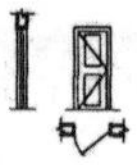	①门的名称代号用 M 表示 ②剖视图上左为外,右为内,平面图中下为外,上为内 ③立面图生开启方向线交角的一侧为安装合页的一侧,实线为外开,虚线为内开 ④平面图上的开启弧线及立面图上的开启方向线,在一般设计图上不需表示,仅在制作图上表示 ⑤立面形式应按实际情况绘制
			单扇双面弹簧门	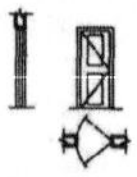	
			双扇门(包括平开或单面弹簧)		
坡度			双扇双面弹簧门		
检查孔		左图为可见检查孔右图为不可见检查孔	对开折叠门	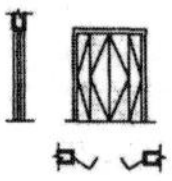	
孔洞			单层固定窗	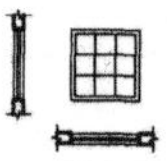	①窗的名称代号用 C 表示 ②立面图中的虚线表示窗的开关方向,实线为外开,虚线为内开;开启方向,线交角的一侧为安装合页的一侧,一般设计图中可不表示 ③剖视图上左为外、右为内,平面图中下为外,上为内 ④平面图、剖视图上的虚线仅说明开关方式,在设计图中不需要表示 ⑤窗的立面形式应按实际情况绘制
坑槽			单层外开上悬窗	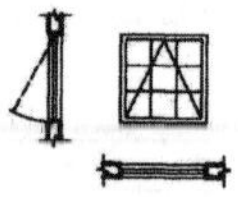	
墙预留洞	宽×高×深 或 中		单层中悬窗	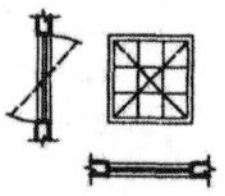	
墙预留槽	宽×高×深 或 中		单层外开平开窗	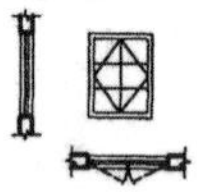	
烟道			左右推拉窗	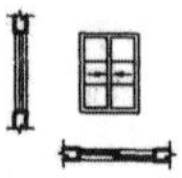	
通风道					
空门洞					

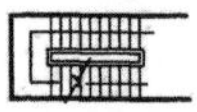

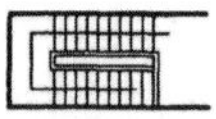

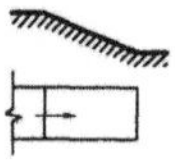

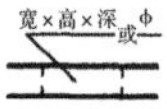

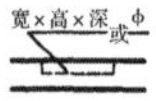

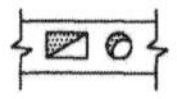

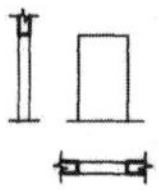

5.1.4 阅读施工图的步骤

一套完整的房屋施工图,简单的有十几张,复杂的有几十张,甚至几百张。当我们阅读这些图纸时,究竟应从哪里看起呢?

对于全套图纸来说,应先看图纸目录和设计总说明,再按建筑施工图、结构施工图和设备施工图的顺序阅读。对于建筑施工图来说,先平面图、立面图、剖面图(简称平、立、剖),后详图。对于结构施工图来说,先基础图、结构平面图,后构件详图。当然,这些步骤不是孤立的,而是要经常互相联系并反复进行。

阅读图样时,还应注意按先整体后局部,先文字说明后图样,先图形后尺寸的原则依次进行。同时,还应注意各类图纸之间的联系,弄清各专业工种之间的关系等。

5.2　建筑总平面图

5.2.1　图示方法和内容

将新建建筑物在一定范围内的建筑物、构筑物连同其周围的环境状况,用水平投影方法和相应的图例所画出的图样,称为建筑总平面图,简称总平面图或总图。它表明了新建筑物的平面形状、位置、朝向、高程,以及与周围环境,如原有建筑物、道路、绿化等之间的关系。因此,总平面图是新建建筑物施工定位和规划布置场地的依据,也是其他专业(如水、暖、电等)的管线总平面图规划布置的依据。

5.2.2　有关规定和画法特点

1. 比例

建筑总平面图所表示的范围比较大,一般都采用较小的比例,常用的比例有 1∶500,1∶1 000,1∶2 000等。工程实践中,由于有关部门提供的地形图一般采用 1∶500 的比例,故总平面图的比例常用1∶500。

2. 图例与线型

由于比例很小,总平面图上的内容一般是按图例绘制的,常用图例见表 5-3。当标准所列图例不够用时,也可自编图例,但应加以说明。

从图例可知,新建建筑物的外形轮廓线用粗实线绘制,新建的道路、桥涵、围墙等用中实线绘制,计划扩建的建筑物用中虚线绘制,原有的建筑物、道路及坐标网、尺寸线、引出线等用细实线绘制。

表 5-3　总平面图常用图例

名　称	图　例	说　明	名　称	图　例	说　明
新建的建筑物	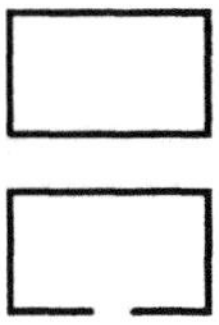	①上图为不画出人口图例,下图为画出人口图例②需要时,可在图形内右上角以点数或数字(高层宜用数字)表示层数③用粗实线表示	填挖边坡	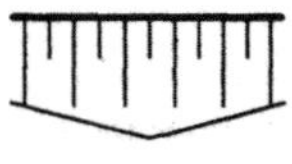	边坡较长时可在一端或两端局部表示
			护坡	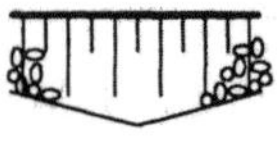	
原有的建筑物		①应注明利用者②用细实线表示	雨水井		
			消火栓井		
计划扩建的预留地或建筑物		用中虚线表示	室内标高	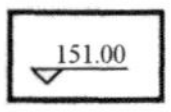 151.00	

续表

名　称	图　例	说　明	名　称	图　例	说　明
拆除的建筑物	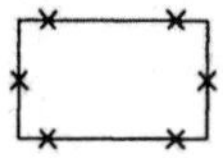	用细实线表示	室外标高	 ▼ 143.00	
新建的地下建筑物或构筑物	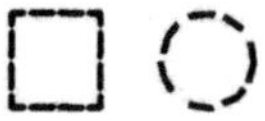	用粗虚线表示	新建道路	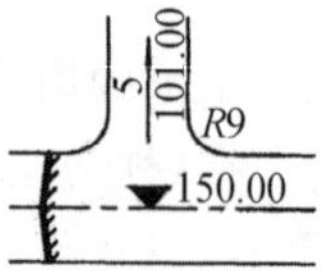	①"R9"表示道路转弯半径为9m;"150.00"为路面中心标高;"5"表示5%,为纵向坡度;"101.00"表示变坡点距离②图中斜线为道路端面示意,根据实际需要绘制
围墙及大门	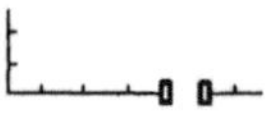	①上图为砖石、混凝土或金属材料的围墙②下图为镀锌铁丝网、篱笆等围墙③如仅表示围墙时不画大门	原有道路		
			计划扩建的道路	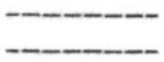	
露天桥式起重机	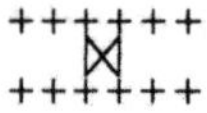		道路曲线段	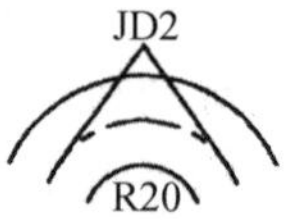 JD2 R20	①"JD2"为曲线转折点编号②"R20"表示道路曲线半径为20 m
架空索道		"I"为支架位置	桥梁	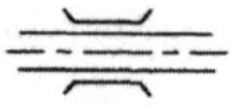	①上图为公路桥②下图为铁路桥③用于旱桥时应注明
坐标	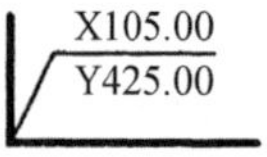 X105.00 Y425.00　A131.50 B278.25	①上图表示测量坐标②下图表示施工坐标	跨线桥	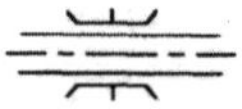	道路跨铁路
				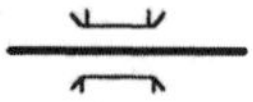	铁路跨道路
	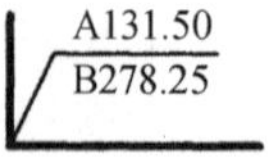			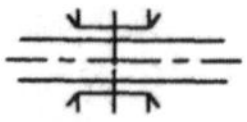	道路跨道路
				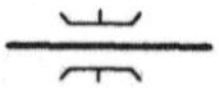	铁路跨铁路

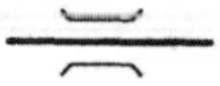

3. 注写名称与层数

总平面图上的建筑物、构筑物应注写名称与层数。当图样比例小或图面无足够位置注写名称时,可用编号列表编注。注写层数则应在图形内右上角用小圆黑点或数字表示。

4. 地形

当地形复杂时要画出等高线,表明地形的高低起伏变化。

5. 坐标网络

总平面图表示的范围较大时,应画出测量坐标网或建筑坐标网。测量坐标代号宜用"X、Y"表示,例如 X1200、Y700;建筑坐标代号宜用"A、B"表示,例如 A100、B200。

6. 尺寸标注与标高注法

总平面图中尺寸标注的内容包括:新建建筑物的总长和总宽;新建建筑物与原有建筑物或道路的间距;新增道路的宽度等。

总平面图中标注的标高应为绝对标高。所谓绝对标高,是指以我国青岛市外的黄海海平面作为零点而测定的高度尺寸。假如标注相对标高,则应注明其换算关系。新建建筑物应标注室内外地面的绝对标高。

标高及坐标尺寸宜以米为单位,并保留至小数点后两位。

7. 指北针或风玫瑰图

图 5-7 风向频率玫瑰图

总平面图应按上北下南方向绘制。根据场地形状或布局,可向左或右偏转,但不宜超过45°。总平面图上应画出指北针或风玫瑰图。风玫瑰图也称风向频率玫瑰图,一般画出十六个方向的长短线来表示该地区常年风向频率。其中,粗实线表示全年风向频率,细实线表示冬季风向频率,虚线表示夏季风向频率。图5-7是广州市的风玫瑰图,表明该地区冬季北风发生的次数最多,而夏季东南风发生的次数最多。由于风玫瑰图同时也表明了建筑物的朝向情况,因此,如果在总平面图上绘制了风玫瑰图,则不必再绘制指北针。

8. 绿化规划与补充图例

上面所列内容,既不是完整无缺,也不是任何工程设计都缺一不可,而应根据工程的特点和实际情况而定。对一些简单的工程,可不画出等高线、坐标网或绿化规划等。

5.2.3 识读建筑总平面图示例

图5-8是某住宅小区一角的总平面图,选用比例1:500。图中用粗实线画出的图形是两幢相同的新建住宅A(也称代号为A的住宅)的外形轮廓。细实线画出的是原有住宅B、综合楼、仓库和球场的外形轮廓,以及道路、围墙和绿化等。虚线画出的是计划扩建的住宅外形轮廓。

从图中风玫瑰图与等高线所注写的数值,可知总平面图按上北下南方向绘制,图中所示该地区全年最大的风向频率为东南风和北风。该小区地势是自西北向东南倾斜。新建住宅室内地坪,标注建筑图中±0.00 m处的绝对标高为19.20 m。注意室内外地坪标高标注符号的不同。

从图中的尺寸标注,可知新建住宅总长23.40 m,总宽9.30 m。新建住宅的位置可用定位尺寸或坐标确定。定位尺寸应注出与原建筑物或道路中心线的联系尺寸,新建住宅西面离道路中心线11.90 m,南面离道路边线10.00 m,两幢新建住宅南北间距15.00 m,新建住宅北面离原有住宅13.00 m。

从各个图形的右上角的标注,可知新建住宅6层高,原有住宅3层高,仓库1层高,综合楼12层高。

从图中还可以了解到周围环境的情况。如新建住宅的南面有名为文园路的道路,东面有计划扩建的住宅,东北角是仓库并建有围墙,北面有原有住宅,西北面有一个篮球场,西面有道路和综合楼,综合楼的西南面有一待拆的房屋等等。

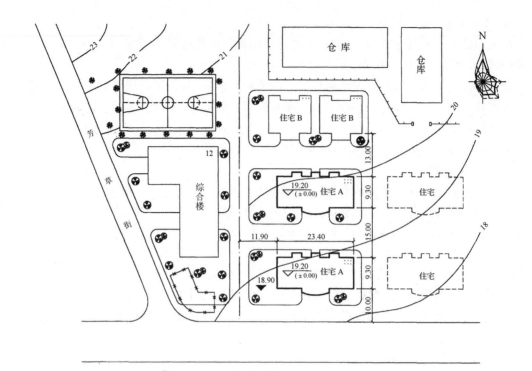

总平面图 1：500

图 5-8　某住宅小区一角的总平面图

5.3　建筑平面图

5.3.1　图示方法和内容

假想用一个水平的剖切平面沿门窗洞的位置将房屋剖开，移去上面部分后，向水平投影面作正投影所得的水平剖面图，称为建筑平面图，简称平面图。

建筑平面图反映了建筑物的平面形状和平面布置，包括墙和柱、门窗以及其他建筑构配件的位置和大小等。它是墙体砌筑、门窗安装和室内装修的重要依据，是施工图中最基本的图样之一。

如果是楼房，沿首层剖开所得到的全剖面图称首层平面图，沿二层、三层⋯⋯剖开所得到的全剖面图则相应称为二层平面图、三层平面图⋯⋯房屋有几层，通常就应画出几个平面图，并在图的下方注明相应的图名和比例。当房屋上下各楼层的平面布置相同时，可共用一个平面图，图名为标准层平面图或 X～Y 层平面图（如三～八层平面图）。此外还有屋面平面图，是房屋顶面的水平投影。

建筑平面图除了表示本层的内部情况外，还需表示下一层平面图中未反映的可见建筑构配件，如雨篷等。首层平面图也需表示室外的台阶、散水、明沟和花池等。

房屋的建筑构造包括有阳台、台阶、雨篷、踏步、斜坡、通气竖井、管线竖井、雨水管、散水、排水沟、花池等。建筑配件包括有卫生器具、水池、工作台、橱柜以及各种设备等。

5.3.2 有关规定和画法特点

1.比例与图例

建筑平面图的比例应根据建筑物的大小和复杂程度选定,常用比例为 1∶50、1∶100、1∶200,多用 1∶100。由于绘制建筑平面图的比例较小,所以平面图内的建筑构造与配件要用表 5-2 的图例表示,见本章第一节。

2.定位轴线

定位轴线确定了房屋各承重构件的定位和布置,同时也是其他建筑构、配件的尺寸基准线。定位轴线的画法和编号已在本章第一节中详细介绍。建筑平面图中定位轴线的编号确定后,其他各种图样中的轴线编号应与之相符。

3.图线

被剖切到的墙、柱的断面轮廓线用粗实线画出。砖墙一般不画图例,钢筋混凝土的柱和墙的断面通常涂黑表示。粉刷层在 1∶100 的平面图中不必画出;当比例为 1∶50 或更大时,则要用细实线画出。没有剖切到的可见轮廓线,如窗台、台阶、明沟、楼梯和阳台等用中实线画出,(当绘制较简单的图样时,也可用细实线画出)。尺寸线与尺寸界线、标高符号、定位轴线等用细实线和细单点长画线画出。

4.门窗布置及编号

门与窗均按图饲画出,门线用 90°或 45°的中实线(或细实线)表示开启方向;窗线用两条平行的细实线图例(高窗用细虚线)表示窗框与窗扇。门窗的代号分别为"M"和"C",当设计选用的门、窗是标准设计时,也可选用门窗标准图集中的门窗型号或代号来标注。门窗代号的后面都注有编号,编号为阿拉伯数字,同一类型和大小的门窗为同一代号和编号。为了方便工程预算、订货与加工,通常还需有一个门窗明细表,列出该房屋所选用的门窗编号、洞口尺寸、数量、采用标准图集及编号等,见表 5-4。

5.尺寸与标高

标注的尺寸包括外部尺寸和内部尺寸。外部尺寸通常为三道尺寸,一般注写在图形下方和左方,最外面一道尺寸称第一道尺寸,表示外轮廓的总尺寸,即指从一端外墙边到另一端外墙边的总长和总宽尺寸;第二道尺寸表示轴线之间的距离,通常为房间的开间和进深尺寸;第三道尺寸为细部尺寸,表示门窗洞口的宽度和位置、墙柱的大小和位置等。内部尺寸用于表示室内的门窗洞、孔洞、墙厚、房间净空和固定设施等的大小和位置。

注写楼、地面标高,表明该楼、地面对首层地面的零点标高(注写为±0.000)的相对高度。注写的标高为装修后完成面的相对标高,也称注写建筑标高。

6.其他标注

房间应根据其功能注上名称或编号。楼梯间是用图例按实际梯段的水平投影画出,同时还要表示"上"与"下"的关系。首层平面图应在图形的左下角画上指北针。同时,建筑剖面图的剖切符号,如 1-1、2-2 等,也应在首层平面图上标注。当平面图上某一部分另有详图表示时,应画上索引符号。对于部分用文字更能表示清楚,或者需要说明的问题,可在图上用文字说明。

表 5-4　门窗表

设计编号	洞口尺寸（宽×高）	数量	采用标准图集名称及编号	备　注
M1	900×2 700	2		柚木门，带半圆太阳花亮窗
M2	900×2 100	10	中南标 88ZJ601 M21—0921	双面夹板木门
M3	800×2 700	12	中南标 88ZJ601 M22—0827	双面夹板木门，带亮窗
M4	800×2 100	48	中南标 88ZJ601 M21—0821	双面夹板木门
M5	700×2 000	24		豪华塑料门
C1	2 400×2 100	12	见 J-22 铝合金窗详图	铝合金推拉窗
C2	1 200×2 100	8	见 J-22 铝合金窗详图	铝合金推拉窗
C3	850×2 100	4	见 J-22 铝合金窗详图	铝合金推拉窗
C4	900×1 500	2	见 J-22 铝合金窗详图	铝合金推拉窗，高窗，离地1600
C5	600×1 500	2	见 J-22 铝合金窗详图	铝合金中悬窗，高窗，离楼面1600
C6	1 200×15 700	1	见 J-22 铝合金窗详图	铝合金花格窗
C7	2 400×1 800	10	见 J-22 铝合金窗详图	铝合金推拉窗
C8	1 200×1 800	40	见 J-22 铝合金窗详图	铝合金推拉窗
C9	900×1 500	10	见 J-22 铝合金窗详图	铝合金推拉窗，高窗，离地1600
C10	600×1 100	10	见 J-22 铝合金窗详图	铝合金中悬窗，高窗，离楼面1600

注：木门油漆为栗色清水漆，铝合金窗均为1.2厚绿色铝合金框和5厚绿玻璃。

5.3.3　识读建筑平面图示例

图 5-9～图 5-11 为某住宅小区 A 型住宅的建筑平面图，现以首层平面图、楼层平面图、屋面平面图的顺序识读。

1. 识读首层平面图

图 5-9 是首层平面图，是用 1∶100 的比例绘制。该建筑物坐北朝南，平面图形状基本为矩形，为一梯两户，大门在南面，每户均有客厅、餐厅、卧室、阳台、厨房和卫生间。客厅、餐厅和卧室的标高为±0.000 m，阳台和门外平台标高为－0.030 m，比室内客厅地面低 30 mm，平台外有二级台阶，厨房和卫生间的标高都是－0.020 m，比客厅地面低 20 mm。

房屋的轴线以外墙墙边定位和内墙墙中定位，横向轴线从 1～7，其中有两根附加轴线，纵向轴线从 A～C。应注意墙与轴线的位置有两种情况，一种是墙中心线与轴线重合，另一种是墙边与轴线重合。

剖切到的墙体用粗实线双线绘制，墙厚 180 mm。涂黑的正方形是钢筋混凝土方柱，为主要承重构件，其断面尺寸 400 mm×400 mm。南面两边的凸窗，其左右窗边涂黑的长方形是钢筋混凝土的构造扁柱，起支承凸出窗套的作用，断面尺寸 100 mm×580 mm（尺寸 580 mm 是由墙厚 180 mm 加上凸出外墙尺寸 400 mm 所得）。

平面图的下方和左方标注了三道尺寸。最外面的第一道总体尺寸反映住宅的总长23 400 mm，总宽9 300 ram；第二道定位轴线尺寸反映了柱子的间距，如南面①轴与②轴的间距为

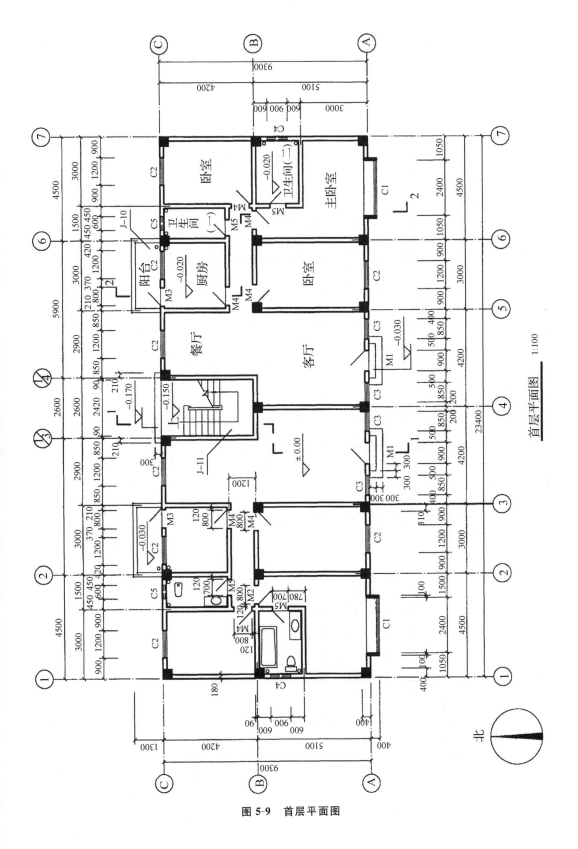

图 5-9　首层平面图

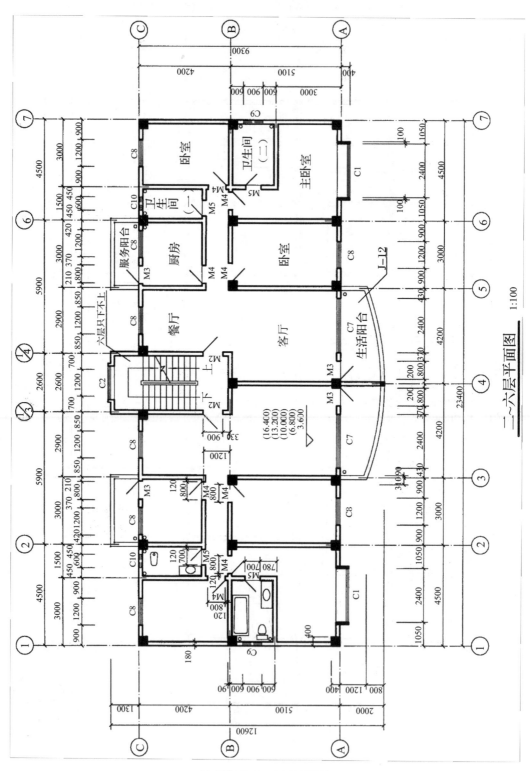

图 5-10 二～六层平面图

4 500 mm;第三道细部尺寸是柱间门窗洞的尺寸或柱间墙尺寸,如图形左下角的 C1 窗洞宽 2 400 mm,距离①轴与②轴均为 1 050 mm。

图中剖切符号 1-1 和 2-2 表示了两个建筑剖面图的剖切位置。北面阳台和楼梯标注了索引符号,表明详图分别在编号为 J-10 和 J-11 的图纸上。

2. 识读二～六层平面图

图 5-10 是二～六层平面图,同样是用 1∶100 的比例绘制。与首层平面图相比,减去了室外的附属设施踏步及指北针。房间布置与首层基本一样,仅南面多了一个阳台。该阳台处有详图索引符号,表示另有阳台详图在编号为 J-12 的图纸上,详细地表达该阳台的尺寸、构造及其做法。楼梯的表示方法与首层不同,不仅画出本层"上"的部分楼梯踏步,还将本层"下"的楼梯踏步画出。楼梯处标注了"六层只下不上"的文字说明,表明在六层的楼梯只有下五层的,而不连通到屋顶。

二～六层楼面的标高分别是 3.600 m、6.800 m、10.000 m、13.200 m、16.400 m,表示该楼层与首层地面的相对标高,即首层高度为 3.6 m,其余各层高度为 3.2 m。其他图示内容与首层平面图相同。

3. 识读屋面平面图

图 5-11 是屋面平面图,也是用 1∶100 的比例绘制。屋面平面图比较简单,也可以用 1∶200 的比例绘制。由于楼梯不通到屋面,所以屋面上建有 800 mm×800 mm 检查孔,也称检修上人孔。屋面铺膨胀珍珠岩砌块隔热层。图中用箭头表示排水方向,还画有分水线、坡度(也称泛水)1‰、天沟、女儿墙和雨水管位置等。屋面的标高 19.600 m,表明六层的高度为 3.2 m。

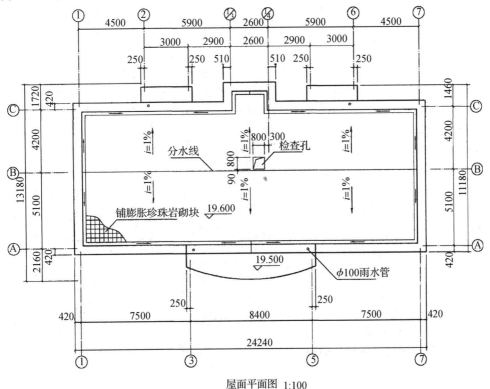

屋面平面图 1∶100

图 5-11　屋面半面图

4. 识读本例门窗表

表 5-4 门窗表列出了本例住宅楼全部门窗的设计编号、洞口尺寸、数量、采用标准图集名称及编号和备注等，是工程预算、订货和加工的重要资料。例如：编号为 M1 的大门，门洞尺寸为宽 900，高 2 700，共 2 个，用柚木制作，为带半圆太阳花亮窗；编号为 M4 的木门，门洞尺寸为宽 800，高 2 100，共 48 个，采用标准图集名称是"中南标（中南五省的标准图集）"，标准号为"88ZJ601"，编号为"M21-0821"，是双面夹板木门；编号为 C1 的窗，洞口尺寸为宽 2 400，高 2 100，共 12 个，其详图在建筑施工图编号为 J-22 的铝合金窗详图中（图 10~24），是铝合金推拉窗。

门窗表后面的注释，说明了门窗的用料及加工要求，本例注明木门油漆为栗色清水漆，铝合金窗用 1.2 mm 厚的绿色铝合金框，玻璃也是绿色，厚度为 5 mm。

5.3.4 绘制建筑平面图步骤

绘制建筑施工图一般先从平面图开始，然后再画立面图、剖面图和详图等。

绘制建筑平面图应按图 5-12 所示的步骤进行：

(1)画定位轴线(图 5-12a)；

(2)画墙和柱的轮廓线(图 5-12b)；

(3)画门窗洞和细部构造(图 5-12c)；

(4)标注尺寸等(图 5-12d)，最后完成全图。

5.4 建筑立面图

5.4.1 图示方法和内容

建筑物是否美观，很大程度上决定于它在主要立面上的艺术处理，包括造型与装修是否优美。在初步设计阶段中，立面图主要是用来研究这种艺术处理的。在施工图中，它主要反映房屋的外貌、门窗形式和位置、墙面的装饰材料、做法及色彩等。

在平行于建筑物立面的投影面上所作建筑物的正投影图，称为建筑立面图，简称立面图。立面图的命名，可以根据建筑物主要入 V1 或比较显著地反映出建筑物外貌特征的那一面为正立面图，其余的立面图相应地称为背立面图、左侧立面图、右侧立面图。但通常是根据房屋的朝向来命名，如南立面图、北立面图、东立面图和西立面图。还可以根据立面图两端轴线的编号来命名，如①~⑦立面图、⑦~①立面图、Ⓐ~Ⓒ立面图和Ⓒ~Ⓐ立面图等。

建筑立面图应画出可见的建筑物外轮廓线、建筑构造和构配件的投影，并注写墙面作法及必要的尺寸和标高。但由于立面图的比例较小，如门窗扇、檐口构造、阳台、雨篷和墙面装饰等细部，往往只用图例表示，它们的构造和做法，都另有详图或文字说明。如果建筑物完全对称，在不影响构造处理和施工的情况下，立面图可绘制一半，并在对称线处画上对称符号。例如房屋东西立面对称时，南立面图和北立面图可各画一半，单独布置或合并成一图。建筑物立面如果有一部分不平行于投影面，例如圆弧形、折线形、曲线形等，可将该部分展开到与投影面平行，再用正投影法画出其立面图，但应在图名后注写"展开"两字。

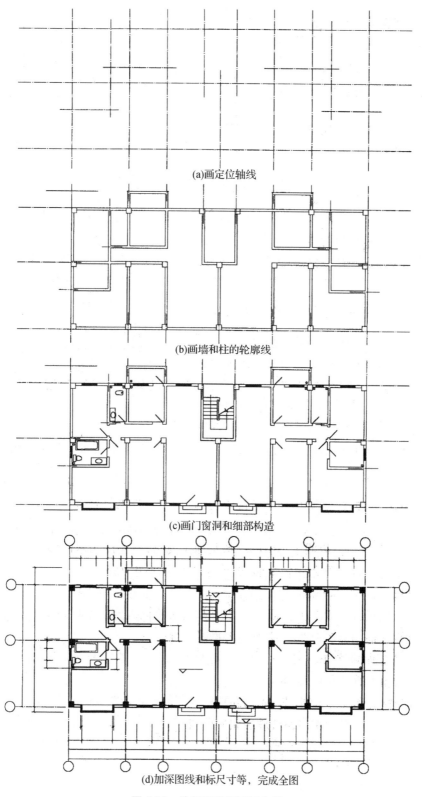

(a)画定位轴线

(b)画墙和柱的轮廓线

(c)画门窗洞和细部构造

(d)加深图线和标尺寸等，完成全图

图 5-12　绘制建筑平面图步骤

5.4.2 有关规定和画法特点

1. 比例与图例

建筑立面图的比例与建筑平面图相同，通常为 1∶50、1∶100、1∶200 等，多用 1∶100。由于绘制建筑立面图的比例较小，按投影很难将所有细部表达清楚，所以立面图内的建筑构造与配件要用表 5-2 的图例表示(见本章第一节)。如门、窗等都是用图例来绘制的，且只画出主要轮廓线及分隔线。

2. 定位轴线

在建筑立面图中一般只画出两端的定位轴线及其编号，以便与平面图对照。

3. 图线

为了加强建筑立面图的表达效果，使建筑物的轮廓突出、层次分明，通常把建筑立面的最外的轮廓线用粗实线画出；室外地坪线用加粗线($1.4b$)画出；门窗洞、阳台、台阶、花池等建筑构配件的轮廓线用中实线画出(对于凸出的建筑构配件，如阳台和雨篷等，其轮廓线有时也可以画成比中实线略粗一点)；门窗分格线、墙面装饰线、雨水管以及用料注释引出线等用细实线画出。

4. 尺寸与标高

建筑立面图的高度尺寸用标高的形式标注，主要包括建筑物的室内外地面、台阶、窗台、门窗洞顶部、檐口、阳台、雨篷、女儿墙及水箱顶部等处的标高。各标高注写在立面图的左侧或右侧且排列整齐。立面图上除了标高，有时还要补充一些没有详图表示的局部尺寸，如外墙留洞除注出标高外，还应注出其大小尺寸及定位尺寸。

5. 其他标注

凡是需要绘制详图的部位，都应画上索引符号。房屋外墙面的各部分装饰材料、做法、色彩等用文字或列表说明。

5.4.3 识读建筑立面图示例

图 5-13 是上述住宅楼的南立面图，用 1∶100 的比例绘制。南立面图是建筑物的主要立面，它反映该建筑的外貌特征及装饰风格。配合建筑平面图，可以看出建筑物为六层，左右立面对称，南面有首层套房的大门，门前有一台阶，台阶踏步为二级。立面的左右两侧都有一个凸出的大窗台，不仅室内采光效果好，增加了房间的使用面积，也加强了建筑物的立体感。二～六层都有阳台，阳台为半通透形，虚实结合加强了建筑物的艺术效果。屋面的女儿墙压顶采用饰线造型，南面正中为尖顶造型，中间有一圆孔。

外墙装饰的主格调采用灰白色方块仿石砖贴面，阳台、凸窗盒和女儿墙用白色方块仿石砖贴面，女儿墙顶部装饰线用白色真石漆喷涂。

该南立面图上采用以下多种线型：用粗实线绘制的外轮廓线显示了南立面的总长和总高；用加粗线画出室外地坪线；用中实线画出窗洞的形状与分布、女儿墙上圆孔的位置、阳台和顶层阳台上的雨篷轮廓等；用细实线画出门窗分格线、阳台和屋顶装饰线、雨水管，以及用料注释引出线等。

南立面图分别注有室内外地坪、门窗洞顶、窗台、雨篷、女儿墙压顶等标高。从所标注的标高可知，此房屋室外地坪比室内 ±0.000 低 300 mm，女儿墙顶面处为 20.200 m，所以房屋的外墙总高度为 20.500 m。

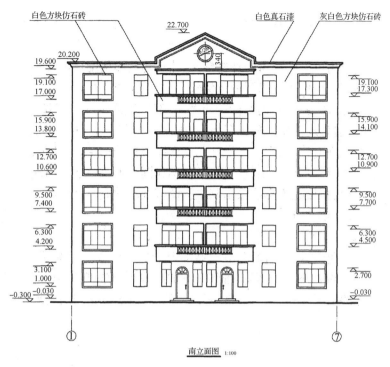

南立面图　1:100

图 5-13　南立面图

图 5-14、15、16 是住宅楼的北立面图、西立面图和东立面图。表达了各向的体形和外貌，矩形窗的位置与形状，各细部构件的标高等。读法与南立面图大致相同。这里不再多叙。

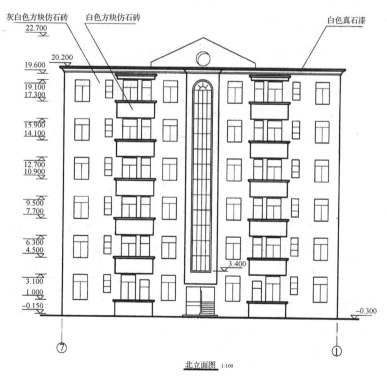

北立面图　1:100

图 5-14　北立面图

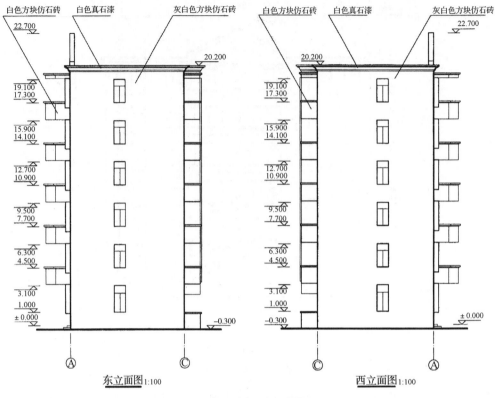

图 5-15   东、西立面图

5.4.4   绘制建筑立面图步骤

现以南立面图为例,说明建筑立面图的绘制一般应按图 5-16 所示的步骤进行:

(1)画基准线,即按尺寸画出房屋的横向定位轴线和层高线,注意横向定位轴线与平面图保持一致,画建筑物的外形轮廓线(图 5-16a);

(2)画门窗洞线和阳台、台阶、雨篷、屋顶造型等细部的外形轮廓线(图 5-16b);

(3)画门窗分格线及细部构造,按建筑立面图的要求加深图线,并注标高尺寸、轴线编号、详图索引符号和文字说明等(图 5-16c),完成全图。

5.5   建筑剖面图

5.5.1   图示方法和内容

假想用一个或多个垂直于外墙轴线的铅垂剖切面,将建筑物剖开,所得的投影图,称为建筑剖面图,简称剖面图。剖面图用以表示建筑物内部的主要结构形式、分层情况、构造做法、材料及其高度等,是与平、立面图相互配合的不可缺少的重要图样之一。

剖面图的剖切位置,应在平面图上选择能反映建筑物内部全貌的构造特性,以及有代表性的部位,并应在首层平面图中标明。剖面图的图名,应与平面图上所标注剖切符号的编号一致,如 1-1 剖面图、2-2 剖面图等。根据房屋的复杂程度,剖面图可绘制一个或多个,如果房屋

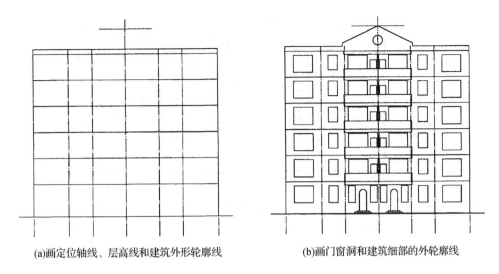

(a)画定位轴线、层高线和建筑外形轮廓线　　　　　(b)画门窗洞和建筑细部的外轮廓线

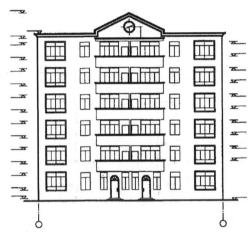

(c)画门窗分格线及细部构造,注标高尺寸和文字说明等

图 5-16　建筑立面图绘图步骤

的局部构造有变化,还可以画局部剖面图。

建筑剖面图往往采用横向剖切,即平行于侧立面;需要时也可以用纵向剖切,即平行于正立面。剖切的位置常常选择通过门厅、门窗洞口、楼梯、阳台和高低变化较多的地方。

5.5.2　有关规定和画法特点

1.比例与图例

建筑剖面图的比例应与建筑平面图、立面图一致,通常为 1︰50、1︰100、1︰200 等,多用 1︰100。由于绘制建筑立面图的比例较小,按投影很难将所有细部表达清楚,所以立面图内的建筑构造与配件也要用表 5-2 的图例表示,见本章第一节。

2.定位轴线

与建筑立面图一样,只画出两端的定位轴线及其编号,以便与平面图对照。需要时也可以注出中间轴线。

在建筑立面图中一般只画出两端的定位轴线及其编号,以便与平面图对照。

65

3. 图线

被剖切到的墙、楼面、屋面、梁的断面轮廓线用粗实线画出。砖墙一般不画图例,钢筋混凝土的梁、楼面、屋面和柱的断面通常涂黑表示。粉刷层在 1∶100 的平面图中不必画出,当比例为 1∶50 或更大时,则要用细实线画出。室内外地坪线用加粗线(1.4b)表示。没有剖切到的可见轮廓线,如门窗洞、踢脚线、楼梯栏杆、扶手等用中实线画出(当绘制较简单的图样时,也可用细实线画出)。尺寸线与尺寸界线、图例线、引出线、标高符号、雨水管等用细实线画出。定位轴线用细单点长画线画出。

4. 尺寸与标高

尺寸标注与建筑平面图一样,包括外部尺寸和内部尺寸。外部尺寸通常为三道尺寸,最外面一道称第一道尺寸,为总高尺寸,表示从室外地坪到女儿墙压顶面的高度;第二道为层高尺寸;第三道为细部尺寸,表示勒脚、门窗洞、洞间墙、檐口等高度方向尺寸。内部尺寸用于表示室内门、窗、隔断、搁板、平台和墙裙等的高度。

另外还需要用标高符号标出室内外地坪、各层楼面、楼梯休息平台、屋面和女儿墙压顶面等处的标高。

注写尺寸与标高时,注意与建筑平面图和建筑立面图相一致。

5. 其他标注

对于局部构造表达不清楚时,可用索引符号引出,另绘详图。某些细部的做法,如地面、楼面的做法,可用多层构造引出标注。

5.5.3　识读建筑剖面图示例

图 5-17 是本例住宅楼的建筑剖面图,图中 1-1 剖面图是按图 5-9 首层平面图中 1-1 剖切位置绘制的,为全剖面图。其剖切位置通过大厅、楼梯、南面二层以上的阳台和门窗洞,剖切后向右进行投影所得的横向剖面图,基本能反映建筑物内部全貌的构造特性。

1-1 剖面图的比例是 1∶100,室内外地坪线画加粗线,地坪线以下部分不画,墙体用折断线隔开。剖切到的墙体用两条粗实线表示,不画图例,表示用砖砌成。剖切到的楼面、屋面、梁、阳台和女儿墙压顶均涂黑,表示其材料为钢筋混凝土。剖面图中还画出未剖到而可见的门,并标注高度尺寸 2 100 mm。图中左侧楼梯间有一个从二层到六层的花格窗,总高15 700 mm。

从标高尺寸可知,住宅楼首层层高 3.6 m,其余各层层高均为 3.2 m,房屋总高 20.5 m,从室外地坪到女儿墙造型尖顶则 23 m。从图中标注的屋面坡度可知,该处为双向排水屋面,其坡度为 1‰,以便屋面雨水排向雨水管。

剖面图的左、右上角都有一索引符号,分别表示女儿墙压顶与顶层阳台雨篷造型另有详图。其中女儿墙压顶详图的编号为 4,画在图号为 20 的建筑施工图上,顶层阳台雨篷的边部造型详图的编号为 3,同样画在图号为 20 的建筑施工图上。2-2 剖面图是按照图 5-9 首层平面图中 2-2 剖切位置绘制的,为阶梯剖面图。它反映了北面阳台和主卧室凸窗洞的构造,同时也反映了门窗的高度。其他内容的表达方法及要求与 1-1 剖面图相同。

5.5.4　绘制建筑剖面图步骤

现以 1-1 剖面图为例,说明建筑剖面图的绘制一般应按图 5-18 所示的步骤进行:

(1)画基准线,即按尺寸画出房屋的横向定位轴线和纵向层高线、室内外地坪线、女儿墙顶

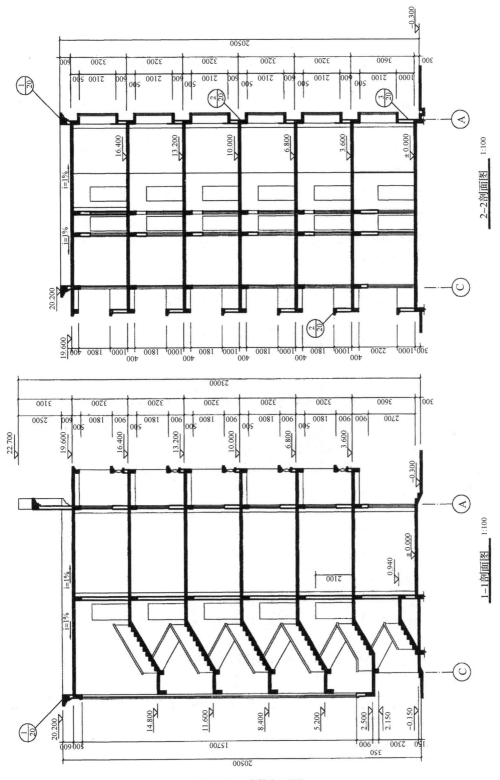

图 5-17　建筑剖面图

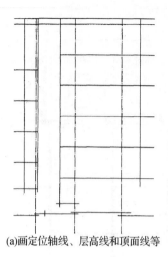 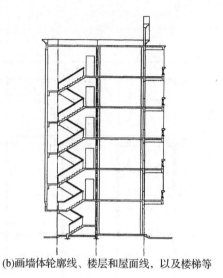

(a)画定位轴线、层高线和顶面线等　　　(b)画墙体轮廓线、楼层和屋面线，以及楼梯等

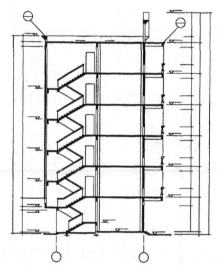

(c)画门窗及细部构造，按规定加深图线，标注尺寸等

图 5-18　建筑剖面图绘图步骤

部位置线等(图 5-18a)；

　　(2)画墙体轮廓线、楼层和屋面线，以及楼梯剖面等(图 5-18b)；

　　(3)画门窗及细部构造，按建筑剖面图的要求加深图线，标注尺寸、标高、图名和比例等(图 5-18c)，最后完成全图。

5.6　建筑详图

5.6.1　图示方法和内容

　　建筑平面图、立面图、剖面图是房屋建筑施工的主要图样，它们已将房屋的整体形状、结构、尺寸等表示清楚了，但是由于画图的比例较小，许多局部的详细构造、尺寸、做法及施工要求图上都无法注写、画出。为了满足施工需要，房屋的某些部位必须绘制较大比例的图样才能清楚地表达。这种对建筑的细部或构配件,用较大的比例将其形状、大小、材料和做法,按正投影图的画法,详细地表示出来的图样,称为建筑详图,简称详图。

5.6.2　有关规定和画法特点

1. 比例与图名

建筑详图最大的特点是比例大,常用 1∶50、1∶20、1∶10、1∶5、1∶2 等比例绘制。建筑详图的图名,是画出详图符号、编号和比例,与被索引的图样上的索引符号对应,以便对照查阅。

2. 定位轴线

在建筑详图中一般应画出定位轴线及其编号,以便与建筑平面图、立面图、剖面图对照。

3. 图线

建筑详图的图线要求是:建筑构配件的断面轮廓线为粗实线;构配件的可见轮廓线为中实线或细实线;材料图例线为细实线。

4. 尺寸与标高

建筑详图的尺寸标注必须完整齐全、准确无误。

5. 其他标注

对于套用标准图或通用图集的建筑构配件和建筑细部,只要注明所套用图集的名称、详图所在的页数和编号,不必再画详图。建筑详图中凡是需要再绘制详图的部位,同样要画上索引符号。另外,建筑详图还应把有关的用料、做法和技术要求等用文字说明。

5.6.3　识读建筑详图示例

现以外墙剖面详图、楼梯详图、阳台详图和铝合金窗详图为例,说明建筑详图的识读方法。

1. 外墙剖面节点详图

图 5-19 是本章实例中的外墙剖面节点详图,是按照图 5-17 的 2-2 剖面图中轴线 A(该住宅楼南面外墙)的有关部位局部放大绘制,它表达房屋的屋面、楼层、地面和檐口构造、楼板与墙的连接、门窗顶、窗台和勒脚、散水等处构造的情况,是建筑施工的重要依据。

该详图用 1∶20 较大比例画出。多层建筑中,若各层的情况一样时,可只画底层、顶层或加一个中间层来表示。画图时,往往在窗洞中间处断开,成为几个节点详图的组合。有时,也可不画整个墙身的详图,而是把各个节点的详图分别单独绘制。

在详图中,对屋面、楼层和地面的构造,采用多层构造说明方法来表示。

详图的上部①是屋顶外墙剖面节点部分。从图中可了解到屋面的承重层是现浇钢筋混凝土板,按 1‰ 来砌坡,上面有水泥砂浆防水层和膨胀珍珠岩砌块架空层,以加强屋面的防漏和隔热。女儿墙用砖砌,其钢筋混凝土压顶的造型在图中作了详细的表达。从图中还可以了解到带有钢筋混凝土飘板窗顶的构造做法。

详图的中部②为楼层外墙剖面节点部分。从楼板与墙身连接部分,可了解各层楼板与墙身的关系。其中有现浇的钢筋混凝土楼板和高度为 500 的钢筋混凝土梁。从图中还可以了解到带有钢筋混凝土飘板窗台的构造做法。

详图的下部③为勒脚剖面节点部分。从图中可知房屋室内地面为 C10 素混凝土层。外(内)墙身的防潮层,在室内地面下 60 mm 处,以防地下水对墙身的侵蚀。在外墙面,离室外地面 300～500 mm 高度范围内(或窗台以下),用坚硬防水的材料做成勒脚。在勒脚的外

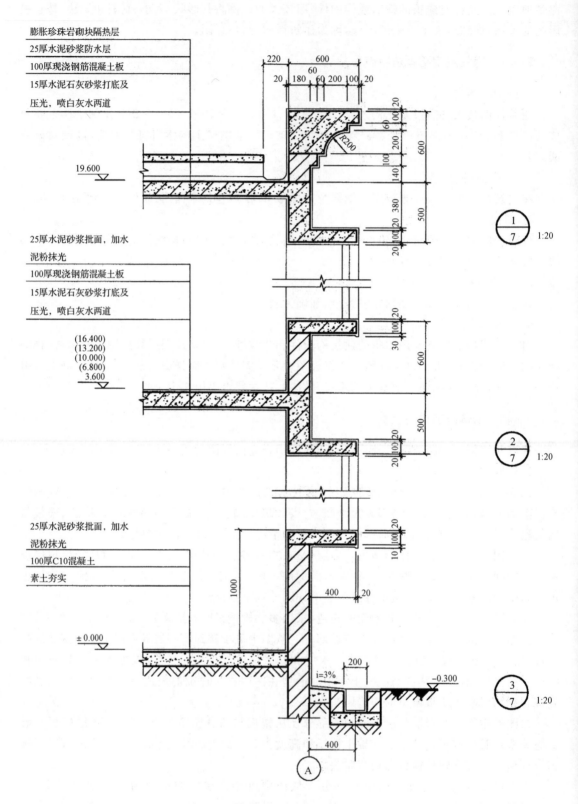

膨胀珍珠岩砌块隔热层

25厚水泥砂浆防水层

100厚现浇钢筋混凝土板

15厚水泥石灰砂浆打底及

压光，喷白灰水两道

19.600

25厚水泥砂浆批面，加水
泥粉抹光

100厚现浇钢筋混凝土板

15厚水泥石灰砂浆打底及

压光，喷白灰水两道

(16.400)
(13.200)
(10.000)
(6.800)
3.600

25厚水泥砂浆批面，加水
泥粉抹光

100厚C10混凝土

素土夯实

± 0.000

图 5-19　外墙节点详图

地面,用1∶2的水泥砂浆抹面,做出3‰坡度的散水和排水沟,以防雨水或地面水对墙基础的侵蚀。

在详图中,一般应注出各部位的标高和细部的大小尺寸。因窗框和窗扇的形状与尺寸另有详图,故本详图可用图例简化表达。

2. 楼梯详图

楼梯是建筑物上下交通的主要设施,目前多采用预制或现浇钢筋混凝土的楼梯。楼梯主要是由楼梯段(简称梯段)、平台和栏板(或栏杆)等组成。梯段是联系两个不同标高平面的倾斜构件,上面做有踏步,踏步的水平面称踏面,踏步的铅垂面称踢面。平台起休息和转换梯段的作用,也称休息平台。栏板(或栏杆)与扶手是保证上下楼梯的安全。

根据楼梯的布置形式分类,两个楼层之间以一个梯段连接的称单跑楼梯;两个楼层之间以两个或多个梯段连接的,称双跑楼梯或多跑楼梯。

楼梯详图由楼梯平面图、楼梯剖面图以及楼梯踏步、栏板、扶手等节点详图组成,并尽可能画在同一张图纸内。楼梯的建筑详图与结构详图,一般是分别绘制的。但对一些较简单的现浇钢筋混凝土楼梯,其建筑和结构详图可合并绘制,列入建筑施工图或结构施工图中。

图5-20、5-21、5-22是本章实例中的楼梯详图,包括有楼梯平面图、剖面图和节点详图,表示了楼梯的类型、结构、尺寸、梯段的形式和栏板的材料及做法等。以下结合本例介绍楼梯详图的内容及其图示方法。

(1)楼梯平面图

楼梯平面图的形成与建筑平面图相同,绘图不同之处是用较大的比例(本例为1∶50),以便于把楼梯的构配件和尺寸详细表达。一般每一层楼都要画一楼梯平面图。三层以上的房屋,若中间各层的楼梯位置及其梯段数、踏步数和大小都相同时,通常只画出首层、中间层和顶层三个平面图就可以了。本例因首层与二层之间为三跑梯,其余各层为双跑梯,所以需画四个平面图。

楼梯平面图的剖切位置,是在该层往上走的第一梯段的任一位置处。各层被剖切到的梯段,按"国标"规定,均在平面图中以倾斜的折断线表示。在每一梯段处画有一长箭头,并注写"上"或"下"字,表明从该层楼(地)面往上行或往下行的方向。例如二层楼梯平面图中,被剖切的梯段的箭头注有"上",表示从该梯段往上走可到达第三层楼面;另一梯段注有"下",表示往下走可到达首层地面。各层平面图中还应标出该楼梯间的轴线。而且,在首层平面图上还应注明楼梯剖面图的剖切符号(如图中的3-3)。

楼梯平面图中,除注出楼梯间的开间和进深尺寸、楼层地面和平台面的标高尺寸外,还需注出各细部的详细尺寸。通常把梯段长度尺寸与踏面数、踏面宽的尺寸合并写在一起。如首层平面图中的$6×270=1\ 620$,表示该梯段有6个踏面,每一踏面宽为270 mm,梯段长为1 620 mm。通常,全部楼梯平面图画在同一张图纸内,并互相对齐,以便于阅读。

从本例楼梯平面图可看出,首层到二层设有三个楼梯段:从标高-0.150上到0.940处平台为第一梯段,共7级;从标高0.940上到2.500处平台为第二梯段,共10级;从标高2.500上到3.600处二层平面为第三梯段,共7级。中间层平面图既画出被剖切的往上走的梯段,还画出该层往下走的完整的梯段、楼梯平台以及平台往下的梯段。这部分梯段与被剖切的梯段的投影重合,以倾斜的折断线为分界。顶层平面图画有两段完整的梯段和楼梯平台,在梯口处只有一个注有"下"字的长箭头,表示只下不上。各层平面图上所画的每一分格,表示梯段的一级踏面。但因梯段最高一级的踏面与平台面或楼面重合,因此平面图中每一梯段画出的踏面

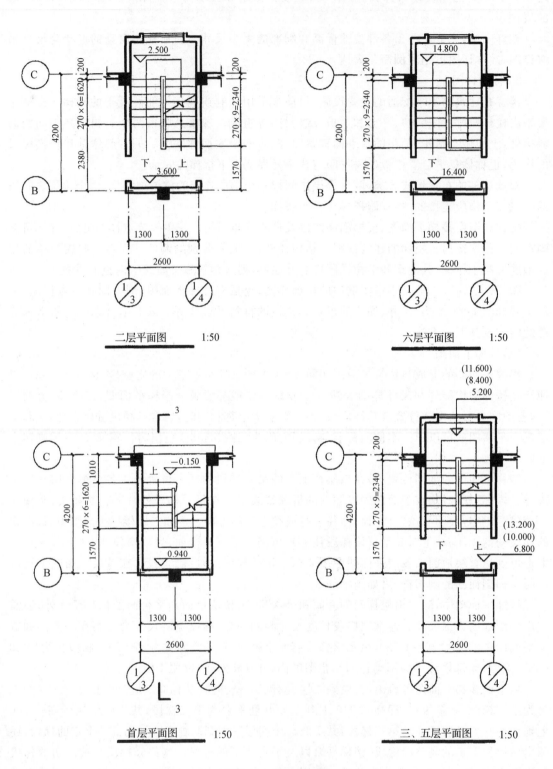

二层平面图　　1:50

六层平面图　　1:50

首层平面图　　1:50

三、五层平面图　　1:50

图 5-20　楼梯平面图

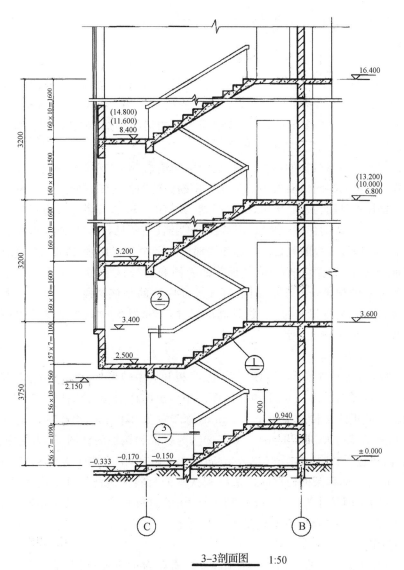

3-3剖面图 1:50

图 5-21 楼梯剖面图

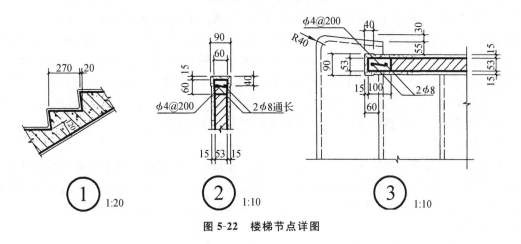

图 5-22 楼梯节点详图

(格)数,总比步级数少一格。如顶层平面图中往下走的第一梯段共有 10 级,但在平面图中只画有 9 格,梯段长度为 270×9＝2 430。

(2)楼梯剖面图

楼梯剖面图的形成与建筑剖面图相同。它能完整、清晰地表示出楼梯间内各层楼地面、梯段、平台、栏板等的构造、结构形式以及它们之间的相互关系。习惯上,若楼梯间的屋面没有特殊之处,一般可不画出。在多层房屋中,若中间各层的楼梯构造相同时,则剖面图可只画出底层、中间层和顶层剖面,中间用折断线分开。

楼梯剖面图能表达出楼梯的建造材料、建筑物的层数、楼梯梯段数、步级数以及楼梯的类型及其结构形式。本例的绘图比例为 1∶50,从图中断面的图例可知,楼梯是一个现浇钢筋混凝土板式楼梯。根据标高可知为六层楼房,从首层到二层有三梯段,其余各层均有两梯段,被剖梯段的步级数可直接看出,未剖梯段的步级,因被栏板遮挡而看不见,有时可画上虚线表示,但亦可在其高度尺寸上标出该段步级的数目。如标准层梯段的尺寸 10×160＝1600,表示该梯段为 10 级。

楼梯剖面图还注明地面、平台面、楼面等的标高和梯段、栏板的高度尺寸。梯段高度尺寸注法与楼梯平面图中梯段长度注法相同,高度尺寸中注的是该梯段的步级数×踢面高＝梯段高。注意步级数与踏面数相差为 1。栏杆高度尺寸,是从踏面中间算至扶手顶面,一般为 900 mm,扶手坡度应与梯段坡度一致。

(3)楼梯节点详图

图 5-22 所示的楼梯节点详图反映了踏步、栏板和扶手的形状、材料、构造与尺寸。

楼梯踏步节点详图是由图 5-21 楼梯剖面图中引出的详图①,绘图比例 1∶20,从图中可知现浇钢筋混凝土的板式楼梯的梯板厚 120 mm,踏步宽为 270 mm,由于踢面上方向前倾斜 20 mm,使得楼梯踏步宽增大到 290 mm。节点②③为栏板和扶手的详图,②为横断面图,③为平面图,反映的内容包括:栏板的厚度 53 mm,即用 1/4 砖砌,两边抹面层均为 15 mm,栏板的实际厚度为 83 mm;支承和保护栏板的构造柱和扶手的材料为现浇钢筋混凝土,配置 Φ8 与 Φ4 的钢筋,构造柱的断面尺寸为 100 mm×53 mm,扶手的断面尺寸为 60 mm×60 mm。该节点详图还反映了首层梯段的起步梯级的造型与尺寸。

3. 阳台详图

图 5-23 是本章实例中的南面阳台详图,包括有阳台的平面详图、立面详图和剖面详图。三投影图保持了"长对正、高平齐、宽相等"的投影关系,并采用相同的比例,通常为 1∶50 或1∶30。在 1-1 剖面详图中,钢筋混凝土的压顶过小,表达不清,采用了索引详图的方法,并另画比例为 1∶20 的详图①,详尽地表达阳台压顶的形状与尺寸。在阳台的平面图中,通过定位轴线,可知该阳台在建筑物中的位置关系。阳台两侧有雨水管,从箭头与标注可知其排水方向和坡度。标高 H-0.030 表示阳台面的高度比楼(地)面的高度低 30 mm。从阳台立面图中的指引线可知,中间通透部分安装高度为 540 mm 的绿色光杆,但还需看样板后再确定;阳台的外墙面贴白色正方形的仿石瓷质砖;阳台的压顶喷涂白色真石漆。

4. 门窗详图

门窗在房屋建筑中大量地使用,各地区一般都有预先绘制好的各种不同规格的门窗标准图,以供设计者选用。因此,在施工图中,只要说明该门窗详图所在标准图集的名称和其中的编号,就可不必另画详图。从建筑"工业化"这一基本要求出发,设计中需要使用木门窗时,应优先选用标准图。

各地区的标准图集关于门窗部分的代号与具体的门窗形式、规格编号等可能不尽相同,由中南六省共同制定的《中南地区通用建筑标准设计》中的《常用木门》和《常用木窗》标准图,图集号分别为88ZJ601与88ZJ701。从本章实例中的门窗表(表5-4)可知,M2门的门洞口宽900 mm,高2 100 mm,采用了上述图集号为88ZJ601的标准图,查阅该标准图集得知,M21表示夹板木门;M3门的门洞口宽800 mm,高2 700 mm,采用图集号相同,M22表示夹板木门,顶部有亮窗。

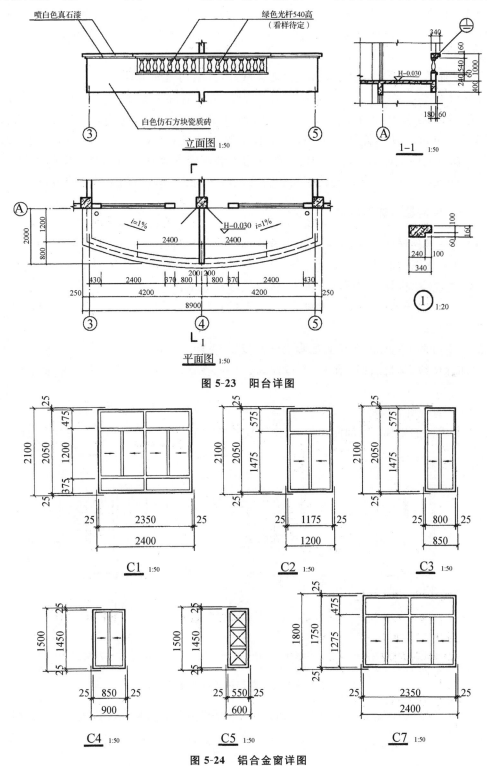

图 5-23 阳台详图

图 5-24 铝合金窗详图

标准图集中没有关于铝合金门窗部分,因为铝合金型材已有定型的规格与尺寸,不能随意改变,而用铝合金型材又可以很自由地做成各种形状和尺寸的门窗。因此,绘制铝合金门窗详图,不需要绘画铝合金型材的断面图,仅需画出门窗立面图,只表示门窗的外形、开启方式及方向、主要尺寸等内容。

门窗立面图尺寸一般有三道:第一道为门窗洞口尺寸;第二道为门窗框外包尺寸;第三道为门窗扇尺寸。窗洞口尺寸应与建筑平、剖面图的窗洞口尺寸一致。窗框和窗扇尺寸均为成品的净尺寸。

门窗立面图上的线型,除外轮廓线用粗实线外,其余均用细实线。

图 5-22 是本章实例中的铝合金窗详图,仅画出铝合金窗立面,绘图比例为 1∶50。如设计编号为 C1 的铝合金窗,窗洞尺寸为宽 2 400 mm 和高 2 100 mm,门窗框外包尺寸为宽 2 350 mm 和高 2 050 mm;从分格情况可知,该铝合金窗为四扇窗,尺寸为宽 2 350 mm 和高 1 200 mm,每扇窗都可向左或向右推拉,上、下部分为安装固定的玻璃。该铝合金窗的用料从门窗表(表 5-4)可知,采用 1.2 mm 厚的绿色铝合金型材,以及 5 mm 厚的绿色透明玻璃。

5.6.4 绘制建筑详图步骤

现以上述楼梯详图为例,说明绘制楼梯平面图、剖面图及其节点详图的一般步骤:

1. 楼梯平面图的画法

以本章实例的楼梯二层平面图为例,说明其步骤如下:

(1)画定位轴线和墙(柱)线,并确定门、窗洞的位置,以及平台深度、梯段长度与宽度的位置,见图 5-25a。

(2)用等分两平行线间距的方法画出踏面投影,见图 5-25b。

(3)加深图线,画折断线、箭头,注写标高、尺寸、图名、比例等,完成楼梯平面图,见图 5-25c。

2. 楼梯剖面图的画法

以本章实例的楼梯 1-1 剖面图为例,说明其步骤如下:

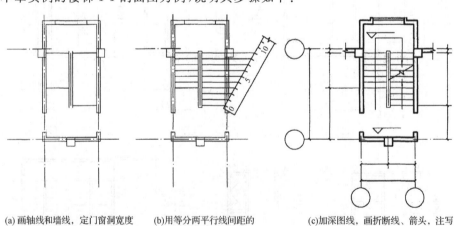

(a) 画轴线和墙线,定门窗洞宽度 平台深度、梯段长度与宽度有位置　　(b)用等分两平行线间距的 方法画出踏面投影　　(c)加深图线,画折断线、箭头,注写 标高、尺寸等,完成全图

图 5-25 楼梯平面图的画法步骤

(1)画定位轴线和墙线,画室内外地面、各层楼面和平台面的高度位置线,并确定梯段的位置,见图 5-26a。

（2）用等分平行线间距的方法来确定踏步位置，见图 5-26b。

（3）画板、梁、柱、门窗和栏杆等细部，见图 5-26c。

（4）加深图线，画出材料图例，注写标高、尺寸、图名、比例等，完成楼梯剖面图，见图 5-26d。

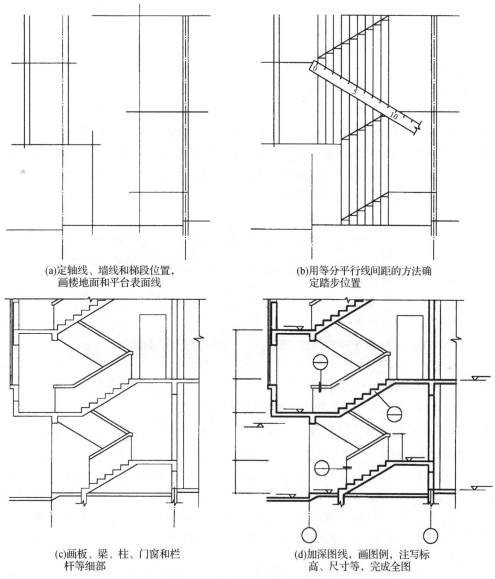

(a)定轴线、墙线和梯段位置，
画楼地面和平台表面线

(b)用等分平行线间距的方法确
定踏步位置

(c)画板、梁、柱、门窗和栏
杆等细部

(d)加深图线，画图例，注写标
高、尺寸等，完成全图

图 5-26　楼梯剖面图的画法步骤

3. 楼梯节点详图应详细画出各细部的形状、构造与尺寸，并画出材料图例。

其画图步骤与上述建筑平面图和剖面图基本一样，先画定位线，再画各细部的投影，最后加深图线，画出材料图例，注写标高、尺寸、图名、比例等，完成楼梯节点详图。

第六章 结构施工图

6.1 概 述

建筑物是由结构构件(如梁、板、墙、柱、基础等)和建筑配件(如门、窗、阳台等)组成的。其中一些主要承重构件互相支承、连成整体,构成建筑物的承重结构体系(即骨架),称为结构。建筑结构按其主要承重构件所采用的材料不同,一般可分为钢结构、木结构、砖石结构和钢筋混凝土结构等。图 6-1 所示为钢筋混凝土结构示意图。

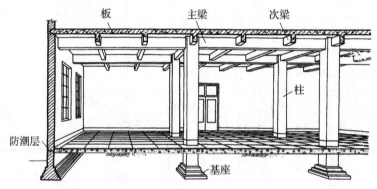

图 6-1 钢筋混凝土结构示意图

建筑物的设计,除了进行建筑设计外,还要进行结构设计。结构设计是根据建筑各方面的要求,进行结构选型和构件布置,经过结构计算确定建筑物各承重构件的形状、尺寸、材料以及内部构造和施工要求等,将结构设计的结果绘制成图即为结构施工图。结构施工图还要反映其他专业(如建筑、给排水、暖通、电气等)对结构的要求。结构施工图是施工放线、挖基槽、支模板、绑钢筋、设置预埋件、浇捣混凝土,梁、板、柱等构件的制作和安装,编制预算和施工组织计划的重要依据。一般的民用建筑结构施工图主要包括以下内容:

(1)结构设计说明

(2)结构平面布置图 包括基础平面图,楼层结构平面布置图,屋面结构平面布置图,圈梁平面布置图。

(3)结构详图 包括基础、梁、板、柱等结构构件详图,楼梯、雨篷、阳台等结构构件详图。

6.2 钢筋混凝土结构基本知识和图示方法

6.2.1 钢筋混凝土结构简介

混凝土是由水泥、砂子、石子和水按一定的比例拌和而成,凝固后具有一定的强度,抗压能力好,但抗拉能力差。为了充分发挥混凝土的抗压能力,常在混凝土受拉区域内或相应部位加入一定数量的钢筋,使两种材料粘结成一个整体,共同承受外力,这种配有钢筋的混凝土,称为钢筋混凝土。配有钢筋的混凝土构件称为钢筋混凝土构件,如钢筋混凝土梁、板、柱等。钢筋混凝土构件有在现场浇制的称为现浇钢筋混凝土构件,也有在工厂或工地以外预先把构件制作好,然后运到工地安装的,称为预制钢筋混凝土构件。在制作钢筋混凝土构件时,可通过张拉钢筋,对混凝土施加预应力,以提高构件强度和抗裂性能,这种构件称为预应力钢筋混凝土构件。

表 6-1　常用构件代号(摘自 GB/T50105—2001)

序号	名　称	代号	序号	名　称	代号	序号	名　称	代号
1	板	B	15	吊车梁	D1	29	基础	J
2	屋面板	WB	16	圈梁	Q1	30	设备基础	SJ
3	空心板	KB	17	过梁	G1	31	桩	ZH
4	槽形板	CB	18	连系梁	11	32	柱间支撑	ZC
5	折板	ZB	19	基础梁	J1	33	垂直支撑	CC
6	密肋板	MB	20	楼梯梁	TT	34	水平支撑	SC
7	楼梯板	TB	21	檩条	1T	35	梯	T
8	盖板或沟盖板	GB	22	屋架	WJ	36	雨篷	YP
9	挡雨板或槽口板	YB	23	托架	TJ	37	阳台	YT
10	吊车安全走道板	DB	24	天窗架	CJ	38	梁垫	1D
11	墙板	QB	25	框架	KJ	39	天窗端壁	TD
12	天沟板	TGB	26	刚架	GJ	40	预埋件	M—
13	梁	1	27	支架	ZJ	41	钢筋网	W
14	屋面梁	W1	28	柱	Z	42	钢筋骨架	G

注:预应力钢筋混凝土构件代号,应在代号前加注"Y—",如 Y-KB 表示预应力空心板。

由于结构构件种类繁多,为便于绘图、读图,结构施工图中常用代号表示构件的名称。构件代号采用该构件名称的汉语拼音的第一个字母表示。常用结构构件代号见表 6-1。

1.钢筋的分类和作用

在钢筋混凝土结构设计规范中,对国产建筑用钢筋,按其产品种类等级不同,分别给予不同代号,以便标注与识别,见表 6-2 所示。

表 6-2　常用钢筋代号

钢筋品种	代号	钢筋品种	代号
Ⅰ级钢筋 HPB235(Q235)	ϕ	Ⅳ级钢筋 RRB400(K20MnSi 等)	ϕ^R
Ⅱ级钢筋 HRB335(20MnSi)	ϕ	冷拔低碳钢丝	ϕ^b
Ⅲ级钢筋 HRB400(20MnSiV、20MnSib、20MnTi)	ϕ	冷拉Ⅰ级钢筋	ϕ^L

钢筋混凝土中的钢筋,按其作用可分为以下几种,如图 6-2 所示。

(1)受力筋　在构件中起主要受力作用(受拉或受压),可分为直筋和弯筋两种。

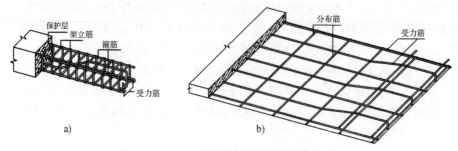

图 6-2　钢筋混凝土梁、板配筋图

a)梁　　　b)板

（2）箍筋　主要承受一部分剪力并固定受力筋的位置，多用于梁柱等构件。

（3）架立筋　用于固定箍筋位置，将纵向受力筋与箍筋连成钢筋骨架。

（4）分布筋　用于板内，与板内受力筋垂直布置，其作用是将板承受的荷载均匀地传递给受力筋，并固定受力筋的位置。此外还能抵抗因混凝土的收缩和外界温度变化在垂直于板跨方向的变形。

（5）构造筋　由于构件的构造要求和施工安装需要而设置的钢筋，如吊筋、拉结筋、预埋锚固筋等。

构件中受力钢筋用光圆钢筋，两端要弯钩，以加强钢筋与混凝土的黏结力，避免钢筋受拉时滑动。带纹钢筋与混凝土的黏结力强，两端不必弯钩。钢筋端部的弯钩形式常有三种：

1)带有平直部分的半圆弯钩，如图 6-3a 所示。

2)直角形弯钩，如图 6-3b 所示。

3)斜弯钩，如图 6-3c 所示。

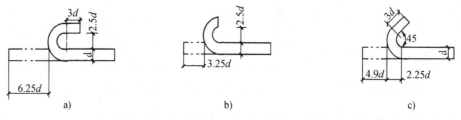

图 6-3　钢筋弯钩的形式

2. 钢筋保护层

为了保护钢筋、防腐蚀、防火以及加强混凝土与钢筋的黏结力，构件中的钢筋其外边缘到构件表面应保持一定的距离，称为保护层，如图 6-2 所示。根据钢筋混凝土结构设计规范的规定，梁、柱的保护层最小厚度为 25 mm，板和墙的保护层厚度为 10～15 mm。

3. 钢筋尺寸标注

钢筋的直径、根数或相邻钢筋中心距一般采用引出线方式标注，其尺寸标注有下面两种形式。

（1）标注钢筋的根数和直径（如梁内受力筋和架立筋）　其标注方法如下：

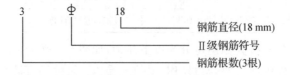

（2）标注钢筋的直径和相邻钢筋的中心距　其标注方法如下：

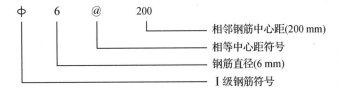

6.2.2　钢筋混凝土结构图的图示方法

为了突出表达钢筋在构件内部的配置情况,可假定混凝土为透明体。在构件的立面图和断面图上轮廓线用中实线画出,图内不画材料图例,钢筋简化为单线,用粗实线表示。断面图中剖到的钢筋截面画成黑圆点,其余未剖切到的钢筋仍画成粗实线,并对钢筋的类别、数量、直径、长度及间距等加以标注。钢筋表示的方法见表6-3。

表 6-3　一般钢筋图例

序号	名　称	图　例	说　明
1	钢筋横断面	●	
2	无弯钩的钢筋端部		下图表示长短钢筋投影重叠时可在短钢筋的端部用45°短划线表示
3	带半圆形弯钩的钢筋端部		
4	带直钩的钢筋端部		
5	带丝扣的钢筋端部		
6	无弯钩的钢筋搭接		
7	带半圆弯钩的钢筋搭接		
8	带直钩的钢筋搭接		
9	花篮螺丝钢筋接头		

6.3　基础施工图

基础是房屋中重要的承重构件,应埋在地下一定深度。一般民用房屋多以墙承受由楼板传递下来的荷载,基础也就随墙砌筑,做成条形基础,如图6-4a所示。当以柱承受由楼板传递下来的荷载时,基础做成单独基础,如图6-4b所示。

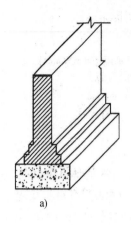 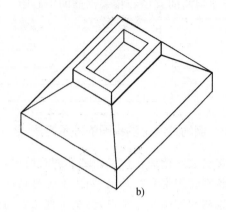

a)　　　　　　　　　　　　　　　　　　　　b)

图 6-4　基础的形式

基础图是表示房屋地面以下基础部分的平面布置和详细构造的图样。它是施工放线、开挖基坑和砌筑基础的依据。基础图通常包括基础平面图和基础详图。

6.3.1　基础平面图

1.基础平面图的形成

基础平面图是以假想的水平剖切平面沿房屋底层室内地面附近将整幢房屋水平剖切后，移去地面以上的房屋及基础周围的泥土，向下作正投影所形成的基础水平全剖面图。

2.基础平面图的内容和识读方法

在基础平面图中，只画出被剖切到的基础墙、柱的轮廓线（图中画成中实线），未被剖切到但可见的投影轮廓线（图中画成细实线）以及基础梁等构件（图中画成粗点划线）。而对于其他的细部构造，如条形基础的大放脚及独立基础表面投影轮廓线因与开挖基槽无关，可省略不画。

基础平面图中除给出轴线尺寸之外，还应给出一些细部尺寸，如基础墙的宽度、柱外形尺寸以及它们的基础底面尺寸。为便于施工对照，基础平面图的比例、轴线网的布置及编号都应与建施中底层平面图相同。基础平面图中还要给出地沟、过墙洞的设置情况。

基础平面图的识读方法如下：

1）看图名和比例。

2）看纵横定位轴线及编号。

3）看基础墙、柱以及基础底面的形状、大小尺寸及其与轴线的关系。

4）看基础梁的位置和代号，根据代号可统计梁的种类数量和查看梁的详图。

5）看基础平面图中剖切线及其编号（或注写的基础代号），便与断面图（基础详图）对照识读。

6）看施工说明，了解施工时对基础材料及其强度等的要求。

7）识读基础平面图时，要与其他有关图样相配合，特别是底层平面图和楼梯详图，因为基础平面图中的某些尺寸、平面形状、构造等情况已在这些图中表达清楚了。

6.3.2　基础详图

基础详图是基础平面图的深入和补充，是基础施工的依据。它详细地表明基础各部分的形状、大小、材料、构造以及基础的埋置深度等。基础详图是采用铅垂的剖切平面沿垂直于定位轴线方向剖切基础所得到的断面图。为了表明基础的具体构造,不同断面、不同做法的基础都应画出详图。基础详图一般采用的比例较大,常用 1:20、1:25、1:30 等。

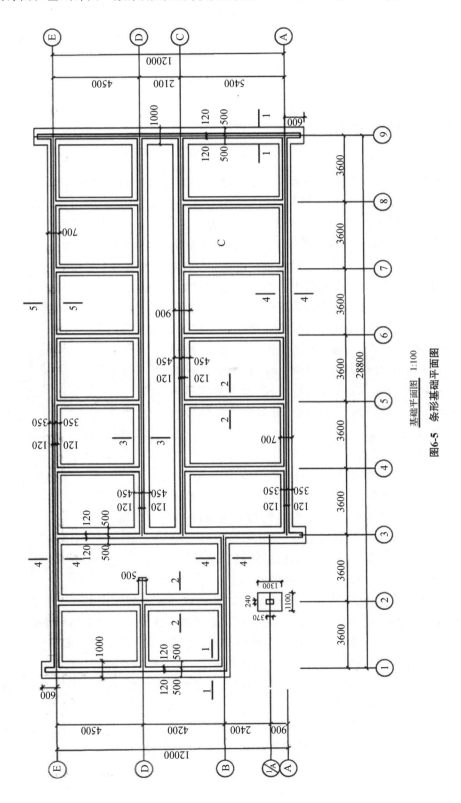

基础平面图 1:100

图6-5 条形基础平面图

基础详图的识读方法如下：

1）看图名、比例，图名常用 1-1、2-2 等断面或基础代号表示，并应与基础平面图对照识读。

2）看基础断面的形状、大小、材料以及配筋等情况。

3）看基础断面各部分详细尺寸和室内外地面、基础底面的标高，如基础墙厚、大放脚的尺寸、基础的底宽尺寸以及它们与轴线的相对位置尺寸。从基础底面的标高可了解基础的埋深。

4）看基础断面图中基础梁的高、宽尺寸，标高及配筋。

5）看基础墙防潮层和垫层的标高尺寸及构造做法等。

6）看施工说明等。

6.3.3　基础施工图阅读实例

1. 条形基础施工图

图 6-5 为条形基础平面图，从图中可看出，画图比例为 1∶100，轴线两侧的中实线是墙边线，细线是基础底边线。基础墙厚和基础底宽分别标注在平面图上，如①号轴线墙，基础墙厚为 240 mm，基础底宽为 1 000 mm，轴线居中。为表达清楚每条基础的断面形状，应画出其断面图，并在基础平面图上用剖切符号 1-1、2-2、3-3、4-4 等表明该断面的位置。

图 6-6 为条形基础详图，1-1 断面表示①、⑨轴线墙的基础形状，比例为 1∶20，从图中可看出轴线居中，具体尺寸见图。基础垫层材料为混凝土，基础断面呈现阶梯式的大放脚形状，材料为砖，大放脚每层高为 120 mm（即两皮砖），底层宽 500 mm，每层每侧缩 60 mm，墙厚 240 mm。室内地面标高 ±0.000 m，室外地面标高 −0.600 m，基础底面标高 −1.600 m，防潮层离室内地面高度为 60 mm，轴线到基坑边线的距离 500 mm，轴线到墙边线线的距离 120 mm 等。

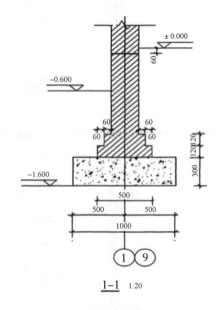

1-1　1:20

图 6-6　条形基础详图

2. 独立基础施工图

图 6-7 所示为某办公楼独立基础的平面图。从图中可以看出，画图比例为 1∶100。图中只需画出独立基础的外轮廓线，用细实线表示，柱子的断面均为矩形，在图中涂黑表示。基础沿定位轴线布置，其代号与编号分别为 J_1、J_2、J_3、J_4、$Z_1 \sim Z_{10}$。在独立基础之间画了基础墙，并标注了剖切符号 1-1 表明该断面的位置。

图 6-8 为独立基础的结构详图，详图采用立面图和平面图的方式表示。在立面图中，画出了基础的配筋和杯口的形状，基础内配有纵横两端带弯钩而直径和间距都相等的直筋，如图中 J_1 有①号（Φ10@100）和②号（Φ10@100）两种直筋，底下的保护层厚度一般为 35 mm，不必标出。结构详图中的平面图采用了局部剖面图的形式，表示基础底部的网状配筋。其中 1-1 断面详图，表示了在各独立基础之间砌基础墙以及现浇地圈梁的施工做法，它在满足结构设计要求条件下，代替实际中的基础梁。

在基础详图中，要将整个基础的外形尺寸、钢筋尺寸和定位轴线到基础边缘尺寸以及杯口等细部尺寸都标注清楚。若钢筋形状不太复杂，不必画出钢筋详图。

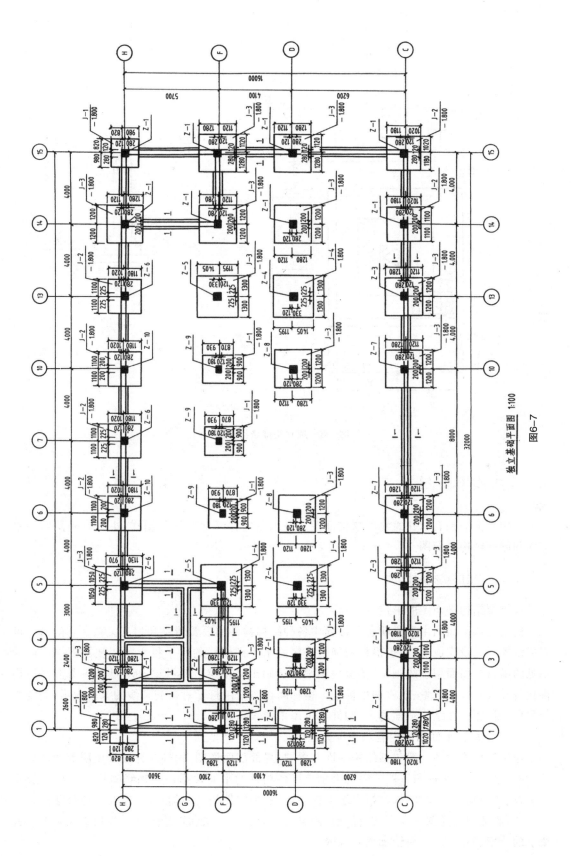

独立基础平面图 1:100

图6-7

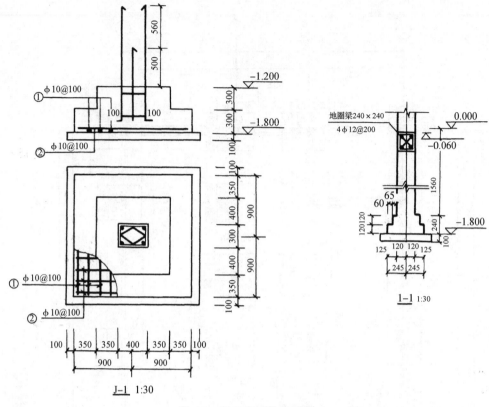

图 6-8 独立基础结构详图

6.4 结构平面图

结构平面图是表示建筑物各层楼面及屋顶承重构件平面布置的图样,主要有楼层结构平面图和屋面结构平面图。

6.4.1 楼层结构平面图

1.楼层结构平面图的形成及用途

楼层结构平面图主要说明各层楼面中各种结构构件的设置情况和相互关系。它的形成可看成是楼板铺设完成后,假想沿楼板顶面将房屋水平剖切后的水平投影图。被楼板挡住而看不见的梁、柱、墙面用虚线画出,楼板块用细实线画出。楼层上各种梁、板构件,在图上都用构件代号及其构件的数量、规格加以标记。楼梯间在图上用打了对角交叉线的方格表示,其结构布置另有详图。在结构平面图上,构件也可用单线表示。

2. 楼层结构平面图的内容和识读方法

楼层结构平面图一般包括结构平面布置图、局部剖面详图、构件统计表和说明等四部分。

(1)楼层结构平面布置图　主要表示楼层各构件的平面关系。如轴线间尺寸与构件长宽的关系、墙与构件的关系、构件搭在墙上的长度,各种构件的名称编号、布置及定位尺寸等。

(2)局部剖面详图　表示梁、板、墙、圈梁之间的连接关系和构造处理。如板搭在墙上或者梁上的长度、施工方法、板缝加筋要求等。

(3)构件统计表 列出所有构件序号、编号、构造尺寸、数量及所采用的通用图集的代号等。

(4)说明 对施工材料、方法等提出要求。

现以图 6-9 为例来说明楼层结构平面图的内容和识读方法。

1)看图名、比例。比例应与建筑平面图的比例相同。

2)看轴线、预制板的平面布置及其编号。楼面使用的楼板有两种形式:现浇板和预制板。从图 6-9 可看出,①～⑤轴和ⓒ～ⓓ轴之间、⑬～⑮轴和ⓒ～ⓓ轴之间预制板是沿着横墙布置的,⑤～⑭轴和 H～F 轴之间预制板也是沿着横墙布置的;①～⑤轴和ⓓ～ⓕ轴之间预制板是沿着纵墙布置的。图中的楼梯间不铺预制板。预制板构件编号内容如下:

13YKB406(5)1 的含义是:YKB 表示预应力空心板,13 表示块数,40 是板长 4 000 mm 的缩写,6 是板宽 600 mm 的缩写,5 表示板中钢筋的直径,1 表示荷载等级,其余板编号的含义类同。

3)看梁的位置及其编号 施工图中构件一般用代号表示,如 GL 表示过梁,L 表示梁,YPL 表示雨篷梁,KL 表示楼层框架梁、LL 表示连系梁等。如图中 KL-1(4)编号的含义是:KL 表示楼层框架梁,1 表示序号,4 表示梁的跨数;再如图中 LL-6(4)编号的含义是:LL 表示连系梁的,6 是序号,4 表示梁的跨数,其余梁编号的含义类同。

4)看现浇钢筋混凝土板的位置和代号。图中 XB-1、XB-2 为现浇板的代号。

5)看现浇钢筋混凝土板的配筋图。图 6-10 为现浇板的配筋图。从图中可看到,"XB-1"为厕所间的楼板,在板的下面布置的钢筋有:①(φ 中 6@130)、②(φ6@130)、⑤(φ6@130)、⑥(φ6@130)、⑨(φ6@100)和⑩(φ6@100),这些钢筋在板的底部纵横布置构成一个钢筋网。图中编号为③(φ8@200)、④(φ8@130)、④(φ8@100)、⑧(φ10@100)、⑪(φ10@100)、⑫(φ10@130)的钢筋都作成两端直弯钩,分别布置在墙的四周内侧。在现浇板的配筋图上,相同的钢筋只画出一根表示,其余省去不画。还有的现浇板,只画受力筋,而分布筋(构造筋)在说明里注释。

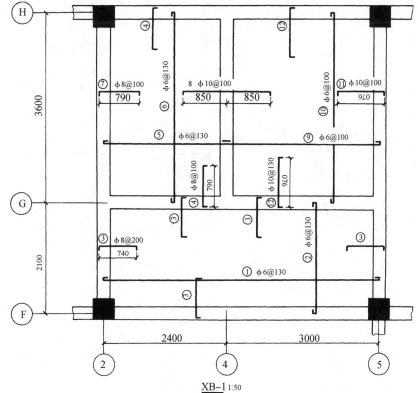

XB-1 1:50

图 6-10 现浇板配筋图

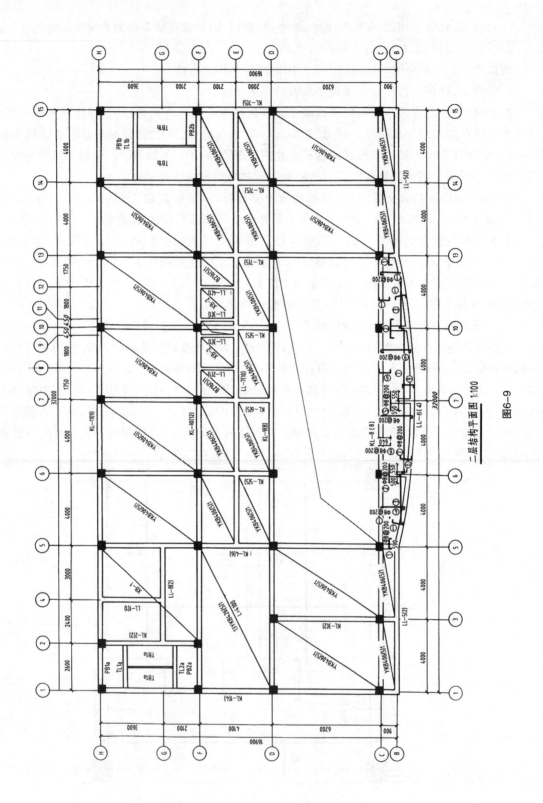

二层结构平面图 1:100

图6-9

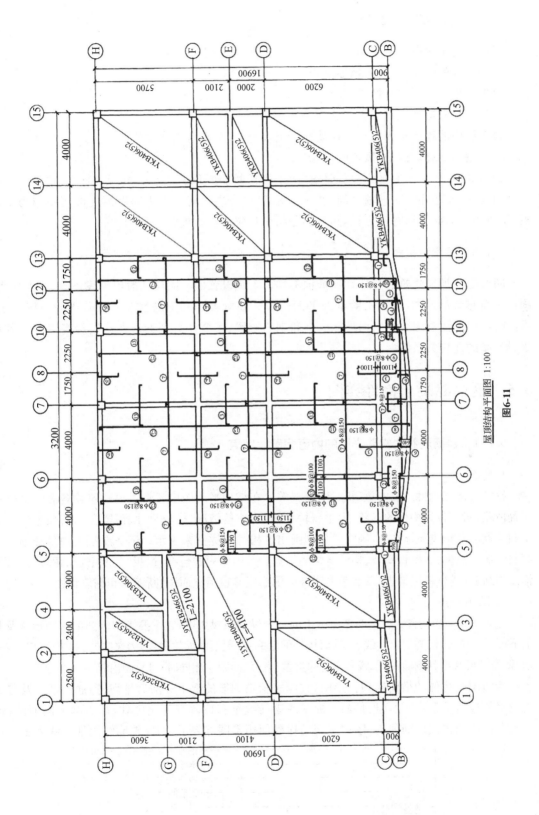

屋顶结构平面图 1:100

图6-11

6.4.2　屋顶结构平面图

屋顶结构平面图与楼层结构平面图基本相同,不同点是:

1)平屋顶的楼梯间,应满铺屋面板。

2)带挑檐的平屋顶有檐板。

3)平屋顶有检查孔和水箱间。

4)楼层中的厕所小问用现浇钢筋混凝土板,而屋顶则可用通常的空心板。

5)平屋顶上有烟囱、通风道的留孔。

如图 6-11 所示为屋顶结构平面图,两个楼梯间的屋顶满铺空心板,即①～②轴和Ⓕ～Ⓗ轴之间,⑭～⑮轴和Ⓕ～Ⓗ轴之间;②～⑤轴和Ⓕ～Ⓗ之间即卫生间屋顶上部用预应力空心板;屋顶的中间部分铺有现浇板,其余部分均铺预应力空心板。

6.4.3　圈梁结构图

圈梁是为加强建筑的整体性和抵抗不均匀下沉设置的。圈梁一般用单线条(用粗点划线)画出平面布置示意图,以表示圈梁的平面位置。圈梁大小和配筋情况配以若干断面图表示。看图时不仅要注意圈梁的断面形状大小和钢筋布置,还要注意圈梁所在楼层标高以及与其他梁、板、墙的连接关系等。

6.5　钢筋混凝土构件详图

6.5.1　钢筋混凝土构件详图的内容和图示特点

1.内容

钢筋混凝土构件主要有梁、板、柱、屋架等。在结构平面图中只表示出建筑物各承重构件的布置情况,对于各种构件的形状、大小、材料、构造、连接情况、模板尺寸、预留孔洞与预埋件的大小和位置以及轴线和标高等,则需要分别画出各构件的详图来表示。钢筋混凝土构件详图是钢筋制作加工及绑扎、模板安装、构件浇筑的依据。其图示内容包括:模板图、配筋图、预埋件详图、钢筋明细表(或材料用量表)及文字说明等。配筋图又包括立面图、断面图和钢筋详图。

2.图示特点

立面图是假想构件为一透明体而画出的一个纵向正投影图,它主要表明钢筋的立面形状及其上下排列的位置,钢筋用粗实线表示;而构件的轮廓线(包括断面轮廓线)为次要的,图中用细实线表示;箍筋只反映其侧面(一条线),当它的类型、直径、间距均相同时,可只画出其中一部分。

断面图是构件的横向剖切投影图,它能表示出钢筋的上下和前后排列、箍筋的形状及与其他钢筋的连接关系:一般在构件断面形状或钢筋数量和位置有变化之处,都需画一断面图(但不宜在斜筋段内截取断面)。图中钢筋的横断面用黑圆点表示,构件轮廓线用细实线表示。

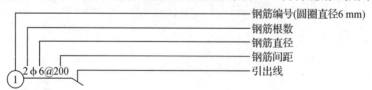

图 6-12　钢筋编号方法

立面图和断面图都应注出相一致的钢筋编号和留出规定的保护层厚度。

当配筋较复杂时,通常在立面图的正下(或上)方用同一比例画钢筋详图,同一编号只画一根,并详细注出钢筋的编号(图 6-12)、数量(或间距)、类别、直径及各段的长度与总尺寸。如为简单的构件,钢筋详图不必画出,可在钢筋表中用简图表示。

6.5.2　钢筋混凝土梁结构详图

梁是主要受弯构件,建筑中常用的梁有楼板梁、雨篷梁、楼梯梁、门窗洞口上的过梁、圈梁、厂房中的吊车梁等。

梁的断面形式有矩形、T 形、L 形、十形等。梁内的钢筋由主筋(受力筋)、架立筋和箍筋组成。在受拉区配置抗拉主筋,为抵抗梁端部的斜向拉力,防止出现斜裂缝,常将一部分主筋在端部弯起。如不适于将下部主筋弯起,或已弯起的钢筋不足以抵抗斜向拉力时,可另加弯起筋。在梁的受压区配置较细的架立筋,它起构造作用。箍筋将梁的受力主筋和架立筋连接在一起构成钢筋骨架。

钢筋混凝土梁构件详图包括钢筋混凝土梁的立面图、断面图和钢筋详图。有时为了标注钢筋直径或统计用料方便,还要画出钢筋表。

现以图 6-13 为例说明钢筋混凝土梁结构详图识读方法。

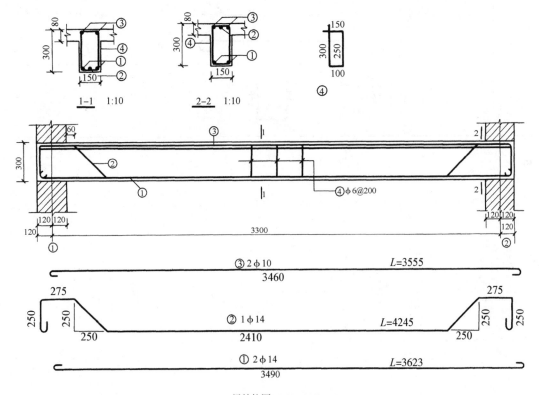

梁结构图L(150×300)1:40

图 6-13　梁结构详图

先看图名,再看立面图和断面图,后看钢筋详图和钢筋表。从图中看出梁断面尺寸是宽 150 mm,高 300 mm。从立面图和断面图对照阅读,可知此梁为 T 形断面的现浇梁,梁两端支撑在砖墙上。梁长为3 540 mm,梁下方配置了 3 根受力筋,其中在中间的②号筋为弯起筋,它是一根直径为 14 mm 的Ⅰ级钢筋。①号钢筋虽然与②号钢筋在直径、类别上相同,但因形状不同,故用①作为编号与②号筋加以区别。从 1-1 断面图可知,梁的上方有两根编号为③的架立筋,是直径为 10 mm 的Ⅰ级钢筋。从图中还可知箍筋④的形状,它是直径为 6 mm 的Ⅰ级钢筋,间距为 200 mm。

从钢筋详图中可知,每种钢筋的编号、根数、直径、各段设计长度和总尺寸(下料长度)以及弯起角度(梁高小于 800 mm 时,弯起角度用 45°,大于 800 mm 时,用 60°),为钢筋下料加工提供了方便。③号筋下面的数字"3460",表示该钢筋从一端弯钩外沿到另一端弯钩外沿的设计长度为 3 460 mm,它等于梁的总长减去两端保护层的厚度,钢筋上面的"$L=3555$",是该钢筋的下料长度,它等于钢筋的设计长度加上两端弯钩扳直后($2×6.25d$)减去其延伸率($2×1.5d$)所得的数值。②号筋的弯起角度不在图中标注,而用直角三角形两直角边的长度(250、250)表示,"250"是指外皮尺寸为 250 mm,而④号箍筋各段长度是指钢箍里皮尺寸。表 6-4 为该梁的钢筋明细表。

表 6-4 钢筋表

构件名称	构件数	钢筋编号	钢筋规格	简　图	长度/mm	每件根数	总长度/m	重量累计/kg
1208	3	①	φ14		3623	2	21.738	26.4
		②	φ14		4295	1	12.885	15.6
		③	φ10		3555	2	21.330	13.18
		④	φ6	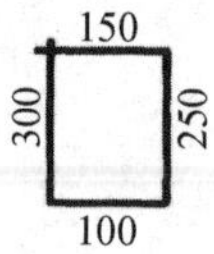	800	18	43.200	9.5

第七章　给水排水施工图

7.1　概　述

给水排水工程是现代工业建筑与民用建筑的一个重要组成部分。给水工程的内容包括水源取水、水质净化、净水输送和配水使用等；排水工程的内容包括污水排除、污水汇集、污水处理和处理后的污水排放等。在设计过程中，应该注意与建筑工程和结构工程的紧密配合和协调一致，只有这样，建筑物的各种功能才能得到充分的发挥。

7.1.1　给水排水施工图的分类

给水排水施工图分为室内给水排水施工图和室外给水排水施工图。

室内给水排水施工图表示一幢建筑物内部的给水排水工程设施情况，主要画出房屋内的浴厕、厨房等房间或工业厂房中的锅炉间、澡堂、化验室以及需要用水的车间的用水部门的管道布置，一般包括平面图、系统图、屋面排水平面图、剖面图和详图。

室外给水排水施工图表达的范围比较广，它可以表示一个城市的给排水工程，也可以表示工矿企业内的厂区或一幢建筑物外部的给水排水工程设施。其内容包括平面图、高程图、纵剖面图和横剖面图以及详图。

此外，对水质净化和污水处理设施来说，尚有工艺流程图、水处理构筑物工艺图等。对于一般建筑给水排水工程而言，主要包括室内给水排水平面图、系统图，室外给水排水平面图及有关详图。

7.1.2　管道的画法

给水排水施工图是民用建筑中常见的管道施工图的一种。管道施工图从图形上可分成单线图和双线图。管道一般为圆柱管，若完全按投影绘制，应画出内外圆柱面的投影，如图7-1a所示。在实际施工中，要安装的管线往往很长而且很多，把这些管线画在图纸上时，线条往往纵横交错密集繁多，不易分清；同时，为了在图纸上能完整地显示这些代表管道的线条，势必要把每根管道都画得很小很细才行。在这种情况下，管道的壁厚就很难再用虚线和实线表示清楚，所以在图形中往往仅用两根线条表示管道的形状。这种不用线条表示管道壁厚的方法通常叫做双线表示法，用它画出的图样称为双线图，见图7-1b。

另外，由于管子的截面尺寸比管子的长度尺寸要小得多，所以在小比例的施工图中，往往把管子的壁厚和空心的管腔全部看成是一条线的投影。这种在图形中用一根粗实线表示管道的图样，通常叫做单线表示法，由它画成的图样称为单线图，见图7-1c。

在给水排水施工图中，平面图和系统图中的管道通常采用单线图，剖面图和详图中往往采用双线图。

(a)完全按投影表示的管道　　　(b)用双线图形表示的管道　　　(c)用单线图形表示的管道

图 7-1　管道的各种表示方法

7.1.3　给水排水施工图的图示特点

(1)给水排水施工图的图样一般采用正投影绘制。但系统图采用轴测投影绘制,工艺流程图采用示意法绘制。

(2)图中的管道、器材和设备一般采用国家有关制图标准规定的图例表示。其中如卫生器具图例是较实物大为简化的一种象形符号,一般应按比例画出。

(3)不同直径的管道,以同样线宽的线条表示,管道坡度也无需按比例画出(画成水平),但应用数字注明管径和坡度。

(4)管道与墙的距离示意性绘出,安装时按有关施工规范确定。即使暗装管道亦与明装管道一样画在墙外,但应附说明。

(5)当在同一平面位置布置有几根不同高度的管道时,若严格按投影来画,平面图就会重叠在一起,这时可画成平行排列。

(6)为了删掉不需表明的管道部分,常在管线端部采用细线的 S 形折断符号表示(参见本章插图)。

(7)管道上的连接配件均属标准的定型工业产品,在图中均不予画出。

7.1.4　给水排水施工图的一般规定

1.图线

(1)新设计的各种给水排水管线分别采用中粗实线(0.75b)、粗实线(b)表示。当其轮廓线不可见时分别采用中粗虚线、粗虚线。

(2)原有的各种给水排水管线分别采用中实线(0.50b)、中粗实线表示;当其轮廓线可见时分别采用中虚线、中粗虚线。

(3)给水排水设备、零(附)件的可见轮廓线,总图中新建的建筑物和构筑物的可见轮廓线采用中实线;其不可见轮廓线采用中虚线。

(4)建筑的可见轮廓线,总图中原有的建筑物和构筑物的可见轮廓线,制图中的各种标注线采用细实线(0.25b)表示;建筑的不可见轮廓线,总图中原有的建筑物和构筑物的不可见轮廓线采用细虚线表示。

(5)中心线、定位轴线采用细单点长画线表示。

(6)断开界线采用折断线表示。波浪线表示平面图中水面线、局部构造层次范围线和保温范围示意线等。

2.比例

(1)给水排水专业制图常用的比例,宜与建筑专业一致。详图采用较大的比例,如1∶1、1∶2、1∶5、1∶10、1∶20、1∶30。

(2)在管道纵剖面图中,可根据需要对纵向横向采用不同的组合比例。

(3)在建筑给水排水轴测图中,如局部表达有困难时,该处可不按比例绘制。

3. 标高

(1)标高单位为米,一般注至小数点后第三位,在总图中可注写到小数点后第二位。

(2)标高种类:室内工程应标注相对标高;室外工程宜标注绝对标高,当无绝对标高资料时,可标注相对标高,但应与总图所注的相对标高一致。

(3)标注部位:

①沟渠和重力流管道的起讫处、转角处、连接点、变坡点、变尺寸(管径)点及交叉点;

②压力流管道中的标高控制点;

③管道穿外墙、剪力墙和构造物的壁及底板等处;

④不同水位线处;

⑤构筑物和土建部分的相关标高;

⑥压力管道应标注管中心标高;沟渠和重力流宜标注沟(管)内底标高。

(4)标高的标注方法应符合下列规定:

①平面图中,管道标高应按图7-2的方式标注。

②平面图中,沟渠标高应按图7-3的方式标注。

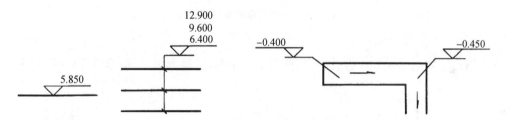

图 7-2　平面图中管道标高标注法　　　　图 7-3　平面图中沟渠标高标注法

③剖面图中,管道及水位的标高应按图7-4的方式标注。

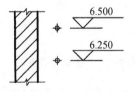 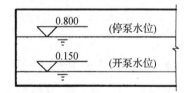

图 7-4　剖面图中管道及水位标高标注

④轴测图中,管道标高应按图7-5的方式标注。

⑤在建筑工程中,管道也可标注相对本层建筑地面的标高,标注方法为 h+×.×××

h 表示本层建筑地面标高(如 h+0.250)。

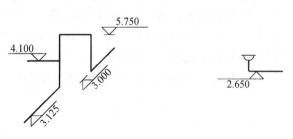

图 7-5　轴测图中管道标高标注法

4．管径

(1)管径应以毫米为单位。

(2)不同的管材，管径的表示方式不同：

①镀锌或不镀锌钢管、铸铁管等管材，管径宜以公称直径 DN 表示(如 DN15、DN50)；钢筋混凝土(或混凝土)管、陶土管、耐酸陶瓷管、缸瓦管等管材，管径宜以内径 d 表示(如 d230、d380 等)；

②无缝钢管、焊接钢管(直缝或螺旋缝)、不锈钢管等管材，管径宜以外径 D×壁厚表示(如 D108×4、D159×4.5 等)；

③塑料管材，管径宜按产品标准的方法表示；

④当设计均用公称直径 DN 表示管径时，应有公称直径 DN 与相应产品规格对照表；

⑤管径的标注方法：单管及多管标注如图 7-6 所示。

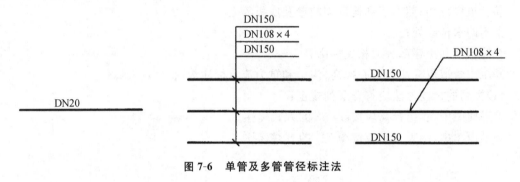

图 7-6 单管及多管管径标注法

5．编号

(1)当建筑物的给水排水进、出口数量多于一个时，宜进行编号，编号形式如图 7-7 所示。

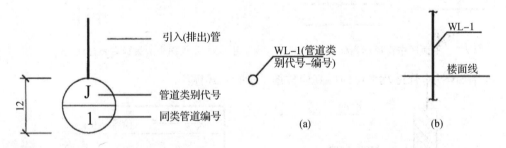

图 7-7 给水引入(排水排出)管编号表示法　　**图 7-8 立管编号表示法**

(2)建筑物内穿过楼层的立管，其数量多于一个时，宜进行编号，见图 7-8，其中 WL 为管道类别和立管代号。

(3)给水排水附属构筑物(阀门井、检查井、水表井、化粪池等)多于一个时应编号。构筑物的编号方法为：构筑物代号—编号。给水阀门井的编号顺序，应从水源到用户，从干管到支管再到用户；排水检查井的编号顺序，应从上游到下游，先支管后干管。

6．图例　管道图中管道及附件图例见表 7-1。

表 7-1

名称	图例	说明	名称	图例	说明
管道	—J— —F— —W— —Y—	用汉语拼音字头表示管道类别。左图分别为生活给水管、废水管、污水管和雨水管	放水龙头	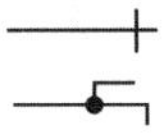	上图:平面 下图:系统
多孔管			室内消火栓（单口）	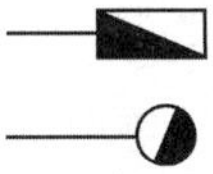	上图:平面 下图:系统
空调凝结水管	—KN—				
排水明沟	坡向 →	箭头指向下坡	水表		
存水弯	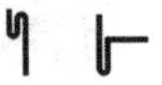	S型、P型	台式洗脸盆	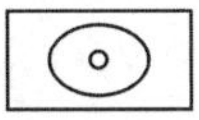	
立管检查口			浴盆	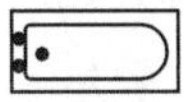	
清扫口	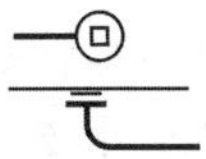		坐式大便盆	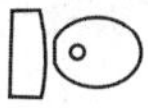	
通气帽		左图:成品 右图:铅丝球	沐浴喷头		左图:平面 右图:系统
圆形地漏	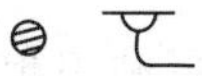	左图:平面 右图:系统	矩形化粪池	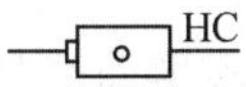 —HC	HC 为化粪池代号
闸阀			雨水口		单口
截止阀	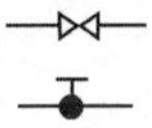	上图:DN≥50 下图:DN<50	水表井		

7.2 室内给水排水施工图

室内给水排水施工图主要包括给水排水平面图、系统图和详图等。

7.2.1 室内给水排水系统

（一）室内给水系统的组成

（1）引入管　自室外（住宅区、校区、厂区）供水管引入室内的一段水平管。引入管通常采用埋地暗敷方式引入,其坡度不小于 0.003、斜向室外给水管网。对引入管应有编号标注,表示方法见图 7-7。

（2）水表节点在引入管室外部分离开建筑物适当位置处,设置水表井或阀门井,在引入管上接上水表、阀门等计量及控制附件,用以记录用水量或总控制。

（3）给水管网　由给水水平干管、立管、支管组成室内给水管网。其中当穿过楼层的给水立管多于一个时应对立管以阿拉伯数字编号,以便于读图。如图 7-8。

（4）用水或配水器具或设备如支管端部的各种配水龙头、阀门及卫生设备等。

（5）室内消防设备根据建筑物的防火等级要求必须设置消防给水设备,一般应设置消防栓、消防水池等消防设备。有特殊要求时,还应专门装设自动喷淋消防或水幕设备。

除上述基本组成部分外,根据城市给水管网的水压情况,有时还要在室内给水系统中附加一些其他必需的加压、沉淀设备,如加压水泵、加压塔、水箱、蓄水池等。

室内排水系统是把各个用水设备内的污水经排水栓,排至排水横管、立管、排出管,再排至窨井(化粪池)。

(二)室内排水系统的组成

(1)排水横管连接卫生器具和大便器的水平管段称为排水横管。连接大便器的水平横管管径不小于100,且流向立管方向有2%的坡度。当大便器多于一个或卫生器具多于两个时,排水横管应有清扫口。

(2)排水立管 管径一般为100,但不能小于50或所连接的横管管径。立管在底层和顶层应有检查口。多层建筑中则每隔一层应有一个检查口,检查口距地面高度为1.00 m。

(3)排出管把室内排水立管的污水排入检查井的水平管段,称为排出管。其管径应大于或等于100,向检查口方向应有1%～2%的坡度(管径为100时坡度取2%,管径为150时坡度取1%)。

(4)通气管在顶层检查口以上的一段立管称为通气管,以排除臭气。通气管应高出屋面0.3(平屋面)至0.7 m(坡屋面)。在寒冷地区,通气管管径应比立管管径大50,以备冬季时管内因结冰而管内径减少。在南方地区,通气管管径与排水立管相同,最小不应小于50。

(5)清扫口和检查口 用于清理、疏通排水管道用。

7.2.2　室内给水排水平面图

室内给水排水平面图是建筑给水排水施工图中最基本的图样,它主要反映卫生洁具、管道及其构件相对于房屋的平面位置。现以某住宅小区 A 型住宅为例,讨论建筑给水排水施工图的图示方法及内容。图 7-9 和图 7-10 分别为首层和二～六层的给水排水平面图。

1.图示内容和特点

(1)比例

给水排水平面图的比例,可采用与房屋建筑平面图相同的比例,一般为 1∶100。如在卫生设备或管路布置较复杂的房间,画 1∶100 不足以表达清楚时,可选择较大的比例(如1∶50)来画。

(2)平面图的数量和表达范围

多层房屋的给水排水平面图原则上应分层绘制。若楼层平面的管道布置相同时,可绘制一个管道平面图。但要说明的是:首层管道平面图均应单独绘制(如图 7-9 所示),屋面上的管道系统可附画在顶层管道平面图中或另画一个屋顶管道平面图。

(3)房屋平面图

仅需抄绘房屋的墙身、柱、门窗洞、楼梯、台阶等主要构配件,至于房屋的细部和门窗代号等均可略去。房屋平面图的轮廓图线都用细线(0.25b)绘制。底层平面图要画全轴线,楼层平面图可仅画边界轴线。

(4)卫生洁具平面图

常用的配水器具和卫生设备,如洗脸盆、大便器、污水池、淋浴器等均系有一定规格的工业定型产品,不必详细画出其形体,可按规定图例画出。所有的卫生洁具图线都用细线(0.25b)绘制。

(5)管道平面图

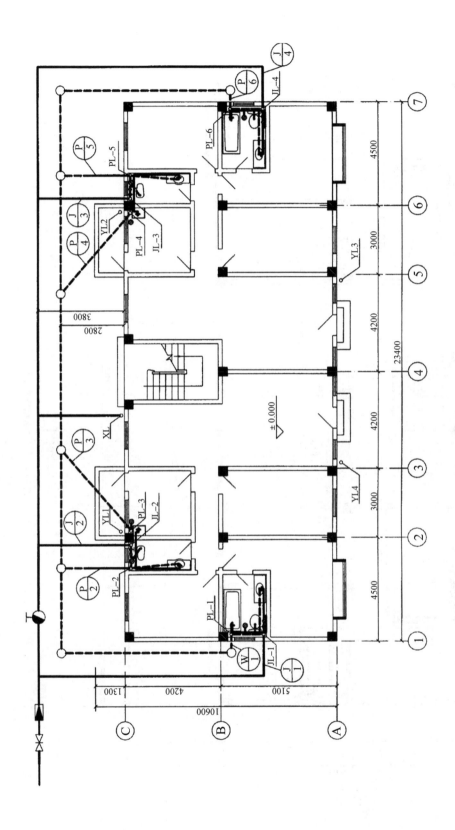

首层给排水平面图 1:200

图7-9 首层给排水平面图

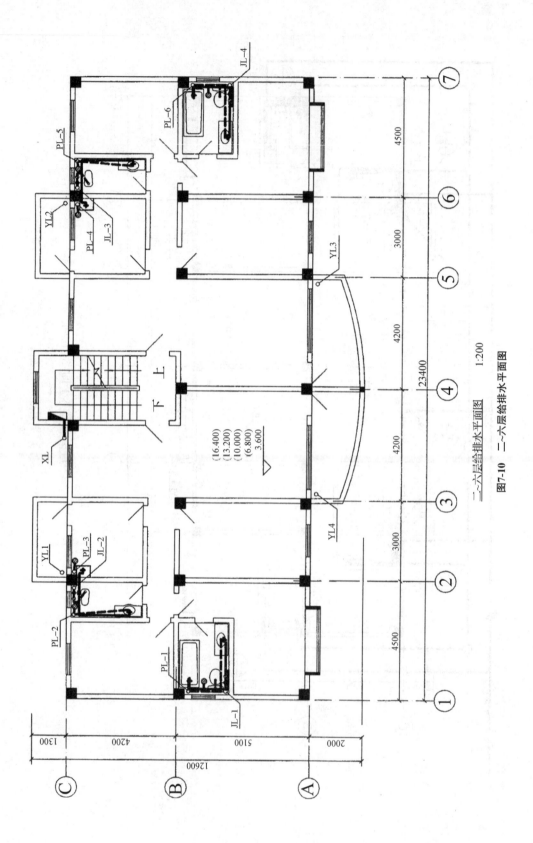

二~六层给排水平面图 1:200

图7-10 二~六层给排水平面图

为了便于读图,在底层管道平面图中各种管道要按系统予以编号。系统的划分视具体情况而异,一般给水管可以每一室外引入管(即从室外给水干管上引入室内给水管网的水平进户管)为一系统,污、废水管道以每一个承接排水管的检查井为一系统。系统索引符号的形式如图 7-7 所示,用细线(0.25b)的单圆圈表示,圆圈直径以 12 mm 为宜;圆圈上部的文字代表管道系统的类别,以汉语拼音的第一个字母表示,如"J"代表给水系统,"Y"代表雨水系统,"W"代表污水系统,"F"代表废水系统,圆圈下部的数字表示系统编号。

连接管道的附件都是工业产品,所以无需画出管件及接口符号,只要在施工说明中写明管材和连接方式即可。

管道系统上的附件及附属设备也都按表 7-1 所列的图例绘制。

各种管道不论在楼面(地面)之上或之下,均不考虑其可见性,仍按管道类别用规定的线型画出。当在同一平面布置有几根上下不同高度的管道时,若严格按投影来画平面图,会重叠在一起,此时可以画成平行排列。即使暗装的管道也可画在墙线外,但要在施工说明中注明该管道系统是暗装的。

给水系统的引入管和污、废水管系统的室外排出管仅需在底层管道平面图中画出,楼层管道平面图中一概不需绘制。

(6)尺寸和标高

房屋的水平方向尺寸,一般在底层管道平面图中只需注出其轴线间尺寸;至于标高,只需标注室外地面的整平标高和各层楼地面标高。

卫生洁具和管道一般都是沿墙靠柱设置的,不必标注定位尺寸。必要时,以墙面或柱面为基准标出。卫生洁具的规格可用文字标注在引出线上,或在施工说明中写明。

管道的长度在备料时只需用比例尺从图中近似量出,在安装时则以实测尺寸为依据,所以图中均不标注管道长度。至于管道的管径、坡度和标高,因管道平面图不能充分反映管道在空间的具体布置、管路连接情况,故均在管道系统图中予以标注。管道平面图中一概不标(特殊情况除外)。

2. 绘图步骤

绘制给水排水施工图一般都先绘画管道平面图。管道平面图的绘图步骤一般为:

(1)先画底层管道平面图,再画各楼层管道平面图。

(2)在画每一层管道平面图时,先抄绘房屋平面图和卫生洁具平面图(因这都已在建筑平面图上布置好),再画管道布置,最后标注有关尺寸、标高、文字说明等。

(3)抄绘房屋平面图的步骤与画建筑平面图一样,先画轴线,再画墙身和门窗洞,最后画其他构配件。

(4)画管道布置时,先画立管,再画引入管和排水管,最后按水流方向画出横支管和附件。给水管一般画至各设备的放水龙头或冲洗水箱的支管接口;排水管一般画至各设备的废、污水的排泄口。

7.2.3　室内给水排水系统图

给水排水平面图主要显示室内给水排水设备的水平安排和布置,而连接各管路的管道系统因其在空间转折较多,上下交叉重叠,往往在平面图中无法完整且清楚地表达,因此,需要有一个同时能反映空间三个方向的图来表达。这种图被称为给水排水系统图。它能反映各管道系统的管道空间走向和各种附件在管道上的位置。

1. 图示内容和特点

(1) 比例

一般采用与给水排水平面图相同的比例 1:100，必要时也可不按比例绘制。总之，视具体情况而定，以能表达清楚管路情况为原则。

(2) 轴测轴和轴向变形系数

为了完整、全面地反映管道系统，选用能反映三维情况的轴测图来绘制给水排水系统图。目前我国一般采用正面斜等轴测图。即 OX 轴处于水平位置；OZ 垂直；采用 OY 轴与水平线组成 $45°$ 的夹角，如图 7-11 (有时也可 $30°$ 或 $60°$。三轴的变形系数 $P=q=r=1$)。

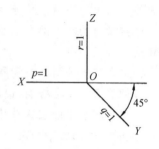

图 7-11　正面斜等轴测图 (45°)

系统图的轴向要与平面图的轴向一致，也就是说 OX 轴与平面图的水平方向一致，OY 轴与平面图的水平方向垂直。

(3) 管道系统

各管道系统图符号的编号应与底层管道平面图中的系统索引符号的编号相同。

给水排水系统图一般应按系统分别绘制，这样可避免过多的管道重叠和交叉，但当管道系统简单时，有时可画在一起。

某住宅小区 A 型住宅楼给水排水系统图是按系统分别绘制的。图 7-12 为给水管道系统图，图 7-13 为排水管道系统图。

系统图的画法与平面图一样，用各种线型来表示各个系统。管道附件及附属构筑物也都用图例表示 (参见表 7-1)。当空间交叉的管道在图中相交时，应鉴别其可见性，可见管道画成连续，不可见管道在相交处断开。当管道被附属构筑物等遮挡时，可用虚线画出。

(4) 房屋构件位置的表示

为了反映管道与房屋的联系，在管道系统图中还要画出被管道穿过的墙、梁、地面、楼面和屋面的位置，其表示方法如图 7-14 所示。这些构件的图线均用细实线画出，剖面线的方向按剖面轴测图的剖面线方向绘制。

(5) 管径、坡度、标高

管道系统中所有管段的直径、坡度和标高均应标注在管道系统图上。

① 各管段的直径可直接标注在该管段旁边或引出线上。

② 给水系统的管路因为是压力流，当不设置坡度时，可不标注坡度。排水系统的管路一般都是重力流，所以在排水横管的旁边都要标注坡度，坡度可注在管段旁边或引出线上，在坡度数字前须加代号"i"，数字下边再以箭头表示坡向 (指向下游)，如 $i=0.05$。当污、废水管的横管采用标准坡度时，在图中可省略不注，而在施工说明中写明即可。

③ 标高应以米为单位，宜注写到小数点后第三位。系统图中标注的标高都是相对标高。即以底层室内地面作为标高 ± 0.000 m。在给水系统图中，标高以管中心为准，一般要求注出横管、阀门、放水龙头、水箱等各部位的标高。在污、废水系统图中，横管的标高以管底为准，一般只标注立管的管顶、检查口和排出管的起点标高，其他污、废水横管的标高一般由卫生洁具的安装高度和管件的尺寸所决定，所以不必标注；当有特殊要求时，亦应注出其横管的起点标高。此外，还要标注室内地面、室外地面、各层楼面和屋面等的标高。

(6) 图例

管道平面图和管道系统图应统一列出图例，其大小要与图中的图例大小相同。

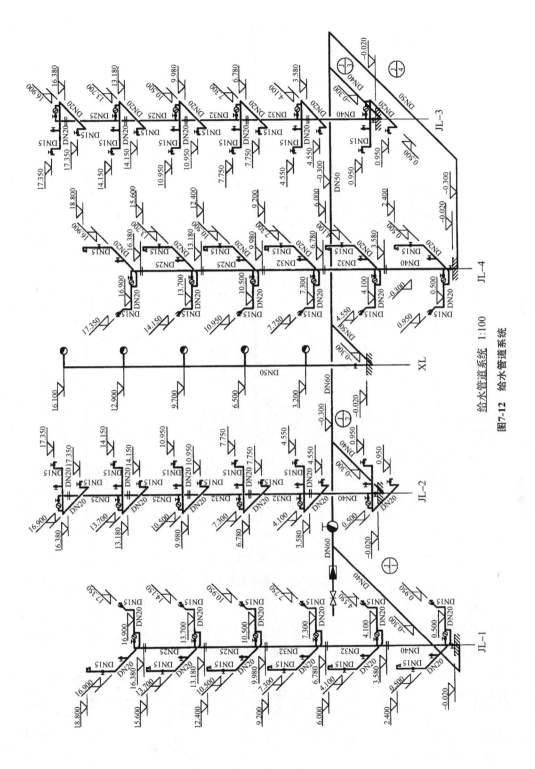

给水管道系统 1:100

图7-12 给水管道系统

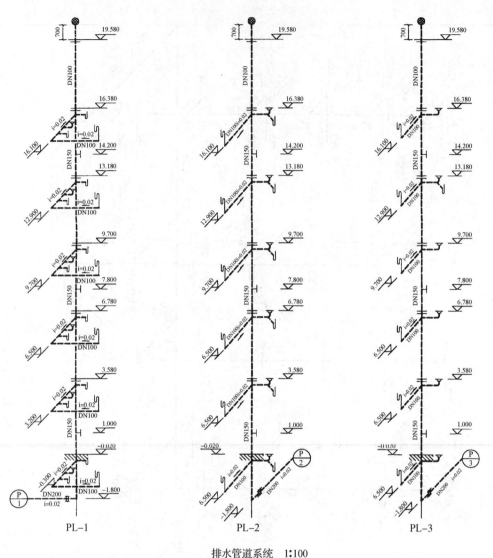

排水管道系统　1:100

图 7-13　排水管道系统图

2. 绘图步骤

为了使图面整齐,便于识读,在布置图幅时,将各管路系统中的立管穿越相应楼层的楼地面线,如有可能尽量画在同一水平线上。

管道系统图中管段的长和宽由管道平面图中量取,高度则应根据房屋的层高、门窗的高度、梁的位置和卫生洁具的安装高度等进行设计定线。

管道系统图的绘图步骤如下:

(1)先画系统的立管,定出各层的楼地面线、屋面线、再画给水引入管及屋面水箱的管路或排水管系中接画排出横管、窨井及立管上的检查口和网罩等。

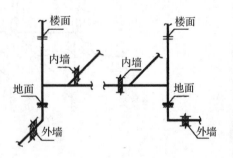

图 7-14　管道与房屋构件位置关系

（2）从立管上引出各横向的连接管段，并画出给水管系的截止阀、放水龙头、连接支管、冲洗水箱等或排水管系中的承接支管、存水弯等。

（3）画墙、梁等的位置。

（4）注写各管段的公称直径、坡度、标高、冲洗水箱的容积等数据。

7.2.4 识读室内给水排水施工图

室内给水排水平面图和系统图是建筑给水排水施工图中的基本图样，两者必须互为对照和相互补充，从而将室内的卫生洁具和管道系统组合成完整的工程体系，充分明确各种设备的具体位置和管路在空间的布置，最终搞清图样所表达的内容。

下面以某住宅小区 A 型住宅楼的给水排水平面图和系统图为例来识读。

1. 识读各层给水排水平面图

要求搞清下列两个问题：

（1）各层平面图中，哪些房间布置有卫生洁具和管道？这些房间的卫生洁具又是怎样布置的？楼（地）面标高是多少？

例如，在首层平面图（图 7-9）中可以看出：首层布置卫生洁具和管道的房间有厨房、两个卫生间。卫生间内有低水箱坐式大便器、洗脸盆和地漏；厨房中有洗涤池和地漏。卫生间的地面高度比各楼面低 0.020 m。

各楼层平面图由读者自行照样一一识读。

（2）有哪几个管道系统？

根据底层给水排水平面图的管道编号可知：给水引入管有 J/1～J/4；立管有 JL-1～JL-4；排水排出管有 P/1～P/6，立管有 PL-1～PL-6；还有一消防给水立管 XL。

2. 识读各给水排水系统图

识读管道系统图必须与管道平面图配合。在底层管道平面图中，可按系统索引符号找出相应的管道系统；在各楼层管道平面图中，可根据该系统的立管代号及位置找出相应的管道系统。

（1）给水管道系统

一般从室外引入管开始识读，依次为引入管—水平干管—立管—支管—卫生洁具；如有水箱，则要找出水箱的进水管，依次为水箱的进水管—水平干管—立管—支管—卫生洁具。

下面就以给水管道系统为例，识读如下：

首先由底层给水排水平面图识读，找出管道系统的总引入管。由图可知：室外总引入管为 DN60，其上装一闸阀和一个水表，管中心标高为－0.300 m；从房屋西北角引入，布置在北面，分别向东西两个单元分出两支干管，另有一根 DN50 向南穿过阳台墙人各层消防栓。干管的直径变小为 DN40，与在墙内侧的立管 JL-1～JL-4（DN40）连接。立管 JL-1 出地面后登高至标高 0.500 m，接一根 DN20 的支管，其上接闸阀和水表再向厕所内的坐式大便器、浴盆和洗脸盆龙头供水。立管 JL-2 出地面后登高至标高 0.500 m，接一根 DN20 的支管，其上接闸阀和水表再向厕所内的蹲式大便器、洗脸盆龙头和厨房的水龙头供水。JL-3 和 JL-4 分别与 JL-2 和 JL-1 对称。

图中还给出了消防管道系统图。

（2）排水管道系统

先在底层管道平面图中找出相应的系统和立管的位置，再找出各楼层管道平面图中的立管位置,以此作为联系,依次按卫生洁具—连接管—横支管—立管—排出管—检查井的顺序进行识读。

排水系统图的识读:

配合底层管道平面图可知:本系统有 6 根排出管,排出管管底标高均为一1.800 m,管径为 DN200。PL-1~PL-6 立管上底层、三层和六层距楼地面 1.000 m 处安装一检查口,立管一直穿出屋面,顶端(700 mm)处装有一通气帽。PL-1 立管承接洗脸盆、坐式大便器、浴池和地漏排出的污水,洗脸盆接有 P 形存水弯,坐式大便器、浴池接有 S 形存水弯以封住臭气。PL-2 立管也承接洗脸盆、蹲式大便器和地漏排出的污水,洗脸盆接有 P 形存水弯,蹲式大便器接有 S 形存水弯。PL-3 立管除承接洗菜盆外也承接厨房地漏排出的污水。PL-4~PL-6 立管与 PL-1~PL-3 对称。

7.3 室外给水排水施工图

室外给水排水施工图主要表示一个小区范围内的各种室外给水排水管道的连接和布置的图样。室外给水排水施工图包括室外给水排水平面图、管道纵剖面图、附属设备的施工图等。对于地形较平坦的居住小区、校园可不绘制管道纵剖面图。

本节通过图 7-15 某住宅小区 A 型住宅的室外给水排水平面图介绍其图示特点和内容,以及绘图和识读步骤。

7.3.1 室外给水排水平面图图示内容和特点

1. 比例

室外给水排水平面图的比例不宜小于 1:500,一般采用与建筑总平面图相同的比例,以能表达清楚室外管道为原则。本例的室外给水排水平面图(图 7-15)是以 1:500 绘制的。

2. 管道、建筑物及各种附属设施

一般把各种管道合画在一张总平面图上,各种管道和附属构筑物都按国标规定的图例绘制。各种建筑物、道路、围墙等均按建筑总平面图的图例绘制。图线要求按本章第二节的有关规定。

3. 管径、尺寸和标高

各种管道的管件按管道系统图图示特点中的第 5 点所述方法标注,一般注在管道旁边,当位置有限时,可用引出线标出。

室外管道一般应标注绝对标高,当无绝对标高资料时,也可用相对标高标出,图 7-15 的检查井处的管底标高均用绝对标高,这些标高都标在引出线的上方,在引出线的下方标出各检查井的编号。如 Y-4 表示 4 号雨水井,JJ-1 表示 1 号检查井。检查井的编号顺序应从上游向下游,先干管后支管。

管道及附属构筑物的定位尺寸可以以附近房屋的外墙面为基准注出。对于复杂工程可以用建筑物坐标来定位。

4. 指北针(或风玫瑰)

为了表示房间的朝向,在室外给水排水平面图右上角应画出指北针(或风玫瑰)。

5. 图例

在室外给水排水平面图上应列出该图所用的图例,以便于识读。

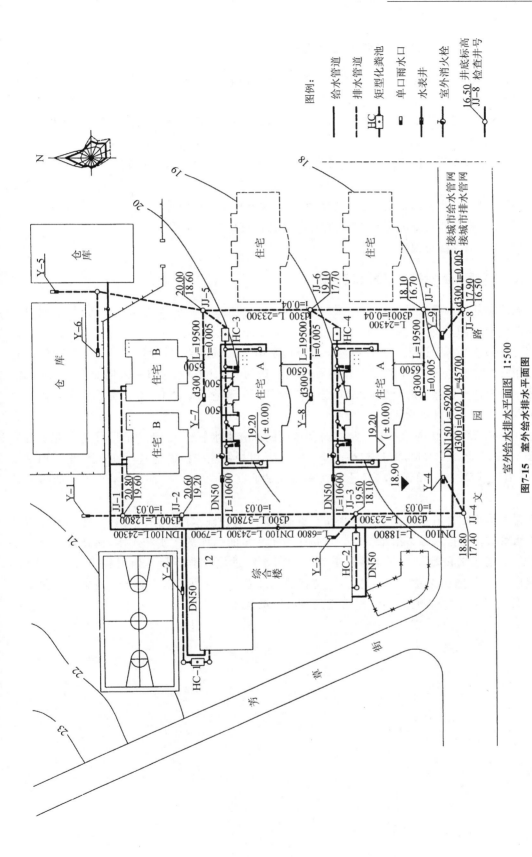

图7-15 室外给水排水平面图

7.3.2 室外给水排水平面图的画图步骤

(1)若采用与建筑总平面图相同的比例,则可直接描绘建筑总平面图;否则,要按比例把建筑总平面图画出。

(2)根据底层管道平面图,画出给水系统的引入管和污、废水系统的排出管,并布置道路进水井(雨水井)。

(3)根据市政部门提供的原有室外给水系统和排水系统的情况,确定给水管线和排水管线。

(4)画出给水系统的水表、闸阀、排水系统的检查井和化粪池等。

(5)标出管径和管底的标高,以及管道和附属构筑物的定位尺寸。

(6)画图例及注写说明。

7.3.3 室外给水排水平面图的阅读

识读室外给水排水平面图要按系统进行,必要时还需与底层管道平面图对照,下面以图7-15为例介绍如下。

首先阅读给水管道系统。原有给水管道由东南角的城市给水管网引入,管径 DN150。在西南角转弯进入小区,管中心距综合楼 4 m,管径改为 DN100。给水管一直向北再折向东。沿途分别设置两支管接人综合楼(DN50)、住宅 B(DN50)和仓库(DN100),并分别在综合楼和仓库前设置了一个室外消火栓。

新建 A 型住宅楼的给水管道从综合楼东面的原有引水管引入,管中心距住宅楼北阳台外墙 2.50 m,管径为 DN50,其上先装一阀门及水表,以控制整栋楼的用水,并进行计量。而后接 4 条干管至房间,每一单元有 2 条干管。每栋楼的西北角设置了一个室外消火栓。如图 7-15所示。

再阅读排水管道系统。本工程采用合流制,即污水和雨水两个系统合在一起排放。原有的排水管分两路排入城市给水管网。东路接纳东北角的仓库的污水和雨水,西路接纳综合楼和住宅 B 的污水和雨水。综合楼和住宅 B 的污水经过化粪池经简单处理后排人排水干管。新建住宅 A 的排水管位于楼的北边,距离楼的北外墙 2.8 m 处,接纳住宅 A 的污水汇集到化粪池 HC,排入东边的排水干管,最后排入城市排水管网。

第八章　建筑电气施工图

8.1　概　述

　　房屋建筑中,都要安装许多电气设施,如照明灯具、电源插座、电视、消防控制、各种工业与民用的动力装置、控制设备及避雷装置等。电气工程或设施都需要经过专门设计表达在图纸上,其有关图纸称为电气施工图。

　　照明和动力安装工程是现代建筑工程中最基本的电气工程。照明工程包括灯具、开关、插座等电气设备和配电线路的安装和敷设。动力工程主要是指以电机为动力的设备、装置、启动器、控制箱和电气线路的安装和敷设。

8.1.1　建筑电气施工图的分类及组成

　　建筑电气施工图是应用十分广泛的电气图,用它来说明建筑中电气工程的构成和功能,描述电气装置的工作原理,提供安装技术数据和使用维护依据。一个电气工程的规模有大有小,不同规模的电气工程,其图纸的数量和种类是不同的,常用的电气施工图有以下几类。

　　1. 目录、说明、图例、设备材料明细表

　　图纸目录的内容包括序号、图纸名称、编号、张数等。

　　设计说明(施工说明)主要阐述电气工程设计的依据,业主的要求和施工原则,建筑特点,电气安装标准,安装方法,工程等级等,以及施工图中未表达内容的补充说明。图例即图形符号,一般只列出本套图纸中涉及的一些图形符号。设备材料明细表列出了该项电气工程所需要的设备和材料的名称、型号、规格和数量,供设计概算和施工预算时参考。

　　2. 电气系统图

　　电气系统图是表现电气工程的供电方式、电能输送、分配控制关系和设备运行情况的图纸,从电气系统图可以看出工程的概况。电气系统图只示意性地表示电气回路中各元件的连接关系,不表示元件的具体安装位置和具体连接方法。电气系统图有变配电系统图、照明系统图、动力系统图、弱电系统图等。

　　3. 电气平面图

　　电气平面图是表示电气设备、装置与线路平面布置的图纸,是进行电气安装的主要依据。电气平面图以建筑总平面图为依据,在图上绘出电气设备、装置及线路的安装位置、敷设方法等,如图 8-4 所示。电气平面图一般采用了较小的比例,不能表现电气设备的具体形状,只能反映电气设备的安装位置、安装方式和导线的走向及敷设方法等。常用的电气平面图有:变配电所平面图、动力平面图、照明平面图、防雷平面图、接地平面图、弱电平面图等。

　　4. 其他电气施工图如设备布置图、安装接线图、电气原理图和详图等

　　本章主要介绍室内照明和动力电气系统图、平面图的图示内容及画法和读法。

8.1.2 电气施工图的图示特点

(1)电气施工图的主要形式是简图，它是用图形符号、带注释的图框或简化外形表示系统或设备之间相互关系的图。电气系统图、电气平面图、安装接线图、电气原理图都是简图。

(2)图形符号、文字符号和项目代号是构成电气施工图的基本要素。一个电气系统、装置或设备通常由许多部件、元件等组成，在电气施工图中并不按比例绘出它们的外形尺寸，而是采用图形符号表示，并用文字符号、安装代号来说明电气装置、设备和线路的安装位置、相互关系和敷设方法等。

3)电气装置和电气系统主要是由电气元件和电气连接线构成，所以电气元件和电气连接线是电气施工图描述的主要内容。如平面图和接线图表明安装位置和接线方法，电气系统图可表示供电关系，电气原理图说明电气设备工作原理。由于对元件和连接线的描述不同，构成了电气施工图的多样性。

(4)位置布局法和功能布局法是电气施工图中两种最基本的布局方法。位置布局法是指电气图中元件符号按实际位置布置，如电气平面图，安装接线图中的灯具、配电箱、电动机等都是按实际位置布置的。功能布局法中的元件符号的排列只考虑元件间的功能关系，而不考虑实际位置，如电气系统图、电气原理图中电气元件按供电顺序和动作顺序排列。

(5)电气设备和线路在平面图中通常采用图例来表示，并不按比例绘出它们的外形和外形尺寸。导线和电气设备的空间位置一般在平面图上标注安装标高或用施工说明来表示，也不用立面图表示。为了清晰地表示出电气设备和线路的安装位置、敷设方法，电气平面图一般都在简化的建筑平面图上绘出，与电气设备、线路有关的土建部分(墙、柱、门窗、楼梯等)应简化画出。但图纸主要表现电气部分，在图中电气线路用中实线，土建部分用细实线。

8.1.3 图例

电气照明施工图中包含大量的电气符号。电气符号包括图形符号、文字符号等。

1.电气照明施工图的常用电气图形符号(表 8-1)

表 8-1 电气照明施工图中常用电气图形符号

名称	图例	名称	图例
暗装三相四极插座		向下引线	
电源引入线		向下及向上引线	
花吊灯		自上向下引线	
电动机		自下向上引线	
暗装开关	 单极 双极 三极	一根导线	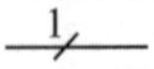
		两根导线	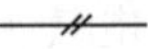
明装开关	 单极 双极 三极	三根导线	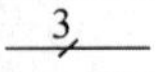 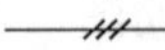
		n 根导线	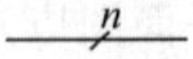
配电箱		电度表	kWh
接地线		灯具的一般符号	
熔断器	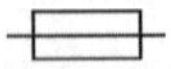	荧光灯管(单管)	
壁灯		荧光灯管(三管)	

续表

名称	图例	名称	图例
吸顶灯		荧光灯管(五管)	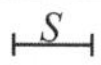
明装单相双极插座	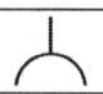	暗装双联开关	
暗装单相双极插座		拉线开关	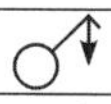
暗装单相三极插座		向上引线	

2. 电气照明施工图的文字符号

电气设备文字符号用来标明系统图和原理图中设备、器件、装置和线路的名称、性能、作用、安装位置和安装方式。

在电力平面图中标注的文字符号规定如下：

(1)线路敷设代号格式

照明线路或电力线路在平面图中，只要走向相同，无论导线的根数多少，都可以用一条图线表示，同时在图线上画上短斜线表示根数，例：——表示三根导线。也可画上一根短斜线，在短斜线旁标注数字，表示导线根数，例：——n 表示凡根导线($n \geqslant 3$)。对于两根导线，可用一条图线表示，不必标注根数，这在照明或动力平面图中已成惯例。

表 8-2　常见的绝缘电线的型号、品种

类别	型号	名　　称
聚氯乙烯塑料绝缘电线	BV	铜芯聚氯乙烯绝缘电线
	B1V	铝芯聚氯乙烯绝缘电线
	BVV	铜芯聚氯乙烯绝缘聚氯乙烯护套电线
	B1VV	铝芯聚氯乙烯绝缘聚氯乙烯护套电线
	BVR	铜芯聚氯乙烯绝缘软线
	B1VR	铝芯聚氯乙烯绝缘软线
	RVB	铜芯聚氯乙烯绝缘平行软线
	RVS	铜芯聚氯乙烯绝缘绞形软线
	RVZ	铜芯聚氯乙烯绝缘聚氯乙烯护套软线
橡皮绝缘电线	BX	铜芯橡皮线
	B1X	铝芯橡皮线
	BBX	铜芯玻璃丝织橡皮线
	BB1X	铝芯玻璃丝织橡皮线
	BXR	铜芯橡皮软线
	BXS	棉纱织双绞软线
VV 系列电力电缆	VV-1000	聚氯乙烯绝缘聚氯乙烯护套电力电缆(耐压 1 000 V)
YJV 系列电力电缆	YJV22	交联聚氯乙烯绝缘聚氯乙烯护套铠装加固电缆

照明线路或电力线路的编号、导线型号、规格、根数、敷设方式、管径、敷设部位等的表示，可以在图线旁直接标注线路安装代号。其基本格式是

$$a - b - c(d \times e + f \times g)i - jh$$

式中　a——线路的编号或线路用途；

  b——导线型号；

  c——导线根数；

  d——电缆线芯数；

  e——导线截面，mm^2；

  f——PE、N(保护线、中性线)线芯数；

  g——导线截面，mm^2；

  i——导线敷设方式和穿管直径，mm；

  j——导线敷设部位；

  h——线缆敷设安装高度，m。

  注：上述字母无内容则可省略该部分。

  常见的绝缘电线和电缆的型号、品种见表 8-2。表达导线敷设方式、敷设部位和线路用途的文字符号见表 8-3。

表 8-3 导线敷设方式、敷设部位和线路用途的文字符号

文字符号	文字符号的意义	文字符号	文字符号的意义	文字符号	文字符号的意义
PR	用塑料线槽敷设	AC	沿柱或跨柱敷设	WC	控制线路
MR	用金属线槽敷设	WS	沿墙面敷设	WD	直流线路
SC	穿焊接钢管敷设	CE	沿天棚面或顶板面敷设	WE	应急照明线路
MT	穿电线管敷设	SCE	吊顶内敷设	WF	电话线路
PC	穿聚氯乙烯硬质管敷设	BC	暗敷设在梁内	W1	照明线路
DB	直接埋设	WC	暗敷设在墙内	WP	电力线路
CT	用电缆桥架敷设	F	敷设在地板或地面下	WS	声道(广播)线路
CP	穿金属软管敷设	CC	暗敷设在顶板内	WX	插座线路

  例如，在施工图中某配电线路上标注"WL-1-BV($2\times16+1\times10$)MT32-WC"，表示照明第一回路，导线型号 BV(聚氯乙烯绝缘铜芯线)，2 根导线截面积为 16 mm^2；1 根保护接地(接零保护)线，截面为 10 mm^2；穿电线管敷设，管径为 32 mm，沿墙暗敷。

  又如，"WL-2-BV($2\times2.5+1\times2.5$)SC20-FC"，表示照明第二回路，导线型号 BV(塑料铜芯线)，2 根导线截面积为 2.5 mm^2，1 根保护接地线，截面为 2.5 mm^2，穿焊接钢管敷设，管径为 20 mm，落地暗敷。

  (2)照明和动力设备的表示方法

  照明和动力设备(配电箱、灯具、开关、插座)在电气平面图上均应用图形符号表示，图形符号应选用 GB 4728 中所规定的符号；若 GB 4728 中无合适符号选用，可自行设计图形符号，并用图例来说明。

  照明和动力设备用图形符号表示后，还可以在图形符号旁加注文字符号，用以说明照明和动力设备的型号、规格、数量、安装方式、离地高度等。

  ①照明灯具的标写格式：

$$a-b\frac{c\times d\times L}{e}f$$

  式中 a——灯具数量；

    b——灯具型号或编号(无则省略)；

c——每盏照明灯具的灯泡数或灯管数；

d——灯泡容量，W；

e——安装高度，m；"一"表示吸顶安装；

f——安装方式；

L——光源种类。

注：安装高度为壁灯灯具中心离地距离。表达照明灯具的安装方式见表 8-4。

表 8-4　照明灯具安装方式的文字符号

文字符号	文字符号的意义	文字符号	文字符号的意义	文字符号	文字符号的意义
SW	线吊式、自在器线吊式	W	壁装式	CR	顶棚内安装
CS	链吊式	C	吸顶式	WR	墙壁内安装
DS	管吊式	R	嵌入式	S	支架上安装

一般灯具标注，往往不写型号。如 $6\dfrac{60}{2.8}DS$ 表示 6 个灯具，每盏灯为一个灯泡或一个灯管，每盏灯中装有 60 W 灯，离地 2.8 m，管吊式安装。吊灯的安装高度是指灯具底部与楼地面距离。

②动力和照明设备标写格式：$\dfrac{a}{b}$

式中　a——设备编号或设备位号；

　　　b——额定功率，KW 或 KVA。

8.2　室内电气照明施工图

8.2.1　电气照明的一般知识

建筑物内部的电气照明，一般由以下几部分组成：引入室内的电源引入线、照明配电箱、由照明配电箱引向灯具和插座的配电回路、灯具及插座等。如图 8-1、图 8-2 所示。

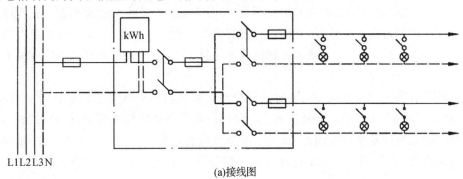

(a)接线图

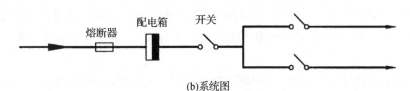

(b)系统图

图 8-1　220 V 单相二线制供电系统

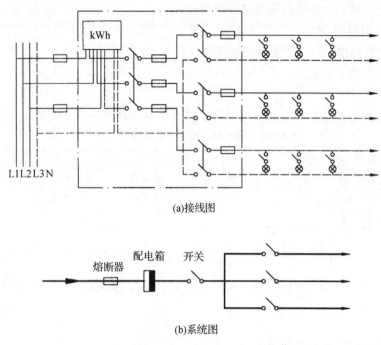

(a)接线图

(b)系统图

图 8-2　380 V 三相四线制供电系统

　　照明供电系统有 380 V/220 V 三相四线制(TN—C 系统)(如图 8-2)和 220 V 单相两线制(如图 8-1)。由市电网的用户配电变压器或变配电室的低压侧引出三根相线(或称火线,以 L1、L2、L3 表示)和一根中性线(以 N 表示)。照明供电系统可采用单线图绘制,也可采用多线图绘制。在照明分支线中,一般采用 220 V 单相供电;在照明总干线中,要三相四线制供电,并且尽量地把负荷均匀地分配到各相线路上,使供电系统三相平衡。

　　配电箱的安装方式有明装(落地式、悬挂式)和暗装(嵌入式)。进线一般为三相四线,出线(分支线)主要是单相多回路的,也有用三相四线或二相三线的。配电箱内装有计量用电量的电度表、进行总控制的总开关和总保护熔断器、各分支的分开关和分路熔断器。由配电箱引出的数条分支线路通过最短的路径,直接敷设到灯具和插座上。用电器具、设备的负荷尽可能均匀地分配到各个支路上,每一支路的负载电流不超过 16 A。灯具为单独回路时数量不宜超过 25 个。

　　室内照明线路的敷设方式有明敷和暗敷两种。明敷是指导线直接或者在管子、线槽等保护体内,敷设于墙壁、顶棚的表面及桁架、支架等处;暗敷是指导线在管子、线槽等保护体内,敷设于墙壁、顶棚、地坪及楼板等内部,或者在混凝土板孔内敷线。管内所穿导线总面积不应超过管内截面积的 40%,同一管内的绝缘导线的根数不应多于 8 根。管内和线槽内布线不允许有接头。

　　灯开关种类很多,按使用方式分板钮式和拉线式等;按安装方式分明装和暗装;按控制数量分单联、双联、三联开关等。一个开关(单联)可以控制一盏灯,也可以控制多盏灯;一盏灯也可以在两处由两个开关(双联)控制(如楼梯间灯的上下控制)。电气照明线路基本接线方式如表 8-5。

　　插座主要用来插接移动的电器设备和家用电器设备。按相数分单相插座、三相插座;按安装方式分明装和暗装。

表 8-5　电气照明线路基本接线方式

接线图	电路图	说明
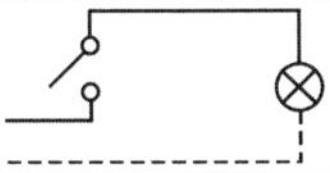	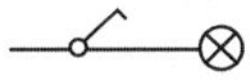	一个单联开关控制一盏灯,开关应安装在火线上
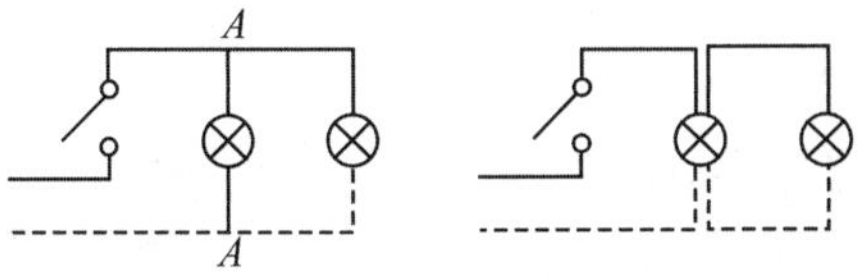	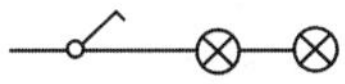	一个单联开关控制二盏或多盏灯,一个单联开关控制多盏灯时应注意开关的容量是否足够 接线左图中间接头,日久易松动;右图中间无接头,照明线路大多采用此种方式
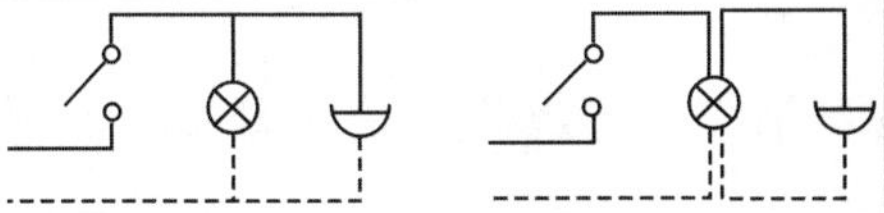	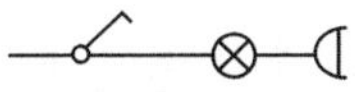	一个单联开关控制一盏灯和一个插座 接线左图中间接头;右图中间无接头
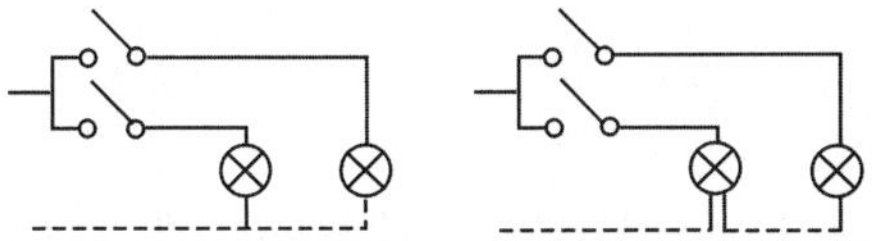		两个单联开关分别控制两盏灯 接线左图有中间接头;右图中间无接头
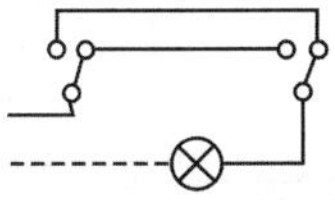	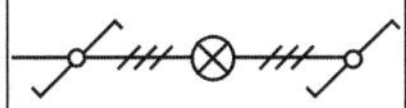	两个双联开关在两个地方控制一盏灯。适用于楼梯灯需楼上楼下同时控制或走廊内电灯需在走廊两端同时控制

8.2.2　室内照明系统图

照明系统图是表示建筑物内照明及其他日用电器的供电与配电的图纸。在系统图中集中反映了所用的配电装置,配电线路所选用导线的型号、规格和敷设方式及穿管管径,开关及熔断器的型号、规格等。

系统图用来表示总体供电系统的组成和连接方式,通常用粗实线表示。系统图通常不表明电气设备的具体安装位置,所以它不是投影图,没有比例关系,主要表明整个工程的供电全貌和连接关系。

室内照明系统图的主要内容

(1)建筑物内的配电系统的组成和连接的原理。

(2)各回路配电装置的组成,用电容量值。

(3)导线和器材的型号、规格、数量、敷设方式,穿线管的名称、管径。

(4)各回路的去向。

(5)线路中设备、器材的接地方式。

8.2.3　室内照明平面图

室内照明平面图主要表达电源进户线、照明配电箱、照明器具的安装位置,导线的规格、型号、根数、走向及其敷设方式,灯具的型号、规格以及安装方式和安装高度等的图样。它是照明施工的主要依据。

(一)室内照明平面图的主要内容

(1)电源进户线的位置、导线的型号、规格、数量、引入方法。

(2)照明配电箱的型号、规格、数量、安装位置、安装标高,配电箱的电气系统。

(3)照明线路的配线方式,敷设的位置,线路的走向,导线的型号、规格及根数,导线的连接方法。

（4）灯具的类型、功率、安装位置、安装方式和安装标高。

（5）开关的类型、安装位置、离地高度。

（6）插座及其他电器的类型、容量，安装位置和安装标高等。

（二）室内照明平面图绘图步骤

绘制室内照明平面图的绘图步骤一般为：

（1）先画底层室内照明平面图，再画各楼层管道平面图。

（2）在画每一层室内照明平面图时，先抄绘房屋平面图，再画配电箱、灯具、开关布置，最后标注有关型号、规格、数量等文字说明。

（3）绘制电器的连线。

（4）抄绘房屋平面图的步骤与画建筑平面图一样，先画轴线，再画墙身和门窗洞，最后画其他构配件。

8.2.4 识读室内电气照明施工图

图 8-3～图 8-5 是住宅小区 A 型住宅的室内照明系统图、室内照明平面图，以此图为例介绍室内电气照明施工图的读图方法。

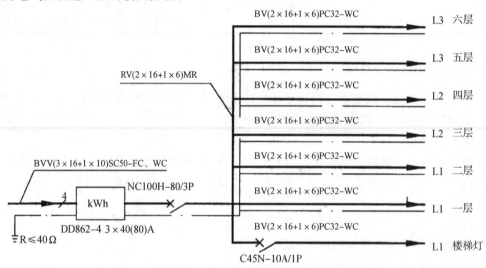

(a)主配电箱AL接线图

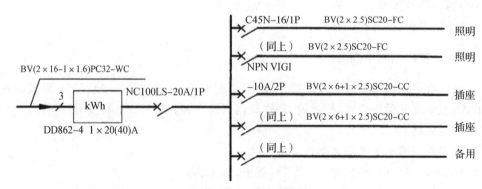

(b)分配电箱AL1～AL12接线图

图 8-3 室内照明系统图

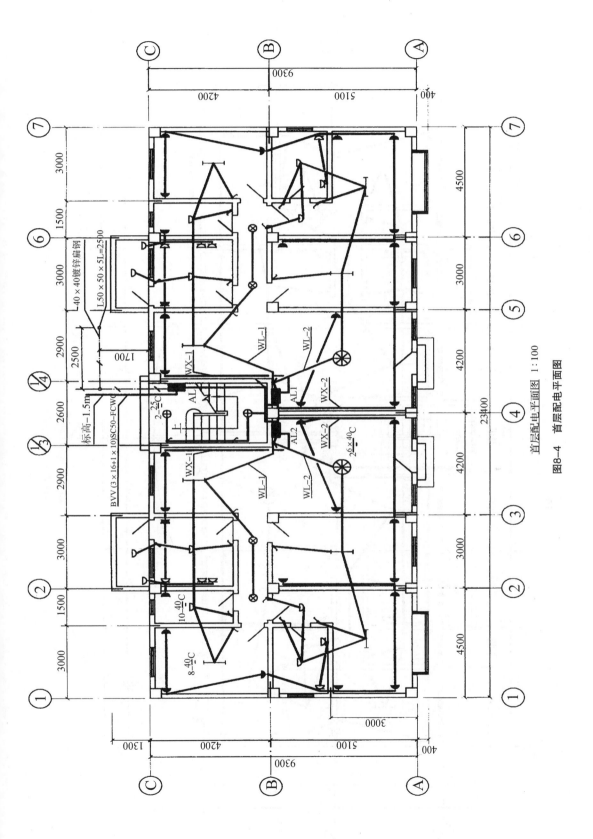

首层配电平面图 1:100

图8-4 首层配电平面图

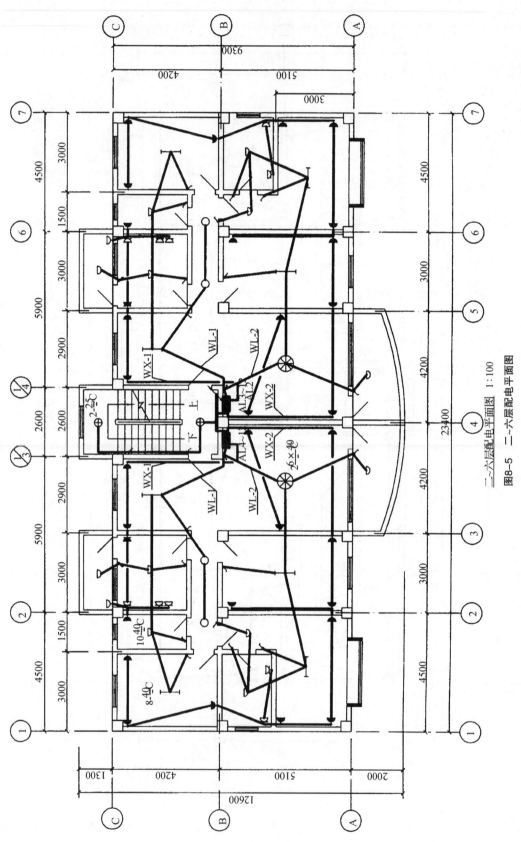

二～六层配电平面图 1:100

图8-5 二～六层配电平面图

从系统图中可以看出,图中左端箭头上方标明进户电源线 BVV(3×16+1×10)SC50-FC、WC,表明采用三相四线制电源,导线为三根 16 mm² 及一根 10 mm² 的铜芯聚氯乙烯绝缘聚氯乙烯护套电线(BVV 型),穿入公称直径为 50 mm 的焊接钢管内,沿地、沿墙暗敷,进入主配电箱"AL"。主配电箱还接出一细点画线至室外,表示有一根接地保护线(PE)。主电表箱内装有电度表,型号为 DD862-4,3×40(80)A 表示三相、电流为 40(80)A。电表后接一照明、动力保护型断路器,型号为 NC100H,允许电流为 80A。由主配电箱再向上接出干线向二~六层供电,线路上标有 BV(2×16+1×6)PC32-WC,表明导线为两根 16 mm² 及一根 6 mm² 的铜芯聚氯乙烯绝缘电线(BV 型),穿入公称直径为 32 mm 的聚氯乙烯硬质管内,沿墙暗敷。分配电箱共 12 个(AL1~AL12)。

各层分配电箱内均有一 NC100LS-20A/1P 型照明保护型断路器,然后分四个回路。其中两个照明回路均有型号为 C45N-16A/1P 单极过流保护型断路器,两个插座回路有型号为 NPN VIGI-10A/2P 过流、漏电保护的单极断路器。主电表箱还接出一路为楼梯灯供电,该回路上接有照明过流保护断路器,型号为 C45N-10A/1P。为使各相线路负载比较均匀,每两层的供电回路接在不同的电源相序上,使每一相电源向建筑物的两层供电回路供电。

再从首层平面图可知,电源电压为 380/220 V,电源从北面楼梯口处引入,埋地暗敷,进户线标高为-1.5 m。电源线由主配电箱向南引入首层住户室内分配电箱,在楼梯东南角有一向上引线的图形符号,表明向二~六层供电的导线在此处沿墙暗敷引向上一层(AL1~AL12)。各层住宅内的分配电箱(AL1~AL12),嵌入墙内暗装,离地 1.8 m。每套住宅的配电箱引出四个回路:两路控制室内照明,两路控制插座。客厅内设有一花吊灯,餐厅内装有一日光灯,用一安装在大门一侧的双联开关分别控制。三个卧室分别装有一日光灯,吸顶安装。厨房、浴室、厕所及阳台安装吸顶灯。每个房间装有三个二、三插座,厨房、浴室、厕所的插座采用防水防尘插座。

8.3　动力电气施工图

动力电气施工图是用图形符号和文字符号表示某一建筑物内各种动力设备平面布置、安装、接线、调试的一种简图。动力电气施工图包括有动力电气线路系统图、平面图和控制原理图等。

在电力供电系统中,为了避免照明和动力的相互影响,并且便于管理,照明系统和动力系统一般是分开的。照明主要是三相负荷不平衡,且线路故障多,造成停电,影响电动机工作。而动力设备中电动机的启动,造成电网电压下降,影响照明灯发光。

8.3.1　动力电气系统图

动力配电系统的电压等级一般为 380 V 三相电源。动力系统图一般采用单线图绘制,但有时为了更详细地表明接线情况,也可用多线绘制。动力配电系统的接线方式有三种形式:放射式、树干式、链式。

1.放射式动力系统图

图 8-6 所示为放射式动力系统图。当动力设备数量不多,容量大小差别较大,排列不整齐且运行状态比较稳定时,可采用放射式配电。主配电箱安放在容量较大的设备附近,分配电箱和控制开关则与所控制的电气设备安装在一起。这样不仅能保证供电的可靠性,而且还能减

少线路的损耗和节省投资。

2. 树干式动力系统图

图 8-7 所示为树干式动力系统图。当动力设备分布较均匀,容量差别不大且距离较近时,可采用树干式配电。高层建筑中,垂直母线槽和插接式配电箱组成一个树干式供电系统,能节省导线和提高供电可靠性。

3. 链式动力系统图

图 8-8 所示为链式动力系统图。当配电屏较远且动力设备容量较小、相互间距离不大时,可采用链式配电,由一条线路供电,先接至一台设备,然后由这台设备接至邻近的动力设备,通常一条线路链接的设备不超过 3 台或 4 台。链式供电系统可节省导线但供电可靠性较差,一条线路发生故障,可能影响多台设备。

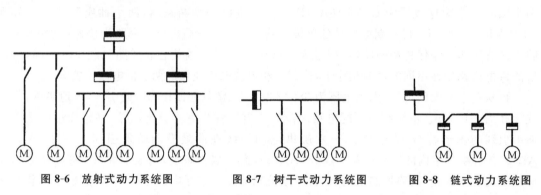

图 8-6　放射式动力系统图　　　图 8-7　树干式动力系统图　　　图 8-8　链式动力系统图

动力系统图一般采用单线图绘制,如图 8-9 所示。图中标出了进线电缆为 VV－1000(3X－75＋1×35)SC80－WS,表示耐压 1000 V,导线为三根 75 mm² 及一根 35 mm² 的铜芯聚氯乙烯绝缘聚氯乙烯护套电线(VV 型),穿人公称直径为 80 mm 的焊接钢管内,沿墙面敷设。总开关为 C250N 空气断路器,三极,脱扣器整定电流 I_H＝200 A,分支开关为 C45N 型断路器,三极,整定电流 I_H＝50 A、25 A、20 A。线路导线为 BV 塑料铜芯线,铜芯横截面 10 mm²,6 mm²,4 mm²,启动设备为 FPSC 控制箱,电动机 4 台,分别带动喷淋泵、消防泵、排风机、送风机。一个三相插座,额定电流为 20 A,一路备用。

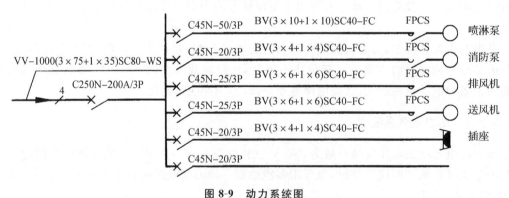

图 8-9　动力系统图

8.3.2　动力电气工程平面图

动力电气工程平面图的主要内容有:

（1）动力设备的型号、规格、数量、安装位置、安装标高,接线方式。

（2）配电线路的敷设路径、敷设方式,导线的型号、规格及根数,导线穿管类型及管径。

（3）动力配电箱型号、规格、安装位置、安装方式和安装标高。

（4）动力控制设备的型号、规格、安装位置及标高。

动力电气工程与照明工程比较,其复杂程度要大得多,但动力设备一般比照明设备要少,所以动力设备的平面布置图比照明布置图要简单,但动力设备的原理图要复杂得多。动力设备的控制原理图可参阅其他书籍。

8.3.3 动力电气平面图的读图

图 8-10～图 8-11 是某锅炉房的安装平面图,以此图为例介绍动力电气施工图的读图方法。

图 8-10、图 8-11 是两吨卧式锅炉房的电力平面图。此锅炉房是一个三层的钢筋混凝土结构,每层层高 7.5 m,一层为煤场,进线电源由一层引入到二层,二层标高为 7.5 m。二层电力配电箱 AP1,L1 线路接到墙上铁壳开关,用于控制电动葫芦。L2 线路接到锅炉控制台 AC,AC 控制台有 5 条电力线路,7 条信号线路,N1、N2 经地坪,沿墙暗敷到三层。N3 回路到出渣机电动机,电动机为 1.1 KW,用三根 1.5 mm^2 铜芯线和一条接地线,穿 SC20 钢管,落地暗敷到出渣机。N4 是炉排电动机回路,电动机为 1.1 KW,3 根 1.5 mm^2 铜芯线和一条 1.5 mm^2 接地线,穿 SC20 钢管,落地暗敷到炉排电动机。N5 是水泵电动机回路,电动机功率为 3 kW。

WC1 ～WC7 为信号和控制线路,R$_{t1}$、R$_{t2}$、R$_{t3}$ 为测温热电阻,安装高度分别为 2.7 m 和 3.4 m。WC3 为电动调节阀控制线,三根 1.5 mm^2 铜芯线和一条 1.5 mm^2 接地线。WC4 为水位计信号线路,F 为速度传感器,线路编号为 WC5,WC6 为压力表信号线路,WC7 到 AP2 配电箱。

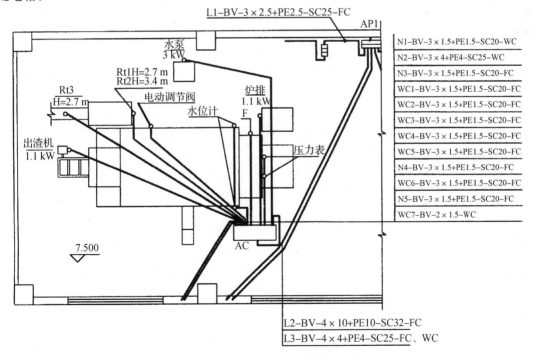

图 8-10 二层配电平面图

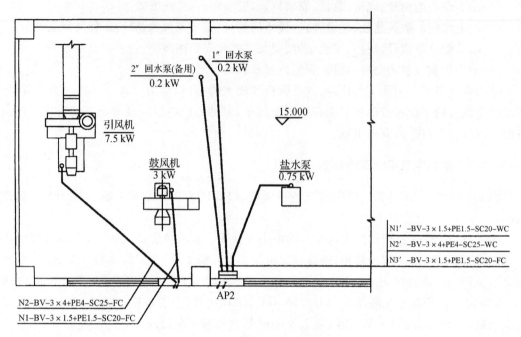

图 8-11　三层配电平面图

图 8-11 是锅炉房三层电力平面图。三层平面安装引风机、鼓风机、回水泵、盐水泵。两卧式锅炉放置在二层,引风机和鼓风机控制电源由二层引入,见 N1、N2。回水泵和盐水泵由三层 AP2 动力配电箱控制。

第九章 通风空调系统

通风空调工程为通风工程和空调工程的合称。通风是指用自然或机械的方法向某一房间或空间送入室外空气和排出室内空气的过程,送入的空气可以是处理的,也可以是不经处理的。空调的全称为空气调节,其目的是实现对某一房间或空间内的温度、湿度、洁净度和空气流动速度等进行调节与控制,并提供足够量的新鲜空气。从功能上来看,二者均具有消除室内余热余湿以及改善室内空气品质的功能,从结构上来看,二者均需要对空气进行输送。

本章将主要介绍通风空调工程制图的基本要求,而将空调风系统相关图样及采暖系统图的绘制,放在第十六章介绍。由于空调水系统图的绘制方法与采暖系统相似,将不再进行单独讲述。

9.1 一般规定

通风空调工程制图中线型与比例的选择,可参见表 9-1、表 9-2 和表 9-3 的相关规定,下面结合风管系统的特点对通风空调工程中特有的问题进行介绍。

9.1.1 风管图例

根据工程图的性质及其不同用途,风管可采用单线或双线表示。一般来讲,风管平面图通常用双线表示,而系统图则多用单线表示,表 9-1 给出了双线风管绘制中常用的风道、阀门及附件图例。

表 9-1 风道、阀门及附件图例

序号	名称	图例	附注
1	砌筑风、烟道		其余均为 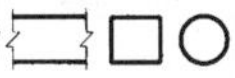
2	带导流片弯头		
3	消声器 消声弯管	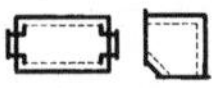	也可表示为 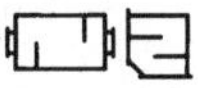
4	插板阀		
5	天圆地方	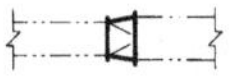	左接矩形风管,右接圆形风管
6	蝶阀	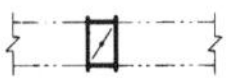	
7	对开多叶调节阀	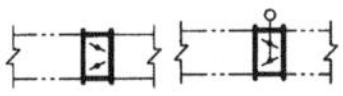	左图为手动,右图为电动

续表

序号	名称	图例	附注
8	风管止回阀	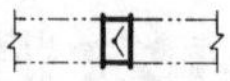	
9	三通调节阀	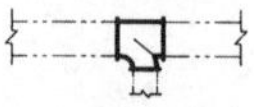	
10	防火阀	 70℃	表示 70℃动作的常开阀,若因图面小,可表示为 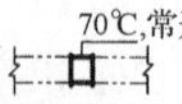 70℃,常开
11	排烟阀	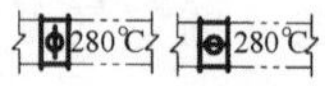 280℃ 280℃	左图为 280℃ 动作的常闭阀,右图为常开阀。若因图面小,表示方法同上
12	软接头	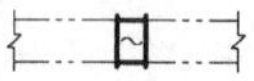	也可表示为 
13	软管	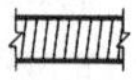	
14	风口(通用)	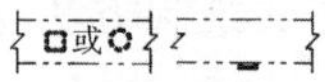 □或○	
15	气流方向		左图为通用表示法,中图表示送风,右图表示回风
16	百叶窗		
17	散流器	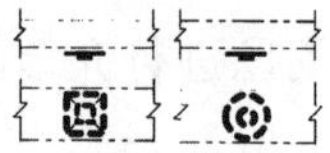	左图为矩形散流器,右图为圆形散流器。散流器为可见时,虚线改为实线
18	检查孔 测量孔	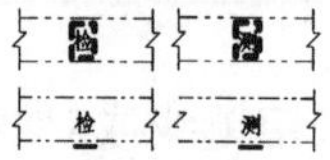 检 测	

9.1.2 风系统常用设备图例

通风空调工程风系统常用设备图例如表 9-2 所示。

表 9-2 风系统常用设备

序号	名称	图例	附注
1	轴流风机	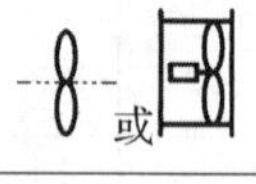 或	
2	离心风心		左图为左式风机,右图为右式风机
3	空气加热、冷却器	 + - +-	左图、中图分别为单加热、单冷却,右图为双功能换热装置
4	空气过滤器	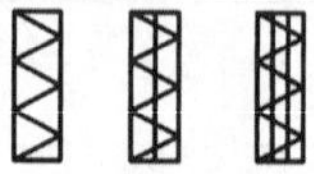	左图为粗效,中图为中效,右图为高效

续表

序号	名称	图例	附注
5	电加热器		
6	加湿器		
7	挡水板		
8	窗式空调器		
9	分体空调器		
10	风机盘管		可标注型号,如 FP-5
11	减震器		左图为平面图画法,右图为剖面图画法

9.1.3 风管代号及系统代号

若通风空调系统中风管种类较多,可以根据其不同用途用代号进行区分标注,一般常用风管名称汉语拼音的第一或前两个字母表示,如表 9-3 所示。

表 9-3 风管代号

代号	风管名称	代号	风管名称
K	空调风管	H	回风管
S	送风管	P	排风管
X	新风管	PY	排烟管或排烟排风共用管道

同样,当一个建筑设备工程设计中同时有采暖、通风、空调等两个及以上的系统时,应进行系统编号。

系统编号、入口编号应由系统代号和顺序号组成,如图 9-1 左图所示。系统编号宜标注在总管处。

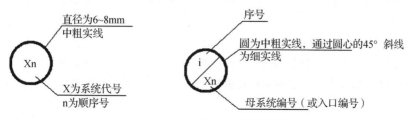

图 9-1 系统代号、编号的画法

系统代号由大写拉丁字母表示，其含义如表 9-4 所示，表中未涉及的系统代号可取系统汉语名称拼音的首个字母，如与表内已有代号重复，应继续选取第 2、第 3 个字母，最多不超过 3 个字母，采用非汉语名称标注系统代号时，须明确标明对应的汉语名称。顺序号由阿拉伯数字表示。当一个系统出现分支时，可采用图 9-1 右图的画法。

表 9-4　系统代号

序号	代号	系统名称	序号	代号	系统名称
1	N	采暖系统	9	X	新风系统
2	L	制冷系统	10	H	回风系统
3	R	热力系统	11	P	排风系统
4	K	空调系统	12	JS	加压送风系统
5	T	通风系统	13	PY	排烟系统
6	J	净化系统	14	P(Y)	排风兼排烟系统
7	C	除尘系统	15	RS	人防送风系统
8	S	送风系统	16	RP	人防排风系统

对于竖向布置的垂直管道系统，应标注立管号，如图 9-2 所示。在不致引起误解时，可只标注序号，但应与建筑轴线编号有明显区别。

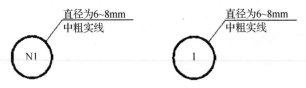

图 9-2　立管号的画法

9.1.4　风管标注要求

风管标注包括尺寸标注和标高标注。

尺寸标注要求如下。

(1)圆形风管的截面定型尺寸应以直径符号"φ"后跟以毫米为单位的数值表示。

(2)矩形风管(风道)的截面定型尺寸应以"A×B"表示。"A"为该视图投影面的边长尺寸，"B"为另一边长尺寸。A、B 单位均为毫米。在通风空调工程平面图中，常以"A"为风管宽度，"B"为风管高度。

(3)双线风管若宽度较大，可将尺寸标注在风管轮廓线内，若宽度较小，则需要将尺寸标注在轮廓线外。标注在轮廓线外的尺寸应与风管平行，一般水平风管宜标注在风管上方，竖向风管宜标注在左方。

标高标注要求如下。

(1)在不宜标注垂直尺寸的图样中，应标注标高。标高以米为单位，精确到厘米或毫米。

(2)矩形风管所注标高未予说明时，表示管底标高；圆形风管所注标高未予说明时，表示管中心标高。

相比之下，水、汽管道所注标高未予说明时，表示管中心标高。水、汽管道标注管外底或顶标高时,应在数字前加"底"或"顶"字样。

9.2 通风与空调系统常用图样

空调通风工程从最初设计到竣工一般需要经历方案设计、初步设计、施工图设计、竣工图等多个阶段,在实际操作中可能会将某些阶段合并,以及增加某些过程,如扩初设计(扩充初步设计)、设计变更等。各阶段设计图样应满足相应的设计深度要求,并根据各阶段工,程图性质独立进行编号。

空调通风工程中的常用图样与采暖工程相似,下面仅就其不同的地方予以说明。

9.2.1 图样目录

采暖工程图号中的"暖施"指采暖施工图,相应的,通风空调工程可采用"风施"或"空施"。对扩初设计阶段的图纸,可表示为"暖初"和"空初"。

在图样目录中,通风空调工程图宜按下列顺序排列。

- 设计与施工说明。
- 设备与主要材料表。
- 冷热源机房热力系统原理图。
- 空调系统原理图。
- 空调系统风管水管平面图。
- 风管水管剖面图。
- 风管水管系统轴测图。
- 冷热源机房平面与剖面图。
- 冷热源机房水系统轴测图、详图。

每个项目的图样可能有所增减,但仍按上述顺序排列。当设计较简单而图样内容较少时,可将上述某些图合并绘制。

9.2.2 设备与主要材料表

设备与主要材料表是工程各系统设备与主要材料的汇总,是进行项目预算以及经济性分析的主要依据。设备与主要材料表内的设备应包含整个空调通风工程所涉及的所有设备,除了风系统所涉及的空调机组、风机盘管等设备外,还应包括冷热源设备、换热器、水系统所需的水泵、水过滤器、白控设备等,材料表应包含各种送回风口、风阀、水阀、风和水系统的各种附件等。风管与水管通常不列入材料表,其规格与数量根据后续图和施工说明由施工方确定。

在编写设备材料表时一般按设备的主次顺序进行编号,并将同一类设备按系统类别放在一起。图样中的设备和部件不便用文字标注时,可进行编号,编号应与设备材料表中相一致。一般对于较大的设备,在标注空间足够时可用文字标注,也可以同时进行编号,以方便查询。

9.2.3 设计施工说明

在设计的各个阶段中,扩初设计之前的图纸只需给出设计说明,从施工图设计开始,就需要同时给出施工说明,合并在一起就是设计施工说明。

下面给出了某个较为详细的设计施工说明,以供读者在使用时参考。

设计及施工说明

一、工程概况

本工程为××项目,项目包括高层办公双塔楼和工业厂房,建筑位于××处,工程总用地面积 53 691.66 m²,高层办公总建筑面积 3 705 9 m²,其中地下 3410 m²,地上 33 649 m²。地下一层,地上十六层,建筑高度 69 米。建筑耐火等级为地上一级,地下一级。属一类高层建筑。

二、设计依据

本工程暖通空调施工图设计根据委托方提供的委托设计任务书、要求及建筑专业提供的图纸和相关专业要求,并根据暖通专业现行国家规范、标准进行设计,主要规范如下:

1)《采暖通风与空气调节设计规范》(GB50019-2003)

2)《高层民用建筑设计防火规范》(GB50045-95)(2005 版)

3)《公共建筑节能设计标准》(GB50189-2005)

4)《公共建筑节能设计标准》(山东省工程建设标准 DBJ14—036-2006)

5)《办公建筑设计规范》(JGJ67—2006)

三、设计范围

本工程设计内容为办公等部分的集中空调设计;地下室设备用房的通风设计;防烟楼梯间及其前室、消防电梯前室或合用前室、内走道、不能满足自然排烟条件的房间、地下室等的防烟排烟设计。

四、设计资料

1. 室外设计参数。

1)夏季:空调计算干球温度:34 ℃;　　　空调计算湿球温度:26.8 ℃;

空调计算日平均温度:28.8 ℃;　　　通风计算干球温度:30 ℃;

平均风速:3.2 m/s;　　风向:SSE;

大气压力:99.97 kPa。

2)冬季:空调计算干球温度:-11 ℃;　　　空调计算相对湿度:61%;

通风计算干球温度:-3 ℃;　　　采暖计算干球温度:-8 ℃;

平均风速:3.5 m/s;　　风向:NW

大气压力:102.07 kPa。

2. 室内设计参数。

房间名称	室内温度(℃)		相对湿度(%)		人均新风量(m³/h)	噪声(标准 NR)
	夏季	冬季	夏季	冬季		
办公室	25	20	60	35	30	40
会议	26	20	65	35	20	40
多功能	26	20	65	35	25	50
门厅	27	18	65			50

本工程空调制冷站冷负荷为 3 762 kW,空调用换热站热负荷为 3 171 kW;夏季空调用 0.8 MPa 饱和蒸汽量为 3 930 kg/h;冬季空调用 0.8 MPa 饱和蒸汽量为 4 710 kg/h。

五、空调设计

1. 空调冷源:本工程选用两台水 0.8 MPa 蒸汽双效溴化锂吸收式冷水机组,机房布置在地下一层,冷冻水温度为 7/12 ℃,冷却水温度为 32/38 ℃。冷却塔布置在工业厂房屋顶。

2. 空调热源:空调热源由城市热网提供 0.8 MPa 饱和蒸汽经敷设在地下室的空调换热站转换为 60/50 ℃空调用低温热水。

3. 空调水系统:空调水路系统采用双管制变流量系统,空调冷热水循环泵冬、夏季分别设置。

4. 空调风路系统设计:空调方式以风机盘管加新风系统为主,大会议厅采用全空气空调系统。根据功能分别设置如下。

1)地下一层管理用房、多功能厅等设置风机盘管加新风系统,根据防火分区分别设置两套新风系统(XF33-34)。

2)一层办公设新风系统两套(XF31-32)。

3)二层办公设新风系统两套(XF29-30);大会议室设全空气空调系统一套(K1),气流组织为百叶风口顶送下回。

4)三至十六层双塔楼办公部分每层分别设置新风系统各一套(XF1-28)。

5)消防中心等个别房间设分体空调机组。

5. 空调设备安装。

1)设备安装前应开箱检查,应具备质量合格证、性能检测报告等文件,形成验收记录。设备就位前,应对基础进行验收,合格后方能安装;设备的搬运、吊装必须符合产品说明书要求,并做好保护工作。

2)空调系统的冷热管道、风道与设备的连接,应在设备安装完毕后进行,连接应采用柔性连接方式,水管道采用金属软管,其耐压应大于 1.6 MPa;风管道连接采用专用保温复合节能软接;连接应牢固、严密、不应有强扭。

3)卧式暗装风机盘管回风口应设风口过滤网,送风口采用双层百叶风口,回风口采用单层固定百叶。送、回风口尺寸见下表。

(表格从略)

在装修没有要求时,可以按照上表设置风口,采用铝合金风口,一般为局部吊顶侧送风方式,装修有要求时以装修要求为准。

4)风机盘管安装、水、风管道连接、检修孔预留位置等均参照省标 L04T801-1～32。

5)新风机组、吊顶式空调机组、立柜式空调机组、组合式空调机组的安装、基础、接管等均参照省标 L04T801-33～80。

6. 风管安装。

1)风管及部件材料采用优质镀锌钢板制作,厚度及加工方法按[通风与空调工程施工验收规范](GB50243-2002)的规定确定。

2)风管不得有横向拼接缝,风管内表面必须平整光滑,不得在风管内设加固筋,加工风管时应避免损坏镀锌层,损坏处应涂磷化底漆一遍,锌黄醇酸类底漆二遍;风管与法兰连接时,翻边宽度应大于 7 mm,法兰螺钉孔距应小于 100 mm,法兰四角应设螺钉孔,螺钉、螺帽、垫片等均应镀锌;风管及部件必须保持清洁。

3)安装单位应根据调试要求在适当位置配置测量孔、检查孔,测量孔的作法见国标 T615,检查孔的作法见国标 T614—3,孔口安装时应除去尘土及油污,安装后应将孔口密闭。

4)风阀安装时应对内部进行清洗、擦拭,除去尘土、杂物和油污;风阀各部分应镀锌或喷塑处理,风阀阀体接缝处应密封。

5)风管法兰密封垫采用 5 mm 厚橡胶板制作,接头应采用阶梯形。

6)所有风管必须设置必要的支吊架,其构造形式由安装单位根据现场情况选定,详见国标 T616,风管支吊架应设置于保温层的外部,并在支吊架与风管之间镶以垫木,风管穿墙及楼板处保温层应连续。

7)敷设在吊顶内等非空调空间内的空调送回风管均以 40 mm 厚离心玻璃棉板进行保温,离心玻璃棉板材性能要求:A 级不燃;不生霉菌;耐腐蚀、无化学反应;容重 48 kg/m³;工作温度范围 -18~232 ℃。外表贴面采用高强度防潮防火双面铝箔(F80 银色)。

8)安装防火阀、排烟阀时应先检验其外观质量及动作灵活性、可靠性等,确认合格后再行安装;防火阀安装位置必须与设计相符,气流方向应与阀体标志一致;所有防火阀均应设单独支吊架。

9)风管可拆卸接口不得设在墙体或楼板内,安装风阀等调节配件时,应将操作装置配置在便于操作处。

7. 空调冷热水管道安装。

1)管材选用:空调水管 DN<50 mm 采用热镀锌钢管,螺纹连接;DN≥50 mm 采用无缝钢管,焊接连接;空调冷凝水管采用热镀锌钢管,螺纹连接。

2)水管系统最低点应配 DN25 mm 泄水管,并配同管径闸阀,在最高点、干支管末端等需要排气处应配 DN20、E121 型自动排气阀。管道附件(如阀门、膨胀接、软接头等)公称压力应大于 1.6 MPa。

3)管道活动支吊架的具体形式和位置由安装单位根据现场情况确定,作法参照国标 88R420。

4)管道支吊架必须设置于保温层的外部,在穿过支吊架处应镶以垫木;管道穿墙及楼板处保温层应连续。

5)空调供回水管、冷凝水管、阀门等均需以橡塑管壳、橡塑板进行保温。橡塑材料性能要求:湿阻因子不小于 7500;烟气毒性准安全 ZA3 级;氧指数不小于 36;防火性能为 B1 级;工作温度范围 -50~105 ℃。以上技术指标应提供权威机构检测报告。橡塑保温厚度(mm)如下表。

(表格从略)

空调水管及设备保冷作法参见省标图集 L04T801-82~101。

6)管道安装完工后,空调水管应进行水压试验,低点试验压力为 1.5 MPa,低点工作压力为 1.0 MPa,在 10 分钟内压降不大于 20 kPa 为合格。

7)经试压合格后,应对系统进行反复冲洗,直至水色不混浊方为合格,在进行冲洗前应先除去过滤器滤网,并且水流不得经过所有设备。

六、通风设计

1. 通风、排烟系统分布详见下表。

(表格从略)

2. 所有卫生间均设独立排风系统;水泵房、制冷站换热站等均设独立通风系统。

3. 变配电室采用气体灭火,火灾时关闭电动密闭阀及通风风机。

4. 柴油发电机组通风冷却已预留送排风井道,机组布置时另行设计。发电机房只设置了平时通风。

5. 风管材料及保温:送排风管、采用镀锌钢板制作,厚度及制作要求按照施工验收规范,排风兼排烟系统风管钢板厚度按排烟选用。排烟系统、排风兼排烟系统风管采用 30 mm 离心玻璃棉板保温隔热,外贴面采用玻纤布复合铝箔(FG30 不然 A 级)。

七、防烟排烟设计

1. 防排烟系统详见通风系统分布表。

2. 所有不满足规范要求自然排烟条件的防烟楼梯间及其前室合用前室、消防电梯前室均设加压送风防烟系统;所有不满足规范要求自然排烟条件的内走道、房间、中厅、地下室等均按照防火分区设置排烟系统和火灾时补风系统。

3. 所有加压送风系统、排烟系统、火灾补风系统、各类防火阀、排烟口、送风口等的启停或开关控制,各类风阀与消防用风机连锁控制,以及其他非消防用通风、空调系统在火灾时关闭等控制均由消防控制中心统一控制。

4. 各防火分区内的多个防烟分区之间风口启闭、挡烟垂壁动作等控制由消防控制中心统一控制。

5. 所有排烟风机入口处均设有 280 ℃熔断的排烟防火阀,当其熔断时联动排烟风机停止运行。

6. 通风、空调风管穿越空调机房的隔墙、楼板、防火分区均设置由消防中心控制联动的防烟防火阀(70 ℃熔断),其中通风、空调风管穿越机房处防烟防火阀(70 ℃熔断)与风机连锁。

7. 风管(镀锌钢板)及保温材料均采用非燃材料(玻璃棉)。火灾时相对应疏散通道上的加压送风系统开启,对应防火分区内的排烟系统及相对应的补风系统启动,相对防烟防火阀关闭、排烟口开启,其他空调系统、通风系统、冷热源系统均停止运行。

八、换热站、制冷站

1. 换热站。

本工程冬季空调用换热站布置在地下室设备间。

1)集中空调用换热站采用两台智能换热机组,将市政热网提供 0.8 MPa 饱和蒸汽热量转换为空调用热,空调用低温热水热媒参数为 60/50 ℃。

2)换热站内空调水管及保温等要求同空调部分要求。蒸汽及凝结水管道要求如下:管道采用无缝钢管,管道附件等公称压力不应小于 1.6 Mpa。

3)蒸汽管道、凝结水管道保温采用离心玻璃棉管壳,保温厚度如下表。

(表格从略)

管壳外表贴面保护层采用玻纤布复合铝箔。保温作法详见省标 L04N905 图集。

4)换热站内设备及管道工作压力为 1.0 MPa,试验压力为 1.5 MPa,试压 10 分钟压降不大于 20 kPa 不渗不漏为合格。

2. 制冷站:本工程制冷站供应集中空调系统夏季冷源,提供 7/12 ℃冷冻水。

1)采用两台蒸汽双效溴化锂冷水机组,机房布置在地下一层,冷冻水温度为 7/12 ℃,冷却水温度 32/38 ℃。冷却塔布置在工业厂房屋顶,采用低噪声冷却塔,避免对主楼影响。

2)制冷站采用一次泵系统,采用压差控制运行台数。系统原理图参照省标图集 L06T802-64。采用落地闭式膨胀补水定压装置,冬夏共用,详见省标图集 L06T802-20 方式三。

制冷机房设备接管方式详见省标图集 L06T802-22。空调制冷系统控制原理图参照省标图集 L06T802-21。

制冷机房蒸汽双效溴化锂机组安装详见省标图集 L06T802-62～75。冷却水系统原理详见省标图集 L06T802-92。

分集水器、分汽缸、除污器安装详见省标图集 L06T802-128～135。循环水泵安装详见省标图集 L06T802-140。

压力表、温度计等安装详见省标图集 L06T802-136～139。

3）制冷站内管道、保温等要求同前述空调系统要求。

4）制冷站内设备及管道工作压力 1.0 MPa，试验压力为 1.5 MPa，试压 10 分钟压降不大于 20 kPa 不渗不漏为合格。

九、监测与控制设计

本工程采用直接数字式监控系统（DDC 系统），在空调控制中心能显示打印出空调、通风、制冷、换热等各系统设备的运行状态及主要运行参数，并进行集中远距离控制和程序控制。

1. 主要控制内容。

1）空调水路系统采用双管制变流量系统，空调冷热水循环泵冬、夏季分别设置，冬季由智能换热机组配套变频循环热水泵，采用压差控制变频以改变系统流量；夏季制冷站采用二次泵系统，一次冷水泵与冷水机组一一对应，采用负荷控制运行台数，二次冷水泵采用四台变频变流量以适应末端负荷变化，采用压差控制水泵运行频率及台数。

2）空调机组、新风机组冷水回水管上设电动两通调节阀，通过调节流过表冷器的水流量控制送风温度。加湿器设出风湿度控制启闭。电动调节阀为常闭阀，与机组风机连锁控制，冬季设防冻保护。

3）风机盘管设温控三速开关，由室温控制器控制供水管上的电动两通阀，两通阀为常闭双位式，与风机盘管连锁控制。

2. 主要控制要求。

1）冷源：制冷机房内所有设备启停控制及状态显示、故障报警；冷冻水进出水温度、压力、流量、冷量等参数记录、显示；冷水机组程序启停、根据冷量分台数控制；压差控制二次冷冻水泵变频及台数。

2）热源：热交换器出水温度控制；系统分台数控制；循环水泵变频控制；运行设备温度、压力、流量、热量等参数显示、记录。

3）空调机组、新风机组：风机启停控制及状态显示、故障报警；温度、湿度等参数显示，超限报警；温度、湿度、焓值控制及防冻保护控制；风过滤器堵塞报警控制。

4）通风系统：通风系统的启停控制；风机运行状态显示、故障报警。

3. 本工程只对上述控制提出要求，自控系统设计应由专业自控公司实施完成。

十、消声减震及环保

1. 空调机组、新风机组送回风管及所有送风机、排风机进出风管均设 200 mm 复合防火节能软接、双层微孔板式消声器或消声弯头，机组设橡胶隔震垫或减震吊架。机房由建筑专业作消声处理，机房采用防火隔声门。

2. 所有水泵、冷冻机组、空调机组、新风机组、通风机、风机盘管均作减震或隔震处理。

3. 冷却塔采用低噪声冷却塔，冷却塔噪声满足环境噪声标准要求，尽量合理布置冷却塔位置，使其最大限度减少对主楼的影响。

十一、设备、管道防腐

1）保温管道（非镀锌）、设备等在表面除锈后，刷防锈底漆二遍。

2）不保温非镀锌金属支吊架等在表面除锈后，刷防锈底漆和色漆各二遍；不保温镀锌水管刷色漆二遍。

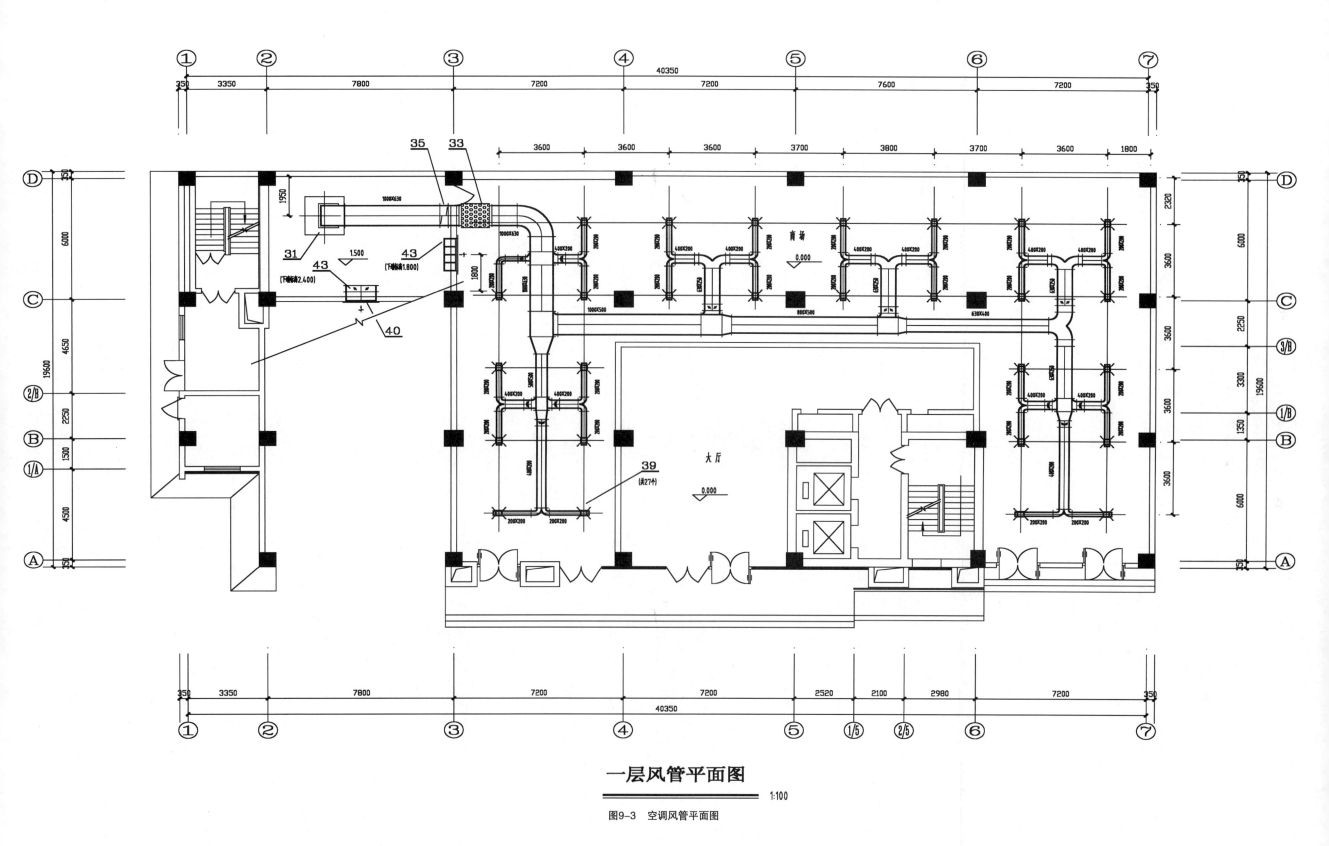

一层风管平面图

1:100

图9-3 空调风管平面图

十二、节能设计

1)围护结构热工性能执行公共建筑节能设计标准,详见建筑专业设计。

2)空调热源采用城市集中供热;冷源采用 0.8 MPa 蒸汽双效溴化锂式水机组,机组耗汽量 1.05<1.28 kg/kW·h(标准要求)。

3)根据建筑功能、空调区域对时间、温湿度要求的不同合理划分空调系统。

4)空调系统、通风系统、冷热源系统等采用直接数字控制系统达到节能目的。

十三、调试及试运行

1)单机试运转:通风机、新风机组、空调机组、水泵等设备应单台试运转,考核检查其基础、转向、传动、平衡等的牢固性、正确性、灵活性、可靠性等。

2)风管系统的测定与调试:测定风机的风量、风压,调整系统的风量分配,锁定风阀并作好标定;必须进行带冷热源的系统正常联合试运转 12 h,无异常现象,方可验收。

3)水管系统的测定与调试:测定水泵的风量、风压,调整系统的水流量分配,锁定水路平衡阀并作好标定;必须进行带冷热源的系统正常联合试运转 12 h,无异常现象,方可验收。

十四、施工应遵守的各项规范

1)[通风与空调工程施工质量验收规范](GB50243-2002)。

2)[建筑给水排水及采暖施工质量验收规范](GB50242—2002)。

3)其他相关现行规范。

9.3 通风与空调系统平面图

建筑设备专业的平面图一般是在建筑平面图的基础上绘制的,主要目的是反映各设备、风管、风口、水管等安装平面位置与建筑平面之间的相互关系。在绘制时,应保留原有建筑图的外形尺寸、建筑定位轴线编号、房间名称等对象,非本专业的图线均用细实线表示。

通风空调工程平面图一般包括风管平面图、水管平面图、空调机房平面图、制冷机房平面图等。风管与水管一般分别绘制,也可以将其绘制在一个平面图的不同图层上,在出图时根据情况关闭不需要的图层。如图 9-3 空调风管平面图

一、风管平面图一般应符合下列要求

(1)风管按比例用中粗双线绘制,并注明定位尺寸,定位时通常以建筑轴线、柱子、墙线为基准。

(2)多段连续风管的尺寸,只需在风管变径前后进行标注即可。

(3)风管立管穿楼板或屋面时,除标注布置尺寸及风管尺寸外,还应标有所属系统编号及走向。

(4)风管中的变径、弯头、三通均应适当地按比例绘制,弯头的半径与角度有特殊要求时标出。

(5)风管系统上安装的消声器、调节阀、防火阀等部件均应画出。

(6)多根风管重叠时,应将下面风管断开,并标注各风管的系统编号。

(7)送、回、排风口的位置、类型、尺寸及数量应能明确反映,并标注定位尺寸。

二、水管平面图一般应符合下列要求

(1)水管一般采用单线方式绘制,并以粗实线表示供水管、粗虚线表示回水管,并注明管径与坡度。一般可不对水管进行专门的定位。

（2）凝水管的图线应与供回水管区分开，一般与供回水管平行布置，其管径与坡度可合并标注，但应注意其坡度的特殊要求。

（3）风机盘管、管道系统相应的附件采用中粗实线按比例和规定符号画出，如遇特殊附件则按自行设计的图例画出。

（4）系统一般按立管进行划分，必须注明系统代号与编号。

（5）具体的绘制方法可参考采暖工程水管的绘制。

9.4 通风与空调系统剖面图

在立管复杂、部件多以及设备、管道、风口等纵横交错时，单纯用平面图难以表达设计意图，此时，通常采用剖面图来表示。剖面图中不仅应该反映管道布置情况，还应反映设备、管道布置的定位尺寸。剖面图中设备、管道与建筑的绘制遵循与平面图相同的规则，如图 9-4 所示。还应满足如下要求。

（1）在平面图上被剖到或见到的有关建筑、结构、工艺设备均应用细实线画出。被剖到的断面应用适当的图案进行填充。

（2）标出地板、楼板、门窗、天棚及与通风空调系统有关的建筑物、工艺设备等的标高，并应注明建筑轴线编号。

（3）标注设备及其基础、构件、风管、风口的定位尺寸及标高，标注管径和系统编号。

（4）为表达平面图上风管垂直方向结构，并以最简便方式提供更多信息，还可以采用阶梯型剖切方式。

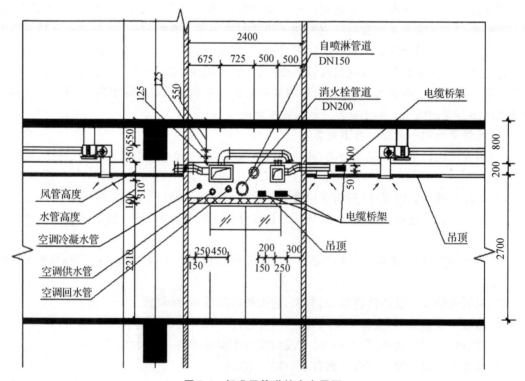

图 9-4 标准层管道综合布置图

9.5　通风与空调系统轴测图

通风空调系统的轴测图应表示出通风空调系统中空气所经过的所有管道、设备及全部构件,并标注设备与件名称或编号。一般采用45°投影法,以单线按比例绘制。虽然对其比例没有严格要求,但一般建议采用与平面图相同的比例。一般将室内输配系统与冷热源机房分开绘制,而室内输配系统根据介质种类可分为风系统和水系统。水管系统图绘制方法与采暖系统相似。如图9-5风管系统图

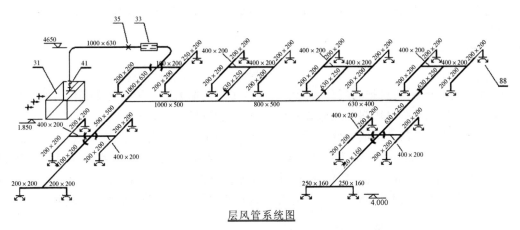

图 9-5　风管系统图

风系统轴测图一般应符合下列要求。

(1)可用单线或双线绘制,但实际情况下通常采用单线绘制。

(2)除标注管径之外,还需要标注设备、构件以及水平管道的标高。

(3)绘出送排风口、回风口以及局部排风罩,并标注风口形式以及风量。

(4)管道有坡度要求时,应标注坡度、坡向,如需排水,应在风机或风管上表示出排水管及阀门。

(5)风管较多时应标明各种管道的来向与去向。

第十章　室内燃气管道施工图

随着人们生活水平的提高,使用燃气的用户越来越多。对于使用燃气的建筑,在建设施工中,燃气管道的施工图是必不可少的内容之一,本章将介绍室内燃气管道施工图。

10.1　概　述

按燃气的成分不同,可把燃气分为天然气和人工燃气两大类。天然气在我国分布很广,储量丰富。人工燃气是固体燃料及液体燃料加工所产生的可燃气体。

工业与民用燃气的各组成成分包括可燃气体、少量的惰性气体和混杂气体。可燃气体由各种碳氢化合物(CnHm)、氢气(H_2)和一氧化碳(CO)等组成。同时还含有少量其他气体(包括有毒气体)。燃气组成中的一氧化碳、硫化氢及氰化氢都是有毒气体,人吸入后会中毒,严重时会死亡。燃气中的有些气体在高温下能对金属起腐蚀作用,可能造成燃气的泄漏。

10.1.1　室内燃气系统的组成

室内燃气系统是由钢管、阀门、燃气表、灶具、接灶管、补偿器及各种管件等组成。

1. 钢管

钢管具有强度高,韧性好,抗抗击和严密性好,便于加工等优点。燃气管道一般采用低碳钢或低合金结构钢管等,根据情况不同可选用无缝钢管、有缝钢管、镀锌焊接钢管(即水、煤气钢管,多用于配气支管、用气管等)、其他材质的钢管。

2. 燃气表

燃气表按用途分有焦炉煤气表、液化石油气燃气表和两用煤气表等;按计量工作原理分为容积式和流速式两种;按形式又分为干式和湿式两种。

3. 补偿器

补偿器可以补偿温差变形量。高层建筑的燃气管道的立管长、自重大,需要在立管底端设置支撑墩,安装补偿器。多层建筑可不用安装补偿器。

4. 燃气灶

燃气灶可分为家用灶具和公共建筑灶具。种类多,详见有关资料。

5. 阀门

阀门是燃气管道中重要的控制设备,用于切断和接通气源,调节燃气的压力和流量。在维护中切断气源以便分段施工。在意外情况下,可随时切断气源,限制管道事故危害的后果。

10.1.2　室内燃气管道安装的有关规定

1)建、构筑物内部的燃气管道应明设。当建筑和工艺有特殊要求时,可暗装,但必须便于安装和检修。

2)室内燃气管道不得穿越易燃易爆品仓库、配电间、变电室、电缆沟、烟道和进风道等地方。

3)室内燃气管道严禁引入卧室。当燃气水平管道穿过卧室、浴室或地下室时,必须采取焊接连接方式,且管道外应设套管。燃气管道的立管不得敷设在卧室、浴室或厕所中。

4)输送干燃气的管道可不设置坡度。输送湿燃气(包括液化石油气气体)的管道,其敷设坡度不应小于0.003。

5)室内燃气管道和相邻电气设备管道之间的净距离不应小于有关规定。

6)室内燃气管道阀门的设置位置应位于①燃气表前;②用气设备和燃烧器前;③点火器和测压点前;④放散管前;⑤燃气引入管上。

掌握了以上规定,识图与绘图时才能准确无误。

10.2 室内燃气管道施工图

室内燃气管道施工图与给水排水施工图很接近,两者的平面图、剖面图、详图的表达方法基本相同,不同的地方有管道材质、器具以及施工安装时的密封要求等。

室内燃气管道施工图没有统一的制图标准,在设计时除参照其他标准(如给水排水制图标准),还应在施工图中通过文字或图例加以说明。

10.2.1 室内燃气管道平面图的识读

如图10-1所示为某住宅燃气管道平面布置图。从图上看,有燃气热水器、燃气表、燃气灶的布置位置,管道的走向等标志。

在该图上看到,管道是由两个立管引上来的,室外管道引入室内的位置及室内两个立管的位置在图中也清楚地表达出来了,结合系统图可找到管道上下位置。

燃气管道从建筑物后(这里的方位按投影图确定)穿墙而入,在墙角处设有立管,在此平面图上看到,管道从立管引出接燃气表,经燃气表向前接三通,其中一支管接燃气灶,另一支管向前到厨房左、前墙角,向左穿墙进入餐厅,直到餐厅左、前墙角,接热水器。图上部 $\overset{RQ}{1}$、$\overset{RQ}{2}$ 中,RQ 表示燃器两个汉语拼音的缩写,1、2表示管道编号。

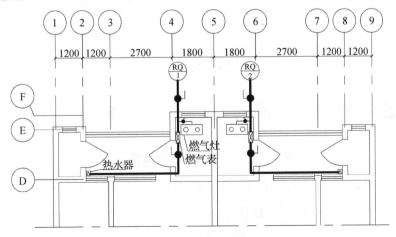

图10-1 某住宅底层燃气管道平面图

137

10.2.2 系统图的识读

如图 10-2 所示为某住宅燃气管道系统图。此图是按照一定比例画出的正面斜轴测图,从图中可以看出每根引入管各成一个独立系统,故此燃气管道系统由两个系统组成。

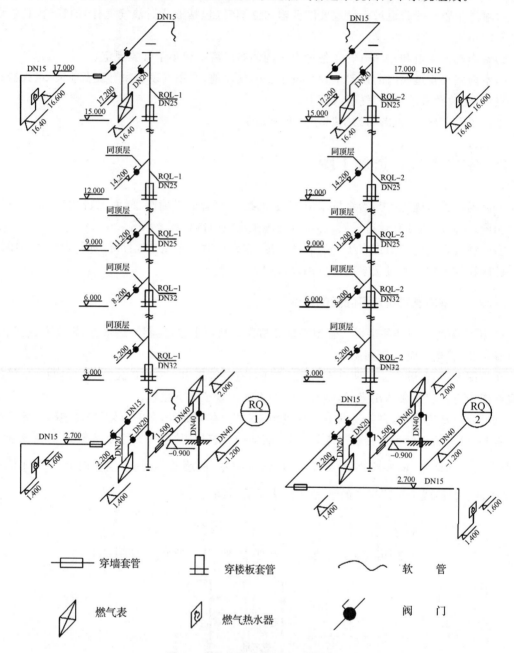

图 10-2 某住宅燃气管道系统图 1202

从系统图上看,只能看到底层和顶层横支管全部,在图样上可以标出其他楼层同顶层或同一层,不用详细画出。下面以 $\frac{RQ}{1}$ 为例读图:室外引入管,从室外开始主管直径为 40 mm,标高为 −1.200 m,向前经 90°度弯头,向上穿过室外地坪(加套管)。继续向上在标高 2.000 m 处接总燃气表,燃气表引出管向下,在标高 1.500 m 处经过 90°弯头向前接入立管 RQL-1,立管可在下方(即平面图上表示的厨房左、后墙角的位置)做支撑加补偿器(楼层不高的可不加),立管向上经阀门(阀门的安装按有关规定)继续向上,穿过各层楼板到顶楼相应的位置,立管直径为 32 mm(一至三层)、25 mm(四至六层);底层横支管在标高 2.200 m 处从立管 RQL-1 引出向前,经阀门(在设计时可绘出阀门的平面定位)继续向前,经 90°弯头向下接燃气表,表底标高为 1.400 m,从表上面引出管,向上到标高 2.700 m 处接三通,分两个支路,其中一支路向前经阀门,再向前经 90°弯头后,向右穿墙(加套管)进入餐厅,继续向左到餐厅左、前墙角(平面图上示),经 90°弯头后向下,在标高 1.400 m 处,经 90°弯头向后、向上接热水器,热水器底标高为 1.600 m;另一支路,向后经阀门向后,经 90°弯头向右,再经过 90°弯头向下,在标高 1.500 m 处接软管,软管引向燃气灶,支路管直径均为 15 mm。其他支管与此相同不再叙述。编号 $\frac{RQ}{2}$ 系统,基本相同,但应注意方向。

10.2.3　详图的识读

如图 10-3 所示为燃气管道进墙及穿过楼板、地坪的做法。前面所叙述的系统是在地坪上穿墙入户的,在北方地区由于冬季寒冷,管道温度很低,再者从美观角度着想,多采用从地坪下(冻层以下)穿墙入户。此详图介绍的就是后者。从图中可知,引入管在标高 -1.300 m 处向右穿墙(加套管)进入户内,经 90°弯头向上穿过室内地坪,进入室内。

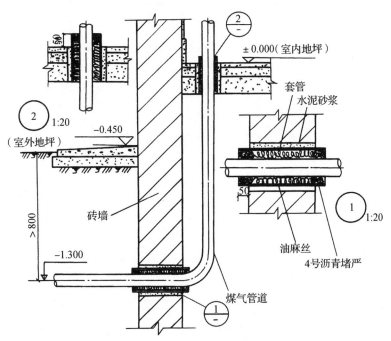

图 10-3　燃气管道过墙做法详图

下篇
计算机绘图

CAD

第十一章　AutoCAD2009 工作界面及常用二维绘图命令

平面图形(如建筑专业的平面图、立面图,建筑设备专业中的平面图、大样图等)是建筑及其相关专业最常用的设计表现方式。即使是具有立体感的系统图,一般也是用轴测图在二维平面上绘制的。多数平面图形是由线段、圆和圆弧等基本图形元素组成的,AutoCAD 提供了创建这些基本图形元素的基本作图命令,如果能够掌握和熟练应用这些作图命令,可以创建大的图形,并为复杂图形的绘制创造条件。

本章将介绍 AutoCAD 的界面以及基本操作,通过直线绘制讨论作图的基本技巧,并对建筑设备专业绘图中常用的几个基本绘图命令进行介绍。

11.1　AutoCAD2009 工作界面

本节将首先通过一个简单的实例,介绍用 AutoCAD 进行图形绘制的基本操作,并对 AutoCAD 的界面、操作方式以及一些基本设置进行介绍。

11.1.1　简单图形的绘制

【练习 11-1】:绘制简单图形。

启动 AutoCAD 2009,打开光盘"11-1"图形文件进行直线绘制,AutoCAD 提示如下。

命令:L	//输入命令 L,按 Enter 键,启动直线命令
LINE 指定第一点:	//在 A 点附近单击
指定下一点或[放弃(u)]:	//在 B 点附近单击
指定下一点或[放弃(u)]:	//在 C 点附近单击
指定下一点或[闭合(c)/放弃(u)]:	//在 D 点附近单击
指定下一点或[闭合(c)/放弃(u)]:u	//输入命令 U,按 Enter 键,放弃 D 点
指定下一点或[闭合(c)/放弃(u)]:	//在 E 点附近单击
指定下一点或[闭合(c)/放弃(u)]:	//在 F 点附近单击
指定下一点或[闭合(c)/放弃(u)]:C	//输入命令 C,按 Enter 键,图形闭合

得到图 11-1 中实线部分所示的图形。

命令:E	//输入命令 E,按 Enter 键,启动删除命令
ERASE	//提示目前执行的是删除命令,鼠标指针变成方形
选择对象:找到 1 个	//选择任意一条直线
选择对象:找到 1 个,总计 2 个	//选择另外一条直线

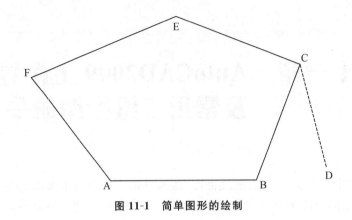

图 11-1　简单图形的绘制

选择对象： 　　　　　　　　　　//按 Enter 键,完成删除操作

下面是几点说明：

(1)在 AutoCAD 中,图形的绘制和编辑是通过输入一系列的命令来完成的。

(2)命令的输入可以用键盘输入来完成,且支持简写命令,如本例中的 L 是直线绘制命令 LINE 的简写(大小写均可),也可以通过在【绘图】面板上单击【直线】按钮 来启动直线绘制命令。

(3)E 是删除命令 ERASE 的简写,也可以通过在【修改】面板上单击【删除】按钮 来启动删除命令。命令简写的字母通常是命令全称的第一个或前两个字母。

(4)命令执行过程中命令行会根据情况出现不同的选项提示,如直线绘制过程中在第三点之后出现的"[闭合(C)/放弃(U)]"。根据提示,输入 u 命令可以放弃刚才进行的那一步操作,而不打断命令的执行,本例中的作用是撤销 CD 段线段,而输入 C 命令则可以使图形闭合,即终点与起点重合,同样不分大小写。

(5)利用组合键 Ctrl + Z 也可以实现与 U 选项相同的作用。在命令进行过程中按 Ctrl + Z 键可以撤销上一步操作,命令执行完成后按 Ctrl + Z 键则是撤销整个命令操作。

11.1.2　工作空间

在前面的例子中,命令是用键盘输入完成的,因此可以不受操作界面的影响,但是在大多数情况下,很多命令还是需要利用菜单或按钮来完成,因此熟悉操作界面就显得尤为重要。

随着绘图熟练程度的提高,对操作界面的依赖性会越来越低。

与以前的版本相比,AutoCAD 2009 在界面上有了较大的变化,工作空间的概念被进一步深化,这更有助于用户体验的增强和绘图效率的提高。

工作空间是 AutoCAD 用户界面中包含的菜单、工具栏、选项板及面板等元素的组合。在不同的工作空间中,AutoCAD 仅显示与绘图任务密切相关的元素,而将一些不必要的隐藏。这在 AutoCAD 的功能不断由二维向三维扩展的情况下显得尤为重要。

AutoCAD 2009 提供了以下 3 个工作空间。

- 二维草图与注释。
- 三维建模。
- AutoCAD 经典。

　　用户可以对已定义的工作空间进行修改,也可根据自己的使用习惯创建新的工作空间。在绘图过程中,可以随时通过单击窗口右下角的【切换工作空间】按钮  启动如图 11-2 所示的菜单,进行工作空间的切换。

　　对于建筑制图以及建筑设备工程制图来说,由于通常都是进行二维图形的绘制,即使是系统图一般也是采用轴测图的方法在

图 11-2　切换工作空间

二维平面上完成的,因此最常用的工作空间是"AutoCAD 经典"和"二维草图与注释"。在这两个工作空间中仅显示了 AutoCAD 二维绘图工具,只是在具体的组合和显示方式上有所不同。

一、"AutoCAD 经典"工作空间

　　"AutoCAD 经典"工作空间沿用了 AutoCAD 一直以来的操作界面,该界面具有典型 Windows 应用程序的主要特点和元素,并根据需要进行了一些扩展,其界面如图 11-3 所示。

　　该工作空间适合习惯于 AutoCAD 传统界面的用户。下面进行简要说明。

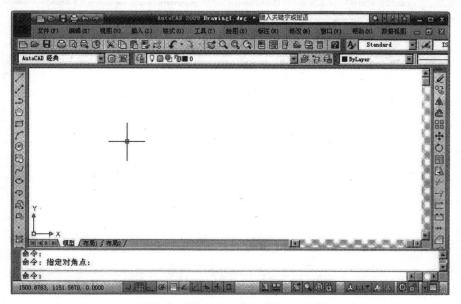

图 11-3　"AutoCAD 经典"工作空间

　　工具栏是 AutoCAD 中应用最为频繁的界面元素,大部分操作都可以通过工具栏来实现。

　　除了默认显示在顶部的工具栏之外,在窗口两侧还显示了【绘图】和【修改】两个工具栏,其中集成了最常用的绘图和编辑命令。在这两个工具栏上单击鼠标右键,可以快速控制所有 AutoCAD 工具栏的打开和关闭。

　　在标题栏上新增了一个【快速访问工具栏】,该工具栏中包含常用的文件操作命令和放弃、重做两个命令。实际上,为了提高效率,对于使用频率较高的命令,应尽可能采用组合键的方式来完成,如用 $\boxed{\text{Ctrl}}$ ＋ $\boxed{\text{S}}$ 实现【保存】功能,用 $\boxed{\text{Ctrl}}$ ＋ $\boxed{\text{Z}}$ 实现【放弃】功能。在不熟悉各按钮功能的情况下,可以将鼠标指针悬停在按钮上方,此时将会出现相应的提示,这些组合键在其他的 Windows 应用程序中也是适用的。

　　随着绘图熟练程度的提高,使用 AutoCAD 菜单的频率将会越来越低,AutoCAD 2009 在窗口的左上角新增了一个【菜单浏览器】,将所有的菜单折叠成一个按钮。虽然窗口顶部也显示了菜单,但可以在其上单击鼠标右键,选择将其关闭。

　　窗口下方的命令行主要用来进行命令输入、显示当前命令的执行情况,并且有命令选项和下一步操作的提示。

　　状态栏除了显示当前点的坐标之外,还可以进行状态切换,此外,新版本中还增加了几个工具,如【快速查看图形】 █、【注释比例】 █ 1:1▾、【全屏显示】 █ 等。

　　【快速查看图形】工具适合在打开多个图形时进行快速预览,以及在菜单关闭时进行图形切换;【全屏显示】工具适合高级用户,可以将所有的工具栏关闭,以使绘图区最大化。即使在全屏显示时也可以通过在【快速访问工具栏】上单击鼠标右键选择要打开的工具栏,或者利用组合键打开【工具选项板】,这部分内容将在第十三章进行介绍;【注释比例】作为 AutoCAD 2009 的新功能,将在第十四章进行介绍。

二、"二维草图与注释"工作空间

　　打开 AutoCAD 2009,默认的工作空间是"二维草图与注释",如图 11-4 所示。

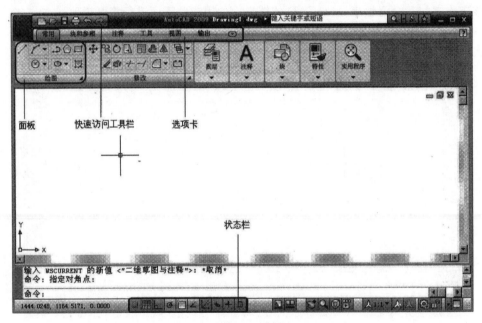

图 11-4　"二维草图与注释"工作空间

　　该工作空间采用了与 Office 2007 类似的 Ribbon 界面,与"AutoCAD 经典"工作空间相比,最大的变化在于隐藏了菜单项和工具栏,代之以选项卡和对应的面板。在界面处理上,将 AutoCAD 的命令按钮分到多个面板,又根据功能和操作特点,将面板进行组合,形成了 6 个选项卡,分别是【常用】、【块和参照】、【注释】、【工具】、【视图】和【输出】。单击不同的选项卡,下边将显示相应的面板组合。这种淡化菜单操作,将命令按钮放在用户触手可及的地方,尤其适合 AutoCAD 的操作特点。

　　Ribbon 界面的容量相当大,与"AutoCAD 经典"工作空间相比,"二维草图与注释"工作空间的界面布置相当于显示了绝大多数的工具栏。这样的处理有利有弊,优点是不必逐个去控制工具栏的打开和关闭,也不必担心由于打开过多工具栏而占用太多的桌面空间;但是对使用者,尤其是习惯于经典界面的用户而言,可能需要花一些时间来熟悉命令按钮的定位。

　　针对 Ribbon 界面占用顶部空间较多的问题,选项卡右端提供了一个最小化按钮,单击该按钮将依次实现"最小化为面板标题"、"最小化为选项卡"和"显示完整的功能区"。

状态栏的显示与"AutoCAD经典"工作空间相同。与以前的版本相比,状态切换按钮全部改为了图标显示,去掉了【模型或图纸空间】转换按钮,增加了【快捷特性】按钮。

状态切换按钮打开之后其图标处于高亮状态。若不习惯状态切换按钮以图标方式显示,可以在任意一个图标上单击鼠标右键,在快捷菜单中取消选择【使用图标】选项,恢复文字显示。

由于状态栏增加了【快速查看布局】和【快速查看图形】两个按钮,因此隐藏了【布局和模型选项卡】。

三、工作空间的选择

不同的工作空间所带来的只是界面上的差别,而命令的运行机制是完全相同的,因此,在工作空间的选择上稍有不同。

对于新用户,鉴于Ribbon界面的优点以及已成为微软新界面标准并已被多个第三方软件采纳,建议选用"二维草图与注释"工作空间。

对于习惯于AutoCAD传统操作界面的用户,可以继续使用"AutoCAD经典"工作空间,也可以尝试一下"二维草图与注释"工作空间,并将二者做一些比较,再确定采用哪个工作空间。

经过一段时间使用之后,可以根据自己的使用习惯对工作空间进行修改,创建自己的工作空间。

更为熟练的用户,应该能够逐渐摆脱对工作空间的依赖,常用命令主要通过命令行完成,以提高工作效率,并使绘图区最大化。

考虑到大多数使用者的习惯,本书以"二维草图与注释"工作空间为例进行讲解。

11.1.3　常用的命令输入方式

在AutoCAD中,命令的执行主要通过键盘或鼠标完成,有如下几种方式可以进行命令输入:菜单、工具栏、命令行、快捷菜单。同样以如图11-1所示的图形为例,说明这几种方式的操作及特点。

【练习11-2】:通过多种方式进行直线绘制。

以图11-1为例。启动AutoCAD 2009,打开光盘"11-1"图形文件,单击【菜单浏览器】,选择【绘图】/【直线】命令,AutoCAD提示如下。

命令:L

LINE指定第一点:　　　　　//在A点附近单击

指定下一点或[放弃(u)]:　　//在B点附近单击

指定下一点或[放弃(u)]:　　//按 Enter 键,完成AB段绘制

　　　　　　　　　　　　　　//按 Enter 键,重复直线命令

命令:L

LINE指定第一点:　　　　　//按 Enter 键,以上一次的终点B为起点

指定下一点或[放弃(u)]:　　//在C点附近单击

指定下一点或[放弃(u)]:　　//按 Enter 键,完成BC段绘制

命令:L　　　　　　　　　　//输入命令L,按 Enter 键

LINE指定第一点:　　　　　//按 Enter 键,以上一次的终点C为起点

指定下一点或[放弃(u)]:　　//在E点附近单击

指定下一点或[放弃(u)]：　　　//按 Enter 键,完成 CE 段绘制

在绘图区单击鼠标右键,在快捷菜单中选择【重复 LINE(R)】,AutoCAD 提示如下。

LINE 指定第一点：　　　　　//按 Enter 键,以上一次的终点 E 为起点

指定下一点或[放弃(u)]：　　　//在 F 点附近单击

指定下一点或[放弃(u)]：　　　//按 Enter 键,完成 EF 段绘制

在工具栏上单击【直线】按钮，,AutoCAD 提示如下。

命令:L

LINE 指定第一点：　　　　　//按 Enter 键,以上一次的终点 F 为起点

指定下一点或[放弃(u)]：　　　//在 A 点附近单击

指定下一点或[放弃(u)]：　　　//按 Enter 键,完成 FA 段绘制

下面是几点说明。

(1)在执行完一个命令之后按 Enter 键,将直接重复上一个命令。

(2)第二个直线绘制,在提示指定第一点时按 Enter 键,将自动以上一个线段的终点作为当前线段的起点。

(3)若想使最后一条线段 FA 的终点与第一条线段 AB 的起点重合,需要用到对象捕捉功能,将在后面详细说明。

(4)大多数情况下 Enter 键可以用 Space 键来代替,从键盘布局以及使用习惯来说, Space 键能更合适一些。二者的主要功能是重复上一命令和确认操作完成,取消的话则需要按 Esc 键。

经过设置,鼠标右键也可以起到与 Space 键或 Enter 键相同的作用。在绘图区单击鼠标右键,在快捷菜单中选择【选项】命令,打开【选项】对话框。选择【用户系统配置】选项卡,单击【自定义右键单击】按钮,在如图 11-5 所示的【自定义右键单击】对话框中进行设置。

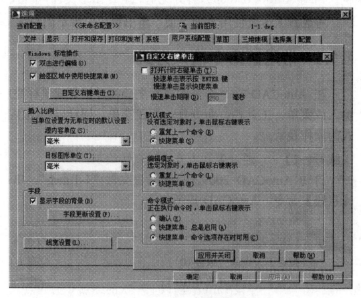

图 11-5　自定义右键单击

考虑到右键快捷菜单的其他功能,如前边所用的【选项】以及【快速选择】等,不建议将其完全取消。对习惯右键操作的用户,可以采用计时右键单击功能,即只有在右键按下且保持一定时间之后才会弹出快捷菜单,快速单击的作用则等同于 Enter 键。

本例用 5 种方法进行了直线的绘制,从执行效率上来看,键盘命令输入的方式要优于鼠标操作,按效率由高到低的顺序排列,依次是命令行(简写)、工具栏、快捷菜单和菜单。

在命令行的基础上灵活运用 Space 键和 Enter 键将会进一步加快绘图速度。

对于初学者,可以先以工具栏操作为主,熟练之后再逐渐向命令行操作转变。尽可能避免使用下拉式菜单操作。

11.1.4　基本设置

AutoCAD 支持多种图形单位,并提供了无限大的绘图空间,在绘图时需要进行相应的设置,并对图形的显示进行控制。

一、设置图形单位

在传统的绘图方式中,需要根据模型以及图纸的尺寸大小确定适当的缩放比例。AutoCAD 绘图中,由于提供了在理论上无限大的绘图空间,可以满足任何工程图形绘制的要求,因此为了方便起见,一般都是按 1∶1 的比例进行绘图,只是在出图时才会根据实际图纸的大小进行缩放。

AutoCAD 中给出的图形单位是与单位制无关的,一个图形单位的距离可以表示实际单位的一毫米、一厘米、一英寸或一英尺。因此,开始绘图前,必须确定一个图形单位代表的实际大小。在建筑及设备绘图中,一般以毫米为单位,有效数字精确到毫米;而在实际的定位过程中,长度通常是厘米或分米的整数倍,即显示为 120、2600 等。

进入【工具】选项卡,在【图形实用程序】面板上单击【单位】按钮,或在命令行中输入 UNITS,并按 Enter 键,打开如图 11-6 所示的【图形单位】对话框,可以设置绘图时使用的长度、角度单位以及单位的显示格式和精度参数等。也可用菜单进行操作,具体做法是单击【菜单浏览器】，选择【格式】/【单位】命令。

图 11-6　【图形单位】对话框

【长度】分组框用于设置图形长度类型和精度。【类型】选择"小数",【精度】选择"0",即不显示小数点。应该注意的是,虽然长度类型中有【工程】和【建筑】选项,但却是按英制显示的。由于我国使用的是国际单位制,因此,均不适用于我国用户。

【角度】分组框用于设置图形的角度类型和精度。【类型】选择"十进制度数",【精度】选择"0.0"。默认以逆时针方向为正方向;如果选中【顺时针】复选项,则以顺时针方向为正方向。

【插入时的缩放单位】选择"毫米"。【输出样例】下显示了当前设置的长度和角度预览效果。

单击【方向】按钮 方向(D)... ,打开如图 11-7 所示的【方向控制】对话框,可以设置起始角度 0°的方向。默认 0°的方向是指正东方,逆时针方向为角度增加的正方向。

图 11-7 【方向控制】对话框

在【图形单位】对话框中完成所有的图形单位设置后,单击 确定 按钮,将设置的图形单位应用到当前图形,并关闭该对话框。

二、改变图形的显示

虽然 AutoCAD 提供了无限大的绘图范围,但实际的绘图操作只能在屏幕显示的范围内进行,这样就需要在屏幕窗口固定的前提下通过改变图形的显示比例和位置来控制图形的显示。

【练习 11-3】:改变绘图界限,控制图形显示。

1. 在默认绘图界限下绘图。

(1)单击状态栏的【捕捉模式】按钮 和【栅格显示】 按钮,使其处于打开状态。运行缩放命令,AutoCAD 提示如下。

命令:Z   //输入命令 Z,按 Space 键,启动缩放命令

ZOOM

指定窗口角点,输入比例因子(n X 或 n X P),或

[全部(A)/中心点(C)/动态(D)/范围(E)/上一个(P)/比例(S)/窗口(W)]<实时>:a

正在重生成模型。   //输入 a,按 Space 键,进行全部缩放

(2)此时,可以看到绘图区内显示出均匀布置的栅格点,栅格占据的部分就是图形界限,且全部显示在绘图区内。将鼠标光标在图形界限内移动,可以看到鼠标光标并不是连续运动的,而是在栅格点之间跳跃,这是【捕捉模式】打开的缘故。

命令:L

LINE 指定第一点: //输入命令 L,按 Space 键,启动直线命令

指定下一点或[放弃(u)]:   //捕捉左下角的栅格点,状态栏显示坐标(0,0,0)

指定下一点或[放弃(u)]:   //捕捉右上角的栅格点,显示坐标(420,290,0)

2. 改变绘图界限。

命令:1imits   //输入 1imits,按 Space 键

重新设置模型空间界限：

指定左下角点或【开(ON)/关(OFF)】<0,0>：　　//按 Space 键,保留默认值

指定右上角点<420,297>:4200,2970　　　　//输入新坐标值,按 Space 键

再次运行全部缩放命令,可以看到绘图界限扩大,但图形缩小,仍然全部显示在绘图区内。而右上角栅格点的坐标变成了(4200,2970,0)。

命令:Z　　　　　　　　　　　　//输入 Z,按 Space 键,启动缩放命令

ZOOM

指定窗口角点,输入比例因子(nX 或 nXP),或

[全部(A)/中心点(C)/动态(D)/范围(E)/上一个(P)/比例(S)/窗口(W)]<实时>:e

　　　　　　　　　　　　//输入 e,按 Space 键,进行范围缩放

此时,可以看到仅刚才创建的直线对象充满了绘图区。

3. 利用三键鼠标的中键操作控制图形显示。

(1)通过滚轮实现图形的缩放,向上滚动图形放大,向下滚动图形缩小。

(2)按下滚轮后移动,对现有的图形进行平移,而显示比例不变。

(3)双击中键,AutoCAD 提示如下。

命令:'_.zoom_e　　　　　　　　//可以实现范围缩放功能

下面是几点说明。

(1)在【栅格显示】按钮上单击鼠标右键,在弹出的快捷菜单中选择【设置】命令,可以打开如图 11-8 所示的【草图设置】对话框。在【捕捉和栅格】选项卡中可以对栅格和捕捉的开关进行设置。选择其中的【自适应栅格】复选项之后,栅格将会随着图形的缩放自动调整间距。

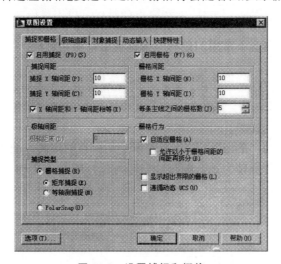

图 11-8　设置捕捉和栅格

(2)在命令行提示中,中括号"[ ]"内的内容代表选项,输入"( )"内的英文字母即可激活相应的选项。尖括号"<>"内的内容代表了默认值,按 Space 键代表不予更改。

(3)LIMITS 命令中的"[开(ON)/关(OFF)]"选项,打开"ON"选项,系统打开边界检验功能,用户只能在指定的绘图范围内绘图;打开"OFF"选项,系统关闭边界检验功能,用户所绘图形不再受图形界限的限制。

（4）图形界限的设置和屏幕显示无关，只是对栅格的可见区域有影响。栅格的定位功能对于小型图纸是有帮助的，但在绘制大型工程图纸时，一般不启用栅格和捕捉功能。

（5）范围缩放与全部缩放的区别：范围缩放将所有图形对象在绘图区内最大化显示，而不考虑图形界限所设置的范围；全部缩放在所有对象没有超出图形界限时将图形界限在绘图区内最大化显示，而对象超出图形界限时就与范围缩放相同。由于工程图一般都远大于系统默认的图形界限，一般也不需要重新设置绘图界限，因此二者的作用是相同的。

（6）重叠显示的缩放按钮 也可以用于图形的缩放。该按钮在"二维草图与注释"工作空间【常用选项卡】的【实用程序】面板上，单击按钮中向下的箭头可以打开其他缩放功能，在"AutoCAD 经典"工作空间的标准工具栏上也可以找到，按住按钮可以打开其他缩放功能。

11.2 直线的几种画法

直线是最基本、最简单，也是最常见的图形元素，理论上讲，任何图形都可以完全由直线来组成。两点可以确定一条直线，而点的确定则有很多方法。下面将以直线的绘制为例介绍常用的绘图技巧，这些技巧也可以应用到其他的绘图操作中。

命令启动方法如下。

- 命令：LINE(L)。
- 按钮：【绘图】面板上的【直线】按钮 。
- 下拉菜单：【菜单浏览器】;【绘图】/【直线】。

11.2.1 利用坐标画线

前文已经讲过了直线的绘制方法，在指定点的时候可以用鼠标随机选点，也可以利用栅格捕捉功能定点，实际情况下常用的是利用坐标值进行精确定点。可以按照直角坐标和极坐标两种方法输入坐标值。

直角坐标的格式为"x,y"，其中 X 表示点的 X 坐标值，Y 表示点的 Y 坐标值，由于是平面绘图，不需要输入 Z 坐标。需要注意的是其中的逗号必须为半角字符。如图 11-9 中的点 A（200,400）和 C（−500,200）。

极坐标的输入格式为"R<α"。其中 R 表示点到原点的距离，α 表示该点与原点连线与 X 轴正向间的夹角，逆时针旋转为正，顺时针旋转为负。如图 11-9 中的点 B（600<120）和 D（450<−135）

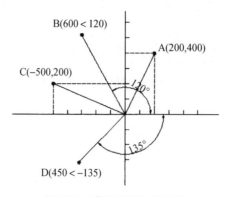

图 11-9 直角坐标与极坐标

在绘图时一般只关心点与点之间的相对位置,而不以坐标原点为参照,这时就需要用到相对坐标。与绝对坐标相比,相对坐标在坐标值前增加了一个符号"@"。相对直角坐标的格式为"@x,y",相对极坐标的格式为"@R＜a"。

【练习 11-4】:通过坐标绘制如图 11-10 所示的八边形,该图形上下左右都是对称的。

命令:L

LINE 指定第一点:	//单击绘图区内任意一点作为 A 点
指定下一点或[放弃(u)]:@500,0	//输入 8 点的相对直角坐标
指定下一点或[放弃(u)]:@500＜30	//输入 C 点的相对极坐标
指定下一点或[闭合(c)/放弃(u)]:@0,500	//输入 D 点的相对直角坐标
指定下一点或[闭合(c)/放弃(u)]:@500＜150	//输入 E 点的相对极坐标
指定下一点或[闭合(c)/放弃(u)]:@－500,0	//输入 F 点的相对直角坐标
指定下一点或[闭合(c)/放弃(u)]:@500＜－150	//输入 G 点的相对极坐标
指定下一点或[闭合(c)/放弃(u)]:@0,－500	//输入 H 点的相对直角坐标
指定下一点或[闭合(C)/放弃(u)]:C	//闭合

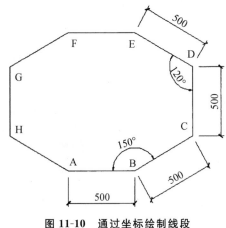

图 11-10　通过坐标绘制线段

利用坐标绘图时可以不必考虑图形界限,若图形超出了绘图区,可以实时用鼠标中键进行缩放和平移。

单击状态栏的【动态输入】按钮，使其处于打开状态,则输入的命令或坐标以及命令提示将在鼠标光标处显示,如图 11-11 所示。

图 11-11　动态输入

下面是几点说明。

(1)提示指定点时,第一点一般以绝对直角坐标显示,以后的点则以相对前一点的相对极坐标显示。坐标输入时不必输入"@"、","和"<"。

(2)每组坐标中有一个坐标值处于可编辑状态,输入坐标值后若直接按 Enter 键或 Space 键,则另一坐标默认为屏幕显示的值。输入坐标后按 Tab 键则可激活另一坐标的编辑,前一坐标的值则处于锁定状态。

(3)在出现命令选项提示时,按键盘方向键中的向下箭头"↓",可以展开选项菜单,进而采用键盘或鼠标进行操作。

(4)动态输入可以使用户将注意力集中在绘图区,给用户带来了一定的便利。同时也容易造成绘图区的混乱,并带来系统资源的浪费。读者可以根据情况自行选择是否启用动态输入功能。

11.2.2 利用极轴追踪画线

也可以利用极轴追踪功能完成如图 11-10 所示图形的绘制。

进入如图 11-8 所示的【草图设置】对话框中的【极轴追踪】选项卡,或者在状态栏的【极轴追踪】按钮 ⚡ 上单击鼠标右键,从如图 11-12 所示的快捷菜单中选择【设置】命令,可以打开如图 11-13 所示的【极轴追踪】设置选项卡。

图 11-12　极轴追踪快捷菜单

图 11-13　极轴追踪设置

选择【启用极轴追踪】复选项,在【增量角】下拉列表中选择"30",表明是 30°整数倍的度数都将被追踪。还可以通过选择【附加角】复选项,增加其他特殊角度作为追踪角。单击 选项(T)... 按钮可以对极轴追踪功能进行进一步设置,单击 确定 按钮退出。

如图 11-12 所示的快捷菜单中有一系列数字,单击数字可以快速改变增量角。

绘图时,单击一点后移动鼠标指针,在接近追踪角时将出现如图 11-14 所示的提示,表明当前点与起始点连线的角度为 120°,长度为 733。

图 11-14　极轴追踪

【练习 11-5】:利用极轴追踪功能完成如图 11-10 所示的图形。

打开极轴追踪,设置增量角为 30°。启动直线绘制命令。

命令:L

LINE 指定第一点:	//单击绘图区内任意一点作为 A 点
指定下一点或[放弃(u)]:500	//向右追踪 0°角,输入 AB 段长度
指定下一点或[放弃(u)]:500	//向右追踪 30°角,输入 BC 段长度
指定下一点或[闭合(C)/放弃(u)]:500	//向上追踪 90°角,输入 CD 段长度

指定下一点或[闭合(C)/放弃(u)]:500　　　//向左追踪 150°角,输入 DE 段长度

指定下一点或[闭合(C)/放弃(u)]:500　　　//向左追踪 180°角,输入 EF 段长度

指定下一点或[闭合(C)/放弃(u)]:500　　　//向左追踪 210°角,输入 FG 段长度

指定下一点或[闭合(c)/放弃(u)]:500　　　//向下追踪 270°角,输入 GH 段长度

指定下一点或[闭合(c)/放弃(u)]:C　　　　//闭合

可以看到,利用极轴追踪功能绘图只需在出现追踪角后输入长度即可,极大地减少了输入量。增量角过小或过大均会带来定位的不便,绘图时需要根据角度情况确定适当的增量角。

与极轴追踪类似的是正交模式,单击状态栏的【正交模式】按钮，将打开正交模式,该模式下鼠标光标相对第一点只能水平和垂直移动,尤其适合水平和垂直直线的绘制。

在正交模式下绘图时也只需在指定方向之后输入长度即可。利用坐标值绘图不受正交模式的限制。

11.2.3　利用对象捕捉画线

在基于已有的图形绘图时,需要用到对象捕捉功能。

【练习 11-6】:利用对象捕捉功能绘制如图 11-15 所示的截止阀。

1. 打开极轴追踪功能,在状态栏的【对象捕捉】按钮上单击鼠标右键,从弹出的快捷菜单中选择【设置】命令,在如图 11-16 所示的【草图设置】对话框的【对象捕捉】选项卡中进行设置。

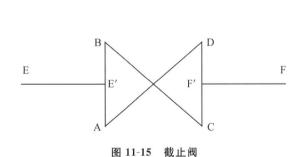

图 11-15　截止阀

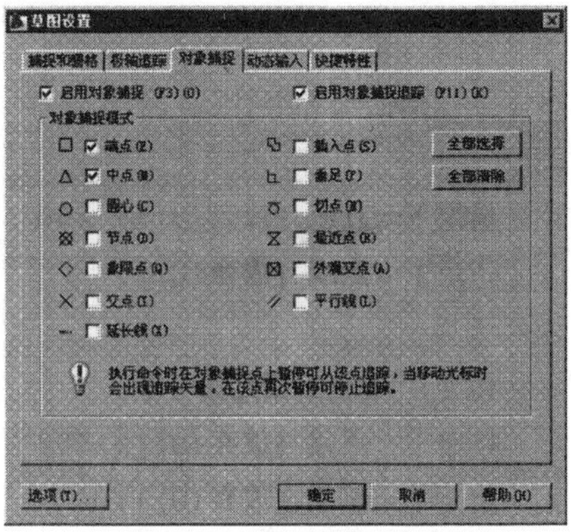

图 11-16　对象捕捉设置

2. 选择【启用对象捕捉】和【启用对象捕捉追踪】复选项,在【对象捕捉模式】中选择"端点" □ ☑ 端点(E) 和"中点"△ ☑ 中点(M) ,单击 确定 按钮退出。

命令:L　　　　　　　　　　　　　//输入命令 L,按 Space 键,启动直线命令

LINE 指定第一点:　　　　　　　　//单击绘图区内任意一点作为 A 点

指定下一点或[放弃(u)]:500　　　　//向上追踪 90°角,输入 AB 段长度

指定下一点或[放弃(u)]:　　　　　//按 Space 键,退出命令

按 Space 键,再次启动直线绘制命令。将鼠标指针悬停在 A 点上,直到在该点出现如图 11-17 所示的端点捕捉标记,向右移动鼠标,出现对象捕捉追踪提示。

命令:LINE 指定第一点:600　　　//向右追踪 0°角,输入 C 点距 A 点的距离

图 11-17　对象捕捉追踪

指定下一点或【放弃(U)】:500	//向上追踪 90°角,输入 CD 段长度
指定下一点或【放弃(U)】:	//按 Space 键,退出命令
	//按 Space 键,再次启动直线绘制命令
命令:LINE 指定第一点:	//将鼠标指针悬停在 A 点上,出现如图 11-17 所示的端点捕捉标记时单击,捕捉 A 点
指定下一点或【放弃(U)】:	//捕捉 D 点,完成 A D 段绘制
指定下一点或【放弃(U)】:	//按 Space 键,退出命令
	//按 Space 键,再次启动直线绘制命令
命令:LINE 指定第一点:	//捕捉 B 点
指定下一点或【放弃(U)】:	//捕捉 C 点,完成 B C 段绘制
指定下一点或【放弃(U)】:	//按 Space 键,退出命令
	//按 Space 键,再次启动直线绘制命令
命令:LINE 指定第一点:	//将鼠标指针悬停在 AB 段的中点附近,出现如图 11-18 所示的中点捕捉标记时单击,捕捉 AB 段的中点 E′

图 11-18　捕捉中点

指定下一点或【放弃(u)】:500	//向左追踪 180°角,输入 E′E 段长度
指定下一点或【放弃(U)】:	//按 Space 键,退出命令
	//按 Space 键,再次启动直线绘制命令
命令:LINE 指定第一点:	// 捕捉 CD 段的中点 F′
指定下一点或【放弃(U)】:500	//向右追踪 0°角,输入 E′F 段长度
指定下一点或【放弃(U)】:	//按 Space 键,退出命令
	//单击快速启动工具栏的【保存】按钮■,或者用组合键 Ctrl + S 将图形保存到文件中,以备后用

下面是几点说明。

(1)对象捕捉和对象捕捉追踪通常是同时使用的,对象捕捉用于直接定位对象上的关键点,对象捕捉追踪则可以用于确定与对象关键点有一定几何关系的点,该几何关系是由对象捕捉模式来确定的。

(2)不同关键点上的对象捕捉标记各不相同,例如"端点"是方形,"中点"是三角形。【对象捕捉】设置对话框中各对象捕捉模式前的图标即为其标记。

(3)在【对象捕捉】按钮■上单击鼠标右键,从弹出的快捷菜单中可以快速控制各对象捕捉模式的开关。

【练习 11-7】：利用对象捕捉功能绘制等长的平行线。

打开对象捕捉和对象捕捉追踪，对象捕捉模式选择"端点" □ ☑端点(E) 、"垂足" ⊢ ☑垂足(P) 和"平行线" ⁄ ☑平行线(L) 。绘制任意一条直线，按 Space 键，再次启动直线绘制命令，将鼠标指针悬停在左下角的端点上，在该点出现端点捕捉标记时向右下方移动鼠标，出现如图 11-19 所示的垂足捕捉追踪提示。

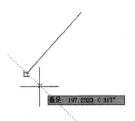

图 11-19　利用对象捕捉追踪垂足确定第一点

将鼠标指针沿直线移动，直到出现如图 11-20 左图所示的平行线捕捉标记，将鼠标指针移动到右上角的端点上，在该点出现端点捕捉标记时向右下方移动鼠标，出现如图 11-20 中间图形所示的垂足捕捉追踪提示。可以注意到，原来的平行线捕捉标记消失，其位置上显示了一个小的"十"字标记。将鼠标指针沿垂直捕捉追踪所提示的虚线移动，在第二条线和第一条线近似平行时将会同时显示如图 11-20 右图所示的平行线和垂足捕捉标记，这时候单击鼠标左键，即可完成平行线的绘制。

图 11-20　利用对象捕捉追踪平行线和垂足确定第二点

下面是几点说明。

（1）在出现对象捕捉标记后移开鼠标指针，在原捕捉标记的位置会出现一个小的十字标记，并在后续的操作中保留，表明该点已被追踪。在绘图过程中可同时对多个对象捕捉点进行追踪。将鼠标指针移动到十字标记上稍作停留后移开，将取消对该标记的追踪。

（2）平行线的绘制是一个能够说明 AutoCAD 绘图灵活性的典型实例，在不同的情况下，有多种绘制平行线的方法可供采用，在第十二章我们将接触到更加简便的绘制平行线的方法。

（3）在绘图前以及绘图过程中随时可以根据需要改变对象捕捉模式的设置，此外，也可以利用临时捕捉功能选择需要一次性捕捉的点。

按住 Shift 键后单击鼠标右键，将出现如图 11-21 所示的临时捕捉快捷菜单。

图 11-21　临时捕捉快捷菜单

【练习 11-8】:对象临时捕捉功能综合应用。

1. 在【练习 11-6】已完成的截止阀的基础上绘制闸阀。

(1)打开光盘"11-6(F)"图形文件。打开极轴追踪功能,打开对象捕捉和对象捕捉追踪,对象捕捉模式选择"端点" 。

(2)输入命令 L,按 Space 键,启动直线命令。

(3)在【临时捕捉】快捷菜单中选择【两点之间的中点】,依次捕捉点选图 11-22 中的 A 点和 C 点,则该线段的第一点为 A 点和 C 点之间的中点,AutoCAD 提示如下。

命令:L

LINE 指定第一点:_m2p 中点的第一点:中点的第二点　　//依次捕捉 A 点和 C 点

指定下一点或[放弃(u)]:　　　//向上追踪 90°角一段距离,然后将鼠标指针移动到 B 点上,在该点出现端点捕捉标记时向右移动鼠标,直至端点捕捉追踪线与极轴追踪线相交,如图 11-22 所示,单击确定线段的第二点

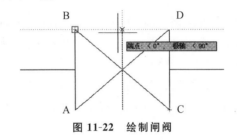

图 11-22　绘制闸阀

指定下一点或【放弃(U)】:　　　　　//按 Space 键,退出命令

2. 绘制平行线。

(1)关闭对象捕捉和对象捕捉追踪。

(2)绘制任意一条直线。

(3)按 Space 键,再次启动直线绘制命令,AutoCAD 提示如下。

命令:1ine 指定第一点:　　　　　//单击任意一点作为第一点

指定下一点或【放弃(U)】:_par 到　　//在【临时捕捉】快捷菜单中选择【平行线】命令,将鼠标指针沿第一条直线移动,直到出现平行线捕捉标记。然后将鼠标指针移动到第二条线和第一条线近似平行时将会出现如图 11-23 所示的平行捕捉追踪提示,在追踪线上单击任意一点作为平行线的第二点

指定下一点或[放弃(U)]:　　　　　//按 Space 键,退出命令

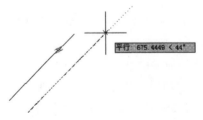

图 11-23　利用临时捕捉绘制平行线

3. 绘制垂线。

(1)绘制任意一条直线。

（2）按 Space 键，再次启动直线绘制命令，AutoCAD 提示如下。

命令：line 指定第一点：　　　//单击任意一点作为第一点

指定下一点或［放弃（u）］：_per 到

// 在【临时捕捉】快捷菜单中选择【垂足】选项，将鼠标指针沿第一条直线移动，直到出现垂足捕捉标记，单击完成垂线的绘制。垂足无论是在直线上还是在直线的延长线上都可以被捕捉到，如图 11-24 所示

图 11-24　利用临时捕捉绘制垂线

指定下一点或［放弃（u）］：　　　//按 Space 键，退出命令

下面是几点说明。

（1）对象捕捉模式一经设定，在下次重新设定前都是有效的，而临时捕捉功能则仅在当次有效。临时捕捉功能启动之后原有的对象捕捉模式失效。

（2）对象捕捉模式打开的数量应根据图形对象及其相互几何关系来确定。数量过多容易导致混乱，无法准确定位所需的点，而数量过少则无法捕捉到所需的点。灵活运用临时捕捉功能可以较好地解决这一问题。

（3）在临时捕捉命令执行时，在命令行提示中可以看到"m2p"、"par"以及"per"等字样，这是各捕捉模式的简称，输入简称同样可以激活相应的临时捕捉功能。

（4）在"AutoCAD 经典"工作空间中还可以利用如图 11-25 所示的【对象捕捉】工具栏进行临时捕捉。单击工具栏上的各按钮，可以在命令行提示中看到相应的捕捉模式简称。

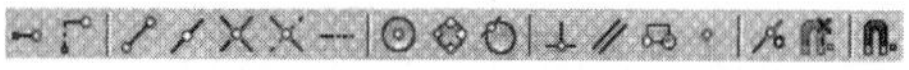

图 11-25　【对象捕捉】工具栏

11.3　常用二维绘图命令

除直线以外，对于建筑设备专业制图中常用的其他图形元素及其组合，AutoCAD 提供了简便的绘制命令，如多线、多段线、矩形、圆弧以及图案填充等。

11.3.1　多线的绘制与编辑

对于建筑图中的墙体，设备图中的风管，通常需要用双线来表示。可以绘制两条平行的直线来表示双线，更为简单的方法是利用多线对象。

多线是由多条平行直线组成的对象，线的数量、线间的距离等都可以调整。其他特性的设置与直线基本相同。利用多线来表示墙体与管道，可以极大地简化绘图以及修改操作。

命令启动方法如下。

● 命令：MLINE（ML）。

- 按钮：默认【绘图】面板上没有显示，需自定义。
- 下拉菜单：【菜单浏览器】，【绘图】/【多线】。

【练习 11-9】：用多线绘制如图 11-26 所示的墙体，墙体厚度为 240。

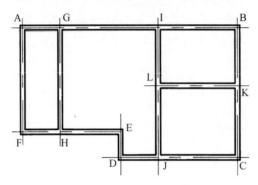

图 11-26　利用多线绘制墙体

1. 打开光盘"11-9"图形文件，先画好定位轴线。绘图时仅需捕捉相应的轴线交点即可。打开极轴追踪，设置对象捕捉模式为【交点】。为了简便起见，操作说明中默认在输入数字或字母后为按 Space 键。

2. 绘制外墙，如图 11-27 所示。

命令：M L	
MLINE	//启动多线命令
当前设置：对正＝上，比例＝20.00，样式＝STANDARD	//此为默认设置
指定起点或[对正(J)/比例(s)/样式(ST)]：S	//输入 S，更改比例
输入多线比例＜20.00＞：240	//输入新比例 240
当前设置：对正＝上，比例＝240.00，样式＝STANDARD	//此为当前设置
指定起点或[对正(J)/比例(S)/样式(ST)]：J	//输入 J，更改对正方式
输入对正类型[上(T)/无(Z)/下(B)]＜上＞：Z	//改为中心对正
当前设置：对正＝无，比例＝240.00，样式＝STANDARD	//此为当前设置
指定起点或[对正(J)/比例(S)/样式(ST)]：	//捕捉 A 点
指定下一点：	//捕捉 B 点
指定下一点或[放弃(u)]：	//捕捉 C 点
指定下一点或[闭合(c)/放弃(u)]：	//捕捉 D 点
指定下一点或[闭合(c)/放弃(u)]：	//捕捉 E 点
指定下一点或[闭合(C)/放弃(u)]：	//捕捉 F 点
指定下一点或[闭合(C)/放弃(u)]：C	//图形闭合
命令：M L	
MLINE	//重复多线命令
当前设置：对正＝无，比例＝240.00，样式＝STANDARD	//保留上次绘图的设置
指定起点或[对正(J)/比例(S)/样式(ST)]：	//捕捉 G 点
指定下一点：	//捕捉 H 点

3. 依次完成 I J，K L 段的绘制，结果如图 11-28 所示。两条墙线的交点处还需要进一步修改。

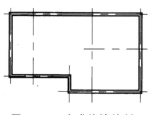

图 11-27　完成外墙绘制

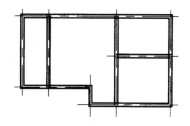

图 11-28　完成内墙绘制

命令:mledit　　　//启动多线编辑命令,打开如图 11-29 所示的【多线编辑工具】对话框,
　　　　　　　　单击【T 形合并】按钮

选择第一条多线:　　　　　　//选择 GH 段
选择第二条多线:　　　　　　//选择 AB 段,修改交点 G
选择第一条多线或[放弃(u)]:　//选择 GH 段
选择第二条多线:　　　　　　//选择 EF 段,修改交点 H
选择第一条多线或[放弃(u)]:　//选择 IJ 段
选择第二条多线:　　　　　　//选择 AB 段,修改交点 I
选择第一条多线或[放弃(u)]:　//选择 I J 段
选择第二条多线:　　　　　　//选择 CD 段,修改交点 J

4. 按如上方法修改交点 K、L,完成图形。

5. 单击【显示/隐藏线宽】按钮 显示线宽。

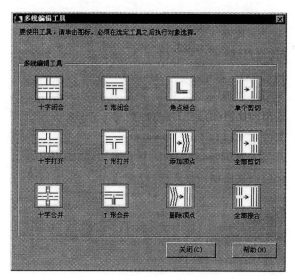

图 11-29　【多线编辑工具】对话框

下面是几点说明。

(1)对正方式。在不同的对正选项下捕捉直线绘图的结果如图 11-30 所示,图中多线为从左向右绘制,若方向相反,则结果也会发生变化。

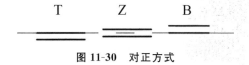

图 11-30　对正方式

161

（2）比例。系统默认的多线样式是"STAND-ARD"，该样式中两条多线的间距为1，因此比例即为两条多线的实际间距。对于本例，比例为墙体厚度240。

（3）进行 T 形合并编辑时应注意多线的选择顺序，应先选择支线，再选择干线，否则将提示"多线不相交"。读者可自行练习其他编辑工具的使用。

（4）用户可以自定义多线样式。单击【菜单浏览器】，选择【格式】/【多线样式】命令，打开如图11-31 所示的【多线样式】对话框。

单击 【新建(N)】 按钮，输入新样式名"WALL"，单击 【继续】 按钮，打开如图 11-32 所示的【新建多线样式】对话框，可以对新建的样式进行修改。可以改变封口形式，增加图元数量将

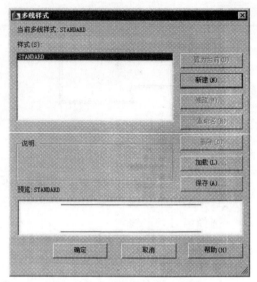

图 11-31 【多线样式】对话框

双线改成3线或4线，线之间的距离、每条线的颜色及线型均可以控制。

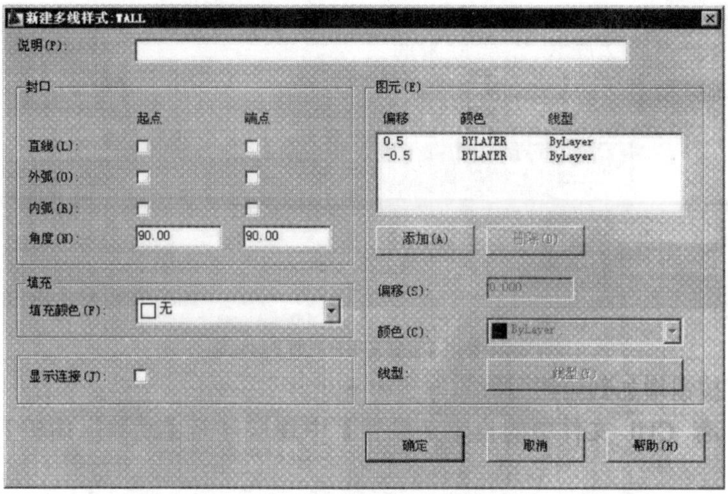

图 11-32 【新建多线样式】对话框

由于在绘制墙线或者风管时一般还要同时绘出轴线或中心线，因此有人习惯将轴线合并到多线中，以便于一次性绘制出来。在学习了第十三章的图层之后，读者便应该能够对该处理方法的缺陷有清楚的认识。

对每一个多线宽度设置一个样式的做法同样是没有必要的，但是对于某些轴线不位于多线中心的情况，则需要定义具有不同偏移量的多线样式。

多线作为一个整体对象，若想将其变成两条直线，需要用到 EXPLODE(x)命令，单击【常用】选项卡的【修改】面板上的【分解】按钮，也可以启动该命令。

对本例，若未给出轴线而是给定了尺寸，可以通过对象捕捉追踪功能来进行内墙点的定位。

若用户倾向于通过按钮进行操作，由于系统默认没有显示多线以及多线编辑按钮，需要进

行白定义。在选项卡或面板上单击鼠标右键,从弹出的快捷菜单中选择【自定义】选项打开如图 11-33 所示的【自定义用户界面】对话框。

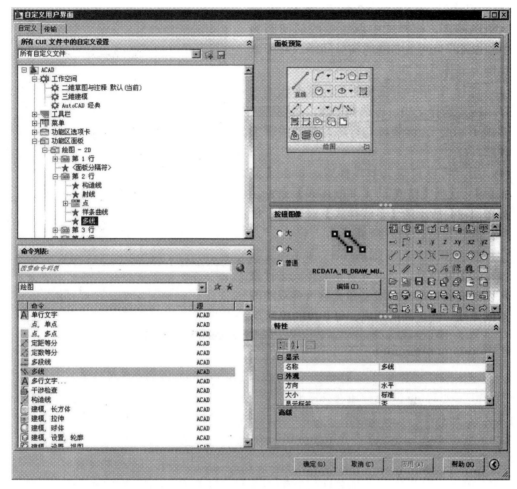

图 11-33　【自定义用户界面】对话框

将【多线】按钮增加到绘图面板的方法如下。

(1)在【所有 CUI 文件中的自定义设置】中逐层展开【功能区面板】/【绘图.2D】/【第 2 行】。

(2)在【命令列表】中的下拉列表中选择【绘图】菜单,展开【绘图】菜单下的所有命令,在下面的列表中找到【多线】。

(3)将【多线】图标拖曳到第一步展开的【功能区面板】/【绘图—2D】/【第 2 行】中。

(4)对话框右侧可以看到修改后【绘图】面板的预览效果,【多线】图标出现在【样条曲线】图标的后面。单击 确定 按钮退出。

同理,可以将【多线编辑】按钮增加到【修改】面板,区别是需要给该按钮指定一个图标,因为其没有默认图标。也可以根据自己的需求将不需要的图标从面板中移除。

11.3.2　多段线的绘制与编辑

多段线是由多条线段和圆弧构成的连续线条,与多线类似,也是一个单独的图形对象。相比之下,直线绘制命令虽然也可以绘制连续线条,但每一段都是一个独立的图形对象。

命令启动方法如下。

● 命令：PLINE(PL)。

● 按钮：【绘图】面板上的【多段线】按钮 ⏎。

● 下拉菜单：【菜单浏览器】,【绘图】/【多段线】。

【练习 11-10】：利用多段线绘制如图 11-34 所示的风管单咬口连接的上半部分。

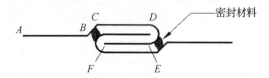

图 11-34　风管单咬口连接

设置极轴追踪增量角为 45°。

命令：PL

PLINE	//输入命令 PL,启动多段线绘制命令
指定起点：	//单击任意一点作为 A 点
当前线宽为 0	//提示目前线宽为 0
指定下一个点或[圆弧(A)/半宽(H)/长度(L)/放弃(u)/宽度(w)]：W	//改变线宽
指定起点宽度＜0＞：50	//输入起点线宽
指定端点宽度＜50＞：	//端点线宽默认与起点相同
指定下一个点或[圆弧(A)/半宽(H)/长度(L)/放弃(u)/宽度(w)]：500	
	//向右追踪 0°角,输入 AB 段长度
指定下一点或[圆弧(A)/闭合(c)/半宽(H)/长度(L)/放弃(u)/宽度(w)]：100	
	//向右上追踪 45°角,输入 BC 段长度
指定下一点或[圆弧(A)/闭合(c)/半宽(H)/长度(L)/放弃(u)/宽度(w)]：400	
	//向右追踪 0°角,输入 CD 段长度
指定下一点或[圆弧(A)/闭合(c)/半宽(H)/长度(L)/放弃(u)/宽度(w)]：a	
	//输入 a,切换到圆弧绘制状态

指定圆弧的端点或

[角度(A)/圆心(CE)/闭合(CL)/方向(D)/半宽(H)/直线(L)/半径(R)/第二个点(S)/

放弃(u)/宽度(W)]：150　　　　　　　//向下追踪 270°角,输入 DE 段圆弧的弦长

指定圆弧的端点或

[角度(A)/圆心(CE)/闭合(CL)/方向(D)/半宽(H)/直线(L)/半径(R)/第二个点(S)/

放弃(u)/宽度(W)]：L　　　　　　　　//输入 L,切换到直线绘制状态

指定下一点或[圆弧(A)/闭合(c)/半宽(H)/长度(L)/放弃(u)/宽度(w)]：350	
	//向左追踪 180°角,输入 EF 段长度
指定下一点或[圆弧(A)/闭合(c)/半宽(H)/长度(L)/放弃(u)/宽度(w)]：	// 退出命令

命令：LS

LTST	//输入 LS,启动列表命令
选择对象：找到 1 个	//选择绘制的多段线
选择对象：	//退出命令,弹出如图 11-35 所示的文本窗口

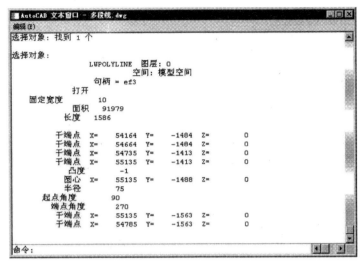

图 11-35　利用 LIST 命令显示的多段线特性

文本窗口中显示了该多段线的主要特性,尤其适合进行长度或面积的查询,例如,可以用多段线绘制复杂管道,或沿复杂区域的边界绘制闭合的多段线,然后利用 LIST 命令查询其长度和面积。

下面是几点说明。

(1)多段线的起点和端点宽度可以不同,输入不同的起始宽度和终点宽度值可以绘制一条宽度逐渐变化的多段线。

(2)利用两端点绘制圆弧时,圆弧默认是与前一段线段相切的。也可以采用其他方法控制圆弧的绘制。

(3)虽然多段线是一个整体,但仍然可以利用夹点对多段线进行逐段调整。

(4)多段线的修改命令是 PEDIT(PE),根据提示进行操作,可实现对多段线的多种编辑操作。

(5)非 0 的多段线的线宽是始终显示的,不受【显示/隐藏线宽】状态的影响。

多段线中设置的线宽与通过对象特性设置的线宽不同。如果直线的线宽为 0.5 mm,则无论图形如何缩放,该宽度保持不变,实际打印时的宽度也是 0.5 mm。多段线的宽度在打印时是变化的,与比例有关,宽度 50 表明其模型的宽度是 50 mm,打印时需要根据比例进行缩放,比例是 1∶100 时打印宽度为 0.5 mm,比例是 1∶200 时打印宽度则为 0.25 ram。在显示时也会随着缩放比例的变化而变化。

多段线宽度为 0 时,对象的线宽特性设置对其是有效的。

此外,在绘制 45°斜线时,可以利用角度替代功能,即输入角度值"<45"激活角度替代功能,将下一段线固定在 45°方向上,然后输入长度即可。该方法适用于不在极轴追踪角度范围内的角度定位。本例中若采用角度替代功能绘制,AutoCAD 提示如下。

指定下一点或[圆弧(A)/闭合(c)/半宽(H)/长度(L)/放弃(u)/宽度(w)]:<45

角度替代:45

指定下一点或[圆弧(A)/闭合(C)/半宽(H)/长度(L)/放弃(u)/宽度(w)]:100

【练习 11-11】:绘制并编辑箭头。

1. 打开极轴追踪。

2. 绘制箭头。

命令:PL

PLINE　　　　　　　　　　　　//输入命令 PL,启动多段线绘制命令

指定起点:

当前线宽为 50　　　　　　　//保留上次绘图的设置

指定下一个点或[圆弧(A)/半宽(H)/长度(L)/放弃(u)/宽度(w)]:W　　// 改变线宽

指定起点宽度<50>:0　　　　//输入起点线宽

指定端点宽度<0>:　　　　　//端点线宽默认与起点相同

指定下一个点或[圆弧(A)/半宽(H)/长度(L)/放弃(u)/宽度(w)]:200

　　　　　　　　　　　　　　//向右追踪 0°角,输入线段长度

指定下一点或[圆弧(A)/闭合(c)/半宽(H)/长度(L)/放弃(u)/宽度(w)]:W　　//改变线宽

指定起点宽度<0>:20　　　　//输入箭头起点线宽

指定端点宽度<20>:0　　　　//输入箭头端点线宽

指定下一点或[圆弧(A)/闭合(c)/半宽(H)/长度(L)/放弃(u)/宽度(w)]:60

　　　　　　　　　　　　　　//向右追踪 0°角,输入箭头段长度

指定下一点或[圆弧(A)/闭合(c)/半宽(H)/长度(L)/放弃(u)/宽度(w)]:// 退出命令

结果如图 11-36 所示。

3. 编辑箭头。

命令:PE

PEDIT 选择多段线或[多条(M)]:　　// 输入 PE,启动多段线编辑命令,选择箭头

输入选项[闭合(c)/合并(J)/宽度(w)/编辑顶点(E)/♯1 合(F)/样条曲线(s)/非曲线化
(D)/线型生成(L)/放弃(u)]:e　　　　//输入 e,进行顶点编辑

输入顶点编辑选项　　　　　　　　　//默认编辑第一点

[下一个(N)/上一个(P)/打断(B)/插入(I)/移动(M)/重生成(R)/拉直(S)/切向(T)/宽
度(W)/退出(x)]<N>:　　　　　　//按 Space 键,将标记移到第二点,如图 11-37 所示

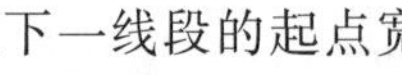

图 11-36　用多段线绘制的箭头　　　　　　　　图 11-37　顶点编辑标记

输入顶点编辑选项

[下一个(N)/上一个(P)/打断(B)/插入(I)/移动(M)/重生成(R)/拉直(S)/切向(T)/宽
度(w)/退出(x)]<N>:W　　　　　//输入 W,改变宽度

指定下一线段的起点宽度<20>:30 //输入新宽度

指定下一线段的端点宽度<30>:0　//端点宽度仍然为 0

输入顶点编辑选项

[下一个(N)/上一个(P)/打断(B)/插入(I)/移动(M)/重生成(R)/拉直(s)/切向(T)/宽
度(w)/退出(x)]<N>:*取消*　　　//按 Esc 键,退出编辑命令

利用夹点也可以对多段线进行简单编辑,图 11-38 中便是利用夹点对箭头进行拉伸。

图 11-38　利用夹点对多段线进行编辑

11.3.3　矩形及等分点

从理论上讲,单纯利用直线绘制命令也可以完成如图 11-39 所示的完全由直线组成的图形。但对于某些由多条直线组成的典型图形对象,如矩形、多边形,利用 AutoCAD 提供的命令可以更高效地进行绘制。同时,一个复杂图形的绘制通常需要综合采用多个绘图和修改命令来完成。下面的百叶风口就需要用到矩形、直线、偏移、分解、等分点等命令,同时还要使用捕捉追踪等功能。

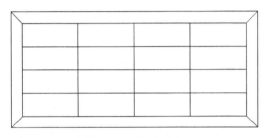

图 11-39　百叶风口

矩形命令的启动方法如下。

- 命令:RECTANG(REC)。
- 按钮:【绘图】面板上的【矩形】按钮 ▭。
- 下拉菜单:【菜单浏览器】,【绘图】/【矩形】。

【练习 11-12】:绘制百叶风口。

设置对象捕捉模式为"端点"、"节点"、"交点"和"垂足"。

命令:rectang　　　　　　　　　　　　　　　　　　//启动矩形命令

指定第一个角点或[倒角(c)/标高(E)/圆角(F)/厚度(T)/宽度(w)]　// 单击矩形左下角

指定另一个角点或[面积(A)/尺寸(D)/旋转(R)]:

　　　>>输入 0RTHOMODE 的新值<0>:　　　　　　　//打开正交模式则无此提示

正在恢复执行 RECTANG 命令。

指定另一个角点或[面积(A)/尺寸(D)/旋转(R)]:@1000,400　　　//输入右上角坐标

命令:O

OFFSET　　　　　　　　　　　　　　　　　　　　//输入命令 O,启动偏移命令

当前设置:删除源=否　图层=源 OFFSETGAPTYPE=0

指定偏移距离或[通过(T)/删除(E)/图层(L)]<通过>:50　　　//输入偏移距离

选择要偏移的对象,或[退出(E)/放弃(u)]<退出>:　　//选择矩形

指定要偏移的那一侧上的点,或[退出(E)/多个(M)/放弃(u)]<退出>:

　　　　　　　　　　　　　　　　　　　　　　　　//在矩形外侧单击

选择要偏移的对象,或[退出(E)/放弃(u)]<退出>:　　//退出偏移命令

命令:L

167

LINE 指定第一点：   //启动直线命令

指定下一点或[放弃(u)]：   // 将两个矩形的对角点相连,下略,结果如图 11-40 所示

指定下一点或[放弃(u)]：

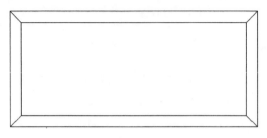

图 11-40　风口外轮廓

命令:X

EXPLODE   //输入命令 x,启动分解命令

选择对象:找到 1 个   //选择位于内部的矩形

选择对象: //按 Space 键,将矩形分解为 4 条线段

命令:DIVIDE   //输入 divide,启动定数等分命令

选择要定数等分的对象: //选择被分解矩形的上边或下边

输入线段数目或[块(B)]:4   //输入需要被等分成的数目

命令:DIVIDE   //重复定数等分命令

选择要定数等分的对象: //选择被分解矩形的左边或右边

输入线段数目或[块(B)]:4   //输入需要被等分成的数目

命令:L

LINE 指定第一点: //启动直线命令

指定下一点或[放弃(u)]:   //捕捉被等分的线段上的节点,如图 11-41 所示

指定下一点或[放弃(u)]:   //捕捉矩形的对边,交点或垂足

                                //重复上述直线绘制过程,完成图形

图 11-41　节点捕担

下面是几点说明。

(1)矩形相当于由 4 条线段组成的闭合多段线,因此也可以进行宽度设置。多段线编辑命令对其也是有效的。

(2)除了对角点之外,还可以利用其他选项控制矩形的生成,如面积、尺寸等,也可以在创建时对其进行旋转。还可以利用倒角或圆角选项对矩形的角点形状进行控制。

(3)偏移 OFFSET(O)命令(【常用】选项卡【修改】面板的【偏移】按钮 ）可以创建与选定对象造型平行的新对象。对于直线,偏移命令可以创建其平行线,对于矩形或圆弧,偏移命令可以创建一个更大或更小的圆弧,大小取决于向哪一侧偏移。

(4)分解 EXPLODE(X)命令(【常用】选项卡【修改】面板的【分解】按钮 ）可以将组合对象分解成多个图形对象。

（5）将一条线段等分有两种方法：定数等分（DIVIDE）和定距等分（MEASURE），分别通过指定数目和距离实现对线段的等分。也可以对其他对象如矩形、圆弧、多段线等进行等分。等分之后生成的节点可以利用节点捕捉功能定位，也可以通过改变点样式显示出来。

单击【菜单浏览器】，选择【格式】/【点样式】命令，打开如图 11-42 所示的【点样式】对话框。

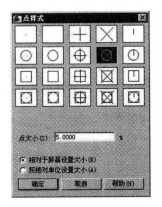

图 11-42　【点样式】对话框

选择图中所示的点样式，单击 确定 按钮。可以看到风口图形中被等分的线段上按新的点样式显示出了节点，如图 11-43 所示。

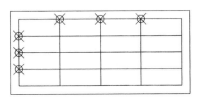

图 11-43　显示点样式的百叶风口

11.3.4　圆和圆弧

（1）圆命令的启动方法如下。

- 命令：CIRCLE（C）。
- 按钮：【绘图】面板上的【圆】按钮 ⊙
- 下拉菜单：【菜单浏览器】，【绘图】/【圆】，展开至下一级。

（2）圆弧命令的启动方法如下。

- 命令：ARC（A）。
- 按钮：【绘图】面板上的【圆弧】按钮 ／
- 下拉菜单：【菜单浏览器】，【绘图】/【圆弧】，展开至下一级。

AutoCAD 提供了 6 种圆的绘制方法和 11 种圆弧的绘制方法，最常用的绘制方法是利用圆心半径画圆以及利用 3 点画圆弧。其他方法有些可以在命令行提示中激活，"二维草图与注释"工作空间中可以单击面板按钮右侧的箭头展开下一级列表启动所有绘制命令，或利用下拉菜单激活，而在"AutoCAD 经典"工作空间中只能利用下拉菜单激活。

【练习 11-13】：完成如图 11-44 所示离心风机的绘制。

1. 打开极轴追踪，设置对象捕捉模式为【端点】、【圆心】。

169

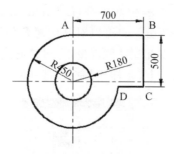

图 11-44　离心风机

2. 绘制圆及圆弧。

命令:C　　　　　　　　　　　　　　//输入命令 C,启动画圆命令

CIRCLE 指定圆的圆心或【三点(3P)/N 点(2P)/切点、切点、半径(T)】:

　　　　　　　　　　　　　　　　　//单击一点作为圆心

指定圆的半径或[直径(D)]<0>:180　　//输入半径

命令:A　　　　　　　　　　　　　　//输入 a,启动圆弧命令

ARC 指定圆弧的起点或[圆心(c)]:C 指定圆弧的圆心:

　　　　　　　　　　　　　　　　　//输入 C,捕捉圆心作为圆弧的圆心

指定圆弧的起点:450　　　　　　　　//再次捕捉追踪圆心,向上追踪 90°角,输入 A 点

　　　　　　　　　　　　　　　　　　距圆心的距离,将 A 作为圆弧起点

　　　　　　　　　　　　　　　　　//输入 a,切换至包含角,输入角度

指定圆弧的端点或[角度(A)/弦长(L)]:a 指定包含角:270

3. 绘制直线部分。

命令:L

LINE 指定第一点:　　　　　　　　　//启动直线命令,捕捉 A 点

指定下一点或[放弃(u)]:700　　　　//向右追踪 0°角,输入 AB 段距离

指定下一点或[放弃(u)]:500　　　　//向下追踪 270°角,输入 BC 段距离

指定下一点或[闭合(c)/放弃(u)]:　//向左追踪 180°角,在 D 点左侧单击一点

指定下一点或[闭合(c)/放弃(u)]:　//退出直线命令

此时得到如图 11-45 所示的图形。图中 D 点为线段 C D 和圆弧的交点,D 点左侧的直线部分和 D 点上方的圆弧部分都需要被去掉。

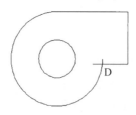

图 11-45　风机轮廓

4. 修剪图形。

命令:TR

TRIM　　　　　　　　　　　　　　　// 输入命令 t r,启动修剪命令

当前设置:投影=UCS,边=无

选择剪切边…　　　　　　　　　　　//提示选择用于剪切的边

选择对象或＜全部选择＞:找到 1 个　　//选择线段 CD

选择对象:找到 1 个,总计 2 个　　　//选择圆弧

选择对象:　　　　　　　　　　　//按 Space 键,完成选择

选择要修剪的对象,或按住 Shift 键选择要延伸的对象,或　　//提示选择被修剪的对象

[栏选(F)/窗交(c)/投影(P)/边(E)/删除(R)/放弃(u)]://单击 D 点左侧的直线部分

选择要修剪的对象,或按住 Shift 键选择要延伸的对象,或

[栏选(F)/窗交(c)/投影(P)/边(E)/删除(R)/放弃(u)]:// 单击 D 点上方的圆弧部分

选择要修剪的对象,或按住 Shift 键选择要延伸的对象,或

[栏选(F)/窗交(c)/投影(P)/边(E)/删除(R)/放弃(u)]: 按 Space 键,退出命令

下面是几点说明。

(1)捕捉圆心时若直接将鼠标指针移至圆心处有可能无法捕捉到圆心,此时应首先将鼠标指针移到圆或圆弧上;待圆心处出现捕捉标记后再将鼠标指针移向圆心,并确保在移动过程中圆心处始终显示追踪标记,即小"十"字标记。

(2)本例中利用修剪 TRIM(TR)命令(【常用】选项卡【修改】面板的【修剪】按钮）实现了直线和圆弧共用端点 D 的定位。修剪命令首先提示选择用于剪切的边,确定之后再提示选择被修剪的对象,以剪切边为界,选择的对象位于选择点一侧的部分将被修剪掉。在修剪时,一个对象既可以作为剪切边,也可以作为被修建对象。关于修剪命令的其他信息,将在第十二章进行介绍。

(3)关于圆与圆弧的绘制方法,限于篇幅,无法一一介绍其操作方法,建议读者将每一种方法自行练习,并根据其命令行提示熟悉各种选项,以便于在绘图时根据实际情况灵活选择合适的绘制方法。

(4)在建筑设备制图中,圆弧经常用于管道弯头等与两条直线相切的场合,此时更为简便实用的圆弧绘制方法是利用倒角功能,该命令也将在第十二章进行介绍。

11.3.5　图案填充及编辑

剖面图绘制时经常需要用剖面线来区分不同的部分和材质,在工程图中剖面线一般绘制在一个对象或几个对象围成的封闭或半封闭区域中。在 AutoCAD 中绘制剖面线的工具是图案填充,软件提供了许多标准填充图案,用户也可定制自己的图案。剖面图案的疏密及剖面线条的倾角均可以控制。

命令启动方法如下。

● 命令:BHATCH(BH)。

● 按钮:【绘图】面板上的【图案填充】按钮

● 下拉菜单:【菜单浏览器】,【绘图】/【图案填充】。

【练习 11-14】:绘制如图 11-46 所示的管道穿墙的剖面线。

该图表示保温管道水平穿墙,共有 3 种剖面线,分别表示墙体、灰浆以及保温材料部分,每种剖面线均由对称的两部分组成。

如图 11-46 所示的穿墙管道,打开光盘"11-14"图形文件。

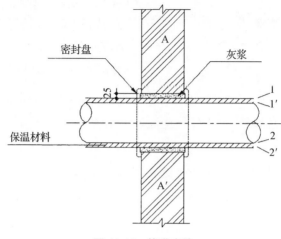

图 11-46　管道穿墙

1. 填充墙体及灰浆部分。

命令：BH

BHATCH　　　　　　　// 输入 b h，打开如图 11-47 所示的【图案填充和渐变色】对话框

拾取内部点或［选择对象(S)/删除边界(B)］：　　正在选择所有对象…

　　　　　　　//单击【添加：拾取点】按钮 ，在 A 点附近的空白区域内单击，围成
　　　　　　　　此区域的直线变成虚线，处于被选定状态

正在选择所有可见对象…

正在分析所选数据…

正在分析内部孤岛…

拾取内部点或［选择对象(S)/删除边界(B)］：　　　//在 A′点附近的空白区域内单击

正在分析内部孤岛…

拾取内部点或［选择对象(S)/删除边界(B)］：　　　//按 Space 键，回到对话框

　　//单击【图案】下拉列表框或其右侧的按钮，或者单击【样例】中显示的预览图案，打开
如图 11-48 所示的【填充图案选项板】对话框，从【ANSI】选项卡中选择 ANSI34，单击 确定
按钮。将比例改成"10"　　　　　　　　　　　　　//单击【预览】按钮 预览 ，查看效果

拾取或按 Esc 键返回到对话框或＜单击鼠标右键接受图案填充＞：

　　//左键、Esc 键和 Space 键用于退回对话框继续修改

　　//右键和 Enter 键用于接受图案填充，并退出命令

以同样的方法完成灰浆部分的填充。填充图案为【其他预定义】选项卡中的 AR-SAND，
比例为"0.5"。

2. 填充保温层部分。

命令：BH

BHATCH　　　　　//输入 b h，启动图案填充命令，打开【图案填充和渐变色】对话框

选择对象或［拾取内部点(K)/删除边界(B)］：找到 1 个

　　　　　　　//单击【添加：选择对象】按钮 ，选择线段 1 和 1′，两条线段变成虚线，

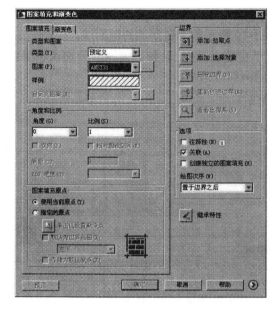

图 11-47 【图案填充和渐变色】对话框

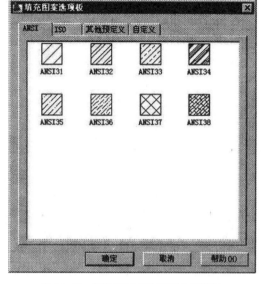

图 11-48 【填充图案选项板】对话框

处于被选定状态

选择对象或[拾取内部点(K)/删除边界(B)]:找到 1 个,总计 2 个

选择对象或[拾取内部点(K)/删除边界(B)]://按 Space 键,回到对话框

　　　　　　　　　　　　　　　　　　//设置填充图案为【ANSI31】,比例为"10"

　　　　　　　　　　　　　　　　　　//单击【预览】按钮 ▇预览▇ ,查看效果

拾取或按 Esc 键返回到对话框或<单击鼠标右键接受图案填充>: // 完成填充

命令:BHATCH　　　　　　　　　　　　　　　//再次启动图案填充命令

选择对象或[拾取内部点(K)/删除边界(B)]:找到 1 个　　//选择线段 2 和 2′

选择对象或[拾取内部点(K)/删除边界(B)]:找到 1 个,总计 2 个

选择对象或[拾取内部点(K)/删除边界(B)]:　　　　　　//按上一次的设置完成填充

下面是几点说明。

(1)在绘制剖面线时,首先要指定填充边界。一般可用两种方法选定画剖面线的边界,一种是在闭合的区域中选一点,AutoCAD 自动搜索闭合的边界;另一种是通过选择对象来定义边界。

(2)以点确定的边界必须是闭合的,或者间隙足够小。以对象确定的边界可以是开放的。所以本例中填充保温层部分时只能采用以对象确定边界的方法。

(3)在同一次操作内完成的填充图案是一个整体,可以单独进行编辑操作,并不再依赖于边界而独立存在。

(4)单击【图案填充和渐变色】对话框(如图 11-49 所示)右下角的箭头,可以使其在完整界面和部分界面之间转换。其中的【孤岛检测】用于设置嵌套区域的填充模式。若开放边界的间隙小于设定的【允许的间隙】则认为该边界是闭合的。

(5)可以利用菜单或输入命令启动图案填充编辑。最简单的方法是在填充图案上双击,打开【图案填充编辑】对话框,该对话框的界面和操作方法与【图案填充和渐变色】对话框基本相同。

173

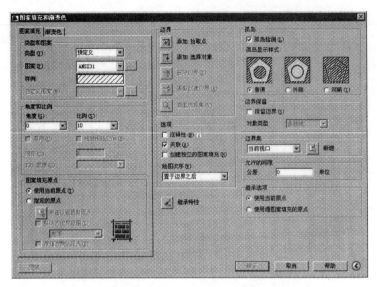

图 11-49　【图案填充和渐变色】对话框的完整界面

（6）图案填充的类型、角度、比例等也可以在【特性】对话框（利用右键快捷菜单或组合键 Ctrl ＋ L 打开）中进行修改。

11.4　小结

本章首先通过一个简单的实例，介绍了使用 AutoCAD 进行图形绘制的基本操作。由于 AutoCAD2009 与以前的版本相比在界面上有了较大的改变，对这部分内容也进行了简要介绍。

在操作方式方面，建议读者尽可能采用键盘和鼠标相结合的命令输入和执行方式，充分利用 Space 键和 Enter 键，以及其他的组合键，以提高绘图效率。

以直线的绘制为例，介绍了坐标、极轴追踪、对象捕捉等绘图辅助工具的特点及其应用，这些绘图辅助工具是 AutoCAD 绘图有别于手工绘图的优势所在，无论是对于提高绘图的精度还是速度都有着重要的作用。

结合建筑设备专业的特点，介绍了常用的多线、多段线、矩形、圆以及图案填充等绘图命令及其在通常情况下的使用方法。对于其他绘图命令，如椭圆、构造线、射线、样条曲线、修订云线、圆环等，由于不常使用，这里不再进行介绍。其操作方式与常用命令大同小异，读者可根据需要自行练习。

第十二章　二维图形编辑命令

在 AutoCAD 绘图过程中,既包含新图形对象的创建,还包括对已有图形对象的修改,以及利用已有的图形对象创建新的图形对象,这些都要用到对象编辑功能。图形对象的创建和编辑往往是密不可分的,如多线的绘制,在很多情况下,在图形的编辑上要耗费比图形创建还要多的时间。一张图纸的完成需要综合运用多个绘制和编辑命令,灵活利用 AutoCAD 的对象编辑功能,可以极大地提高绘图效率。

12.1　对象选择

要指定对象才能实现对图形对象的编辑,编辑命令的执行和对象的选择可以有不同的先后顺序。可以如 Windows 中的文件操作那样,先选择对象,再执行编辑命令,也可以先发出编辑命令,再选择对象。后者有更多的灵活性,因此在一般情况下,建议采用先执行命令再选择对象的方法。在执行编辑命令之后,AutoCAD 提示如下。

选择对象:

此时,进入对象选择模式,鼠标指针变成方形,可以逐个点取对象完成选择。此外,Auto-CAD 还提供了多种对象选择方法,用于多个对象的选择。下面以删除命令的执行为例介绍常用的对象选择方法。

12.1.1　窗口、交叉及栏选模式

【练习 12-1】:将如图 12-1 左图所示的双层百叶风口改为右图所示的单层百叶风口。

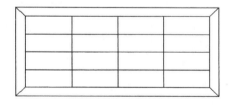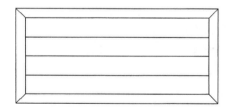

图 12-1　修改百叶风口

本例的主要目的是删除中间的 3 条垂直线。

删除命令的启动方法如下。

- 命令:ERASE(E)。
- 按钮:【修改】面板上的【删除】按钮 ✐
- 下拉菜单:【菜单浏览器】,【修改】/【删除】。

打开光盘"12-1F"图形文件。

命令:E

ERASE	//启动删除命令
选择对象:指定对角点:找到 3 个	//先后单击图 12-2 中的 A 点和 C 点
选择对象:	//按 Space 键,退出命令

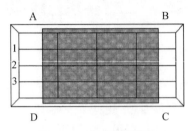

图 12-2 窗口选择模式

命令:_u ERASE	//按组合键 Ctrl + Z,撤销
命令:ERASE	//再次启动删除命令
选择对象:指定对角点:找到 6 个	// 先后单击图 12-3 中的 C 点和 A 点
选择对象:找到 1 个,删除 1 个,总计 5 个	//按住 Shift 选择水平线 1
选择对象:找到 1 个,删除 1 个,总计 4 个	//按住 Shift 选择水平线 2
选择对象:找到 1 个,删除 1 个,总计 3 个	//按住 Shift 选择水平线 3
选择对象:	//按 Shift 退出命令

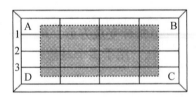

图 12-3 交叉选择模式

命令:_u ERASE	//按组合键 Ctrl + Z,撤销
命令:ERASE	//再次启动删除命令
选择对象:f	//输入 f,进入栏选模式
指定第一个栏选点:	//单击图 12-4 中的 A 点
指定下一个栏选点或[放弃(u)]:	//单击图 12-4 中的 B 点
指定下一个栏选点或[放弃(u)]:找到 3 个	//按 Space 键,结束栏选
选择对象:	//按 Space 键,退出命令

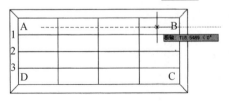

图 12-4 栏选模式

下面是几点说明。

（1）系统默认的选择方式是矩形选择，即利用两个对角点确定的虚拟矩形来选择对象，并根据点击两对角点先后顺序的不同分为窗口（Window）选择模式和交叉（Crossing）选择模式。先左后右为窗口选择模式，先右后左为交叉选择模式，本例中，点击顺序为 A-C 或 D-B 均为窗口选择模式，点击顺序为 B-D 或 C-A 均为交叉选择模式。

（2）在窗口选择模式下拉出的矩形框为实线，在交叉选择模式下拉出的矩形框为虚线，其颜色也不相同。

（3）在窗口选择模式下，只有完全包含在选择框内的对象才会被选择；在交叉选择模式下，完全包含在选择框内以及与边框相交的对象都会被选择，即只要有部分包含在选择框内，对象都会被选择。

（4）在提示选择对象后输入"F"（Fence），将激活栏选模式，在系统提示下绘制一系列连续的虚拟直线，只要与该直线相交的对象都会被选择。

（5）在对象选择时可以综合利用多种选择方式，不断向选择集中增加对象。按住 Shift 键后再选择对象可以将该对象反向选择，即将对象从选择集中删除，该操作同样支持多种选择方式。

（6）在选择对象过程中输入"R"（Remove），将激活删除模式，也可以进行将对象从选择集中删除的操作，输入"A"（Add）将重新进入增加模式。

12.1.2　利用快速选择构建选择集

使用"快速选择"功能可以根据指定的过滤条件（对象特性或对象类型）快速定义选择集。

【练习 12-2】：删除图形中的不可见对象。

打开光盘"12-1F"图形文件，如图 12-7，图中含有两条红颜色的直线，由于跟风口直线重合，在图中并不可见。

按 Esc 键，终止所有活动命令，在绘图区域中单击鼠标右键，从弹出的如图 12-5 所示的快捷菜单中选择【快速选择】命令，打开如图 12-6 所示的【快速选择】对话框。

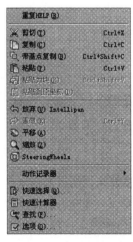

图 12-5　绘图区快捷菜单

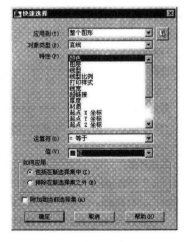

图 12-6　【快速选择】对话框

还可以通过【菜单浏览器】，选择【工具】/【快速选择】命令，打开【快速选择】对话框。

在对话框内，将【应用到】选择为【整个图形】，【对象类型】选择为【直线】，【特性】选择为【颜色】,【运算符】选择为【＝等于】,【值】选择为【红色】。即在整个图形中选择颜色为红色的直线对象。

单击 **确定** 按钮,选择的结果如图 12-7 所示。运行删除命令即可将被选择的两条红线删除。

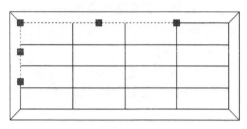

图 12-7　快速选择的结果

下面是几点说明。

(1)快速选择功能尤其适合较大图形中具有特定特征的对象的选择。

(2)利用快速选择,只能先构造选择集,后执行编辑命令。除此之外的编辑操作,一般建议先执行命令,再选择对象。

(3)本例中,若已知两条红线的大概位置,也可以采用窗口选择模式完成选择。

(4)对于重叠对象,将鼠标指针悬停在对象上方,反复按组合键 Shift ＋ Space ,将循环显示目前单击后可被选择的对象。在较低的版本中,是通过按住 Ctrl 键后反复单击来实现对象的循环选择的。

12.1.3　其他选择方式

在提示选择对象时输入一组无意义的字母,命令行将会提示对象选择的所有选项,Auto-CAD 提示如下。

命令:E

ERASE

选择对象:q

＊无效选择＊

需要点或窗口(w)/上一个(L)/窗交(c)/框(BOX)/全部(ALL)/栏选(F)/圈围(WP)/圈交(CP)/编组(G)/添加(A)/删除(R)/多个(M)/前一个(P)/放弃(u)/自动(Au)/单个(SI)/子对象(SU)/对象(O)

选择对象:

输入"W"(Window),将激活窗口选择模式,接下来无论对角点的点击顺序如何,都将按窗口选择模式进行选择。同理,输入"c"(Crossing),将激活交叉(窗交)选择模式。

输入"WP"(Wpolygon),将激活多边形窗口(圈围)选择模式,通过鼠标点击确定的多边形来实现对象的选择,其选择对象的特点与窗口选择模式相同。同理,输入"CP"(Cpolygon),将激活多边形交叉(圈交)选择模式。

在提示选择对象后输入"L"(1ast),将选择最近绘制的一个图形。

在提示选择对象后输入"a11",可实现全部对象的选择。

使用 Ctrl ＋ Z 或者输入"u"可以撤销上一个对象选择操作,按 Esc 键则可以撤销所有对象选择操作并退出当前命令。

12.2　对象复制

对象复制类命令的共同特点是可以生成一个或多个与已有图形对象相同或相似的对象，包括复制、镜像、偏移和阵列。

12.2.1　复制

对于多个相同的对象，可以在完成一个之后利用复制命令快速生成。复制时，首先指定要复制的对象，可以是一个，也可以是多个，然后通过两点来指定新对象相对源对象的距离和方向。

命令启动方法如下。
- 命令：COPY（CP、CO）.
- 按钮：【修改】面板上的【复制】按钮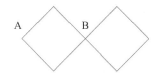
- 下拉菜单：【菜单浏览器】，【修改】/【复制】。

【练习12-3】：利用复制命令绘制如图 12-8 所示的波纹管补偿器。

该图形由两个完全相同的正方形组成，因此可以先用矩形或多边形命令绘制其中一个正方形，再采用复制命令创建另一个正方形。

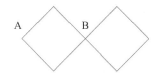

图 12-8　波纹管补偿器

命令：_rectang	//启动矩形命令
指定第一个角点或［倒角(c)/标高(E)/圆角(F)/厚度(T)/宽度(w)］：	//单击任意一点
指定另一个角点或［面积(A)/尺寸(D)/旋转(R)］:r	//激活旋转选项
指定旋转角度或［拾取点(P)］<0>:45	//旋转 45°
指定另一个角点或［面积(A)/尺寸(D)/旋转(R)］:200	//向右追踪 0°角，输入对角长度，绘制正方形

命令：CP
COPY　　　　　　　//启动复制命令
选择对象：找到 1 个　　//选择绘制的正方形
选择对象：　　　　　//按 Space 键，完成对象选择
当前设置：复制模式＝多个　　//提示当前的复制模式
指定基点或［位移(D)/模式(o)］<位移>:指定第二个点或<使用第一个点作为位移>:
　　　　　　　　　//捕捉正方形左端的 A 点为基点，捕捉正方形右端的 B 点为第二点
指定第二个点或［退出(E)/放弃(u)］<退出>:　　//按 Space 键，退出复制命令
下面是几点说明。

（1）AutoCAD 中的复制命令的特点是可以指定基点，并根据基点的相对位移来准确控制对象复制的目标位置。但该命令只适合在同一个文件内进行对象复制。

（2）若需要在不同文件之间复制对象，则需要用到与其他 Windows 应用程序相同的【复制】和【粘贴】命令，利用剪贴板进行数据传递。借鉴复制命令的基点功能，AutoCAD 2009 中提供了【带基点复制】功能，该按钮在【实用程序】面板上【复制】按钮 的下级按钮中。

（3）以基点作为定位点，其选择对于复制命令的执行至关重要，基点可以是对象上的点，也可以是其他的参考点。第二点的指定可以综合利用捕捉、追踪、输入坐标等多种方式。

（4）系统默认的复制模式是"多个"，该模式可以通过在提示"指定基点或［位移（D）/模式（O)]＜位移＞："时输入"O"进行修改。较低的 AutoCAD 版本默认为单个模式，若想通过复制创建多个对象，则需要在提示"指定基点或位移，或者【重复（M）】："时，输入"m"，激活多重复制模式。

（5）用户可以自行尝试利用左右键拖放进行复制操作：选择对象，在对象上按住鼠标左键或右键拖动至新位置放开。左键实现对象的移动，右键放开后弹出快捷菜单，可以选择复制还是移动。

12.2.2 镜像

对称是自然界常见的一种现象，在建筑以及设备制图中，也经常会遇到对称图形，这时，只需画出图形的一半，另一半可以利用镜像命令生成。镜像操作时，首先指定要镜像的对象，然后再指定镜像线位置即可。

命令启动方法如下。

- 命令：MIRROR(MI)。
- 按钮：【修改】面板上的【镜像】按钮 。
- 下拉菜单：【菜单浏览器】，【修改】/【镜像】。

【练习 12-4】：绘制如图 12-9 所示的风管与风口组合。

该图为变风量系统的送风末端，同时也适用于全空气系统风管及送风口的绘制。图中包含一条主风管和 4 条支风管，每条支风管末端都有一个方形散流器风口。

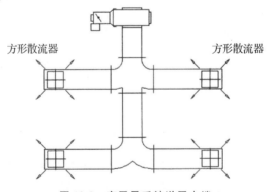

图 12-9　变风量系统送风末端

打开光盘"12-4"图形文件，其中已经给出了主风管和左上角的支风管和风口，下面在此基础上完成图形。

命令：CP

COPY　　　　　　　　　　　　　　//启动复制命令

选择对象:指定对角点:找到 4 个　　　//交叉选择左上角的风管及风口

选择对象:　　　　　　　　　　　//按 Space 键,完成对象选择

当前设置:复制模式＝多个

指定基点或[位移(D)/模式(o)]＜位移＞:指定第二个点或＜使用第一个点作为位移＞:

//捕捉 A 点处法兰的中点作为基点,捕捉 B 点处法兰的中点作为第二点,如图 12-10 所示

指定第二个点或[退出(E)/放弃(u)]＜退出＞:　　　//按 Space 键,退出复制命令

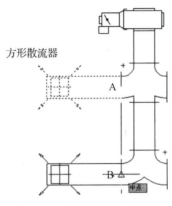

图 12-10　复制时基点的选择

命令:mi MIRROR　　　　　　　　　　//启动镜像命令

选择对象:指定对角点:找到 9 个　　　　　//交叉选择左侧的风管、风口及文字

选择对象:指定镜像线的第一点:指定镜像线的第二点:

　　　　　　　　　　　　　　　//捕捉 C 点处法兰的中点作为基点,
　　　　　　　　　　　　　　　捕捉 D 点处法兰的中点作为第二
　　　　　　　　　　　　　　　点,如图 12-11 所示

要删除源对象吗？[是(Y)/否(N)]＜N＞:　　//按 Space 键,退出镜像命令

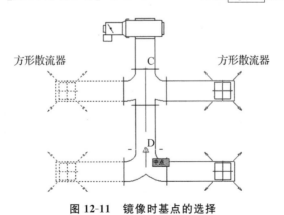

图 12-11　镜像时基点的选择

下面是几点说明。

(1)本例中,若只选择风道和风口,而不选择相邻的法兰,最适合的方法是采用交叉选择模式。

（2）镜像时需要由两点指定一条镜像线，目标对象和源对象相对于镜像线是对称的。

（3）镜像线第一点的指定尤为重要。对于本例镜像线垂直的情况，C 点可以选择任何一条水平法兰线的中点，然后垂直追踪后单击任何一点均可。

（4）镜像之后源对象可以选择保留，也可以删除，只需在提示"要删除源对象吗？［是（Y）/否（N）］"时输入"Y"即可，后面尖括号内提示默认为不删除。

（5）文字在镜像之后其方向并没有改变，这是由 MIRRTEXT 变量控制的，系统默认为 0，即不改变。若发现文字方向发生了改变，只需在命令行中输入"MIRRTEXT"之后将变量值改为 0 即可。

12.2.3 偏移

在第一章已经介绍过偏移命令的使用，偏移命令可以用来创建平行对象，如平行线、同心圆或圆弧等。

命令启动方法如下。

- 命令：OFFSET（O）。
- 按钮：【修改】面板上的【偏移】按钮 ▣
- 下拉菜单：【菜单浏览器】，【修改】/【偏移】。

【练习 12-5】：利用偏移绘制间距为 200 的平行线，结果如图 12-12 所示。

1. 绘制直线的平行线。

命令：L

LINE 指定第一点： //启动直线命令

指定下一点或［放弃（u）］： //绘制任意一条直线

指定下一点或［放弃（u）］：

命令：O

OFFSET //启动偏移命令

当前设置：删除源＝否　图层＝源 OFFSETGAPTYPE＝0 //显示当前设置

指定偏移距离或［通过（T）/删除（E）/图层（L）］＜通过＞： //按 ⎡Space⎤ 键，选择通过模式

选择要偏移的对象，或［退出（E）/放弃（u）］＜退出＞： //选择直线

指定通过点或［退出（E）/多个（M）/放弃（u）］＜退出＞：200 //对象捕捉追踪直线端点或中点，移动鼠标光标，对象捕捉追踪垂足，输入偏移距离，确定通过点

选择要偏移的对象，或［退出（E）/放弃（u）］＜退出＞： //按 ⎡Space⎤ 键，退出偏移命令

2. 绘制多段线的平行线。

命令：PL

PLINE //启动多段线命令

指定起点： //单击任意一点

当前线宽为 0

指定下一个点或［圆弧（A）/半宽（H）/长度（L）/放弃（u）/宽度（w）］：600

//向右追踪 0°角，输入直线段长度

指定下一点或[圆弧(A)/闭合(c)/半宽(H)/{i 度(L)/放弃(u)/宽度(w)]:a

　　　　　　　　　　　　　　　//输入 a,切换至圆弧模式

指定圆弧的端点或

[角度(A)/圆心(CE)/闭合(CL)/方向(D)/半宽(H)/直线(L)/半径(R)/第二个点(S)/

放弃(U)/宽度(w)]:a　　　　　　　// 输入 a,以包含角确定圆弧

　　指定包含角:90　　　　　　　　// 输入圆弧角

　　指定圆弧的端点或[圆心(CE)/半径(R)]:r //输入 r,指定圆弧半径

　　指定圆弧的半径:400　　　　　　//输入圆弧半径

　　指定圆弧的弦方向<O>:　　　　　//向右上追踪 45°角,单击一点

　　指定圆弧的端点或

[角度(A)/圆心(CE)/闭合(CL)/方向(D)/半宽(H)/直线(L)/半径(R)/第二个点(S)/

放弃(u)/宽度(w)]:L　　　　　　　//输入 L,切换至直线模式

　　指定下一点或[圆弧(A)/闭合(C)/半宽(H)/长度(L)/放弃(u)/宽度(w)]:400

　　　　　　　　　　　　　　　//向上追踪 90°角,输入直线长度

　　指定下一点或[圆弧(A)/闭合(C)/半宽(H)/长度(L)/放弃(u)/宽度(w)]:

　　　　　　　　　　　　//按 Space 键,退出多段线命令

命令:O　OFFSET　　　　　　　//启动偏移命令

当前设置:删除源=否　图层=源 OFFSETGAPTYPE=0

指定偏移距离或[通过(T)/删除(E)/图层(L)]<通过>:200　// 输入偏移距离

选择要偏移的对象,或[退出(E)/放弃(u)]<退出>:　　//选择多段线

指定要偏移的那一侧上的点,或[退出(E)/多个(M)/放弃(u)]<退出>:

　　　　　　　　　　　　　//在要偏移的一侧单击

选择要偏移的对象,或[退出(E)/放弃(u)]<退出>:　//按 Space 键,退出偏移命令

3. 绘制圆弧的平行线,如图 12-12 所示。

命令:a ARC 指定圆弧的起点或[圆心(c)]:　　　　//启动圆弧命令,单击第一点

指定圆弧的第二个点或[圆心(c)/端点(E)]:　　　　//单击第

指定圆弧的端点:　　　　　　　　　　//单

命令:O　OFFSET　　　　　　　//启动

当前设置:删除源=否图层=源 OFFSETGAPTYPE=0

指定偏移距离或[通过(T)/删除(E)/图层(L)]<200>: //按 Space 键,以上次的偏移距

　　　　　　　　　　　　离进行偏移

选择要偏移的对象,或[退出(E)/放弃(u)]<退出>:　//选择圆弧

指定要偏移的那一侧上的点,或[退出(E)/多个(M)/放弃(u)]<退出>://指定偏移侧

选择要偏移的对象,或[退出(E)/放弃(U)]<退出>:　//按 Space 键,退出偏移命令

下面是几点说明。

(1)可以通过偏移距离或指定通过点来确定偏移对象的位置。偏移距离为两条线之间的

最短距离,通过点可以利用极轴追踪、对象捕捉等方式确定。

(2)在选择被偏移的对象之后输入"M"开关,将激活多重偏移选项,可以以当前对象为中

心向两侧依次创建多个等间距的对象。

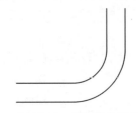

图 12-12　平行线的绘制

(3)一次只能对一个对象进行偏移，无法对多线对象进行偏移。

【**练习 12-6**】:绘制如图 12-13 所示的圆形散流器。

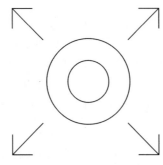

图 12-13　圆形散流器

1.绘制同心圆。

启动圆形绘制命令,单击一点作为圆心。

命令:C

CIRCLE　指定圆的圆心或[一点(3P)/两点(2P)/切点、切点、半径(T)]:

指定圆的半径或[直径(D)]:100　　　　　　　　　　　　　//输入内圆的半径

命令:O OFFSET　　　　　　　　　　　　　　//启动偏移命令

当前设置:删除源=否　图层=源 OFFSETGAPTYPE=0

指定偏移距离或[通过(T)/删除(E)/图层(L)]<200>:100　　// 设定偏移距离

选择要偏移的对象,或[退出(E)/放弃(u)]<退出>:　　　　//选择圆

指定要偏移的那一侧上的点,或[退出(E)/多个(M)/放弃(u)]<退出>:// 在圆的外侧
　　　　　　　　　　　　　　　　　　　　　　　　　　　　　　　单击

选择要偏移的对象,或[退出(E)/放弃(u)]<退出>:　　　　//退出偏移命令

2.绘制箭头。

命令:L　　　　　　　　　　　　　　　//启动直线命令

LINE 指定第一点:　　　　　　　　　　　//对象捕捉追踪大圆右侧和上方的象限点,在
　　　　　　　　　　　　　　　　　　　　在两条追踪线交点处单击作为箭头起点

指定下一点或[放弃(u)]:200　　　　　　//向右上追踪 45°角,输入直线长度

指定下一点或[放弃(u)]:100　　　　　　//向下追踪 270°角,输入直线长度

指定下一点或[闭合(C)/放弃(U)]:　　　　//退出直线命令

命令:LINE 指定第一点:　　　　　　　　//重复直线命令,捕捉两条直线的交点

指定下一点或[放弃(u)]:100　　　　　　//向左追踪 180°角,输入直线长度

184

指定下一点或［放弃（u）］： //退出直线命令

3．复制箭头。

命令：MI

MIRROR //启动镜像命令

选择对象：指定对角点：找到 3 个 //选择绘制的箭头

选择对象：指定镜像线的第一点：指定镜像线的第二点：

　　　　　　　　　　//捕捉圆心或圆的上下象限点绘制垂直镜像线

要删除源对象吗？［是（Y）/否（N）］＜N＞：//完成镜像命令

命令：MIRROR //重复镜像命令

选择对象：指定对角点：找到 6 个 //选择绘制的箭头

选择对象：指定镜像线的第一点：指定镜像线的第二点：

　　　　　　　　　　//捕捉圆心或圆的左右象限点绘制水平镜像线

要删除源对象吗？［是（Y）/否（N）］＜N＞：//完成镜像命令

12.2.4 阵列

在绘制具有均布特征的几何元素（如柱子或风口等）时，可以采用复制方式，而更为有效的方式是阵列命令。

命令启动方法如下。

- 命令：ARRAY（AR）。
- 按钮：【修改】面板上的【阵列】按钮 ⊞。
- 下拉菜单：【菜单浏览器】，【修改】/【阵列】。

【练习 12-7】：绘制如图 12-14 所示的轴网以及柱子。

柱网共有 3 行 6 列，此类图形特别适合用阵列命令来绘制，当然也可以利用复制命令通过捕捉轴线交点逐个进行复制。同时，该例也使用到了前面介绍过的偏移、填充命令以及临时捕捉功能。

在图 12-14 中，轴线行间距为 6 000，列间距为 3 600，柱子尺寸为 600×600。

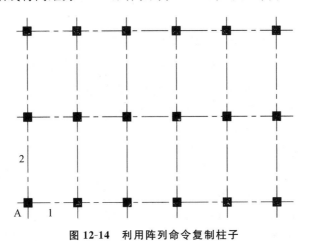

图 12-14 利用阵列命令复制柱子

打开光盘"12-7"图形文件，先画出最左侧的垂直轴线和最下方的水平轴线。

1．通过偏移命令绘制轴线。

命令:O

OFFSET   //启动偏移命令

当前设置:删除源＝否　　图层＝源 OFFSETGAPTYPE＝0

指定偏移距离或[通过(T)/删除(E)/图层(L)]＜通过＞:6000 //输入偏移距离

选择要偏移的对象,或[退出(E)/放弃(u)]＜退出＞:　　　　//选择轴线 1

指定要偏移的那一侧上的点,或[退出(E)/多个(M)/放弃(u)]＜退出＞://单击上方一点

选择要偏移的对象,或[退出(E)/放弃(u)]＜退出＞:　　　　//选择刚生成的轴线

指定要偏移的那一侧上的点,或[退出(E)/多个(M)/放弃(u)]＜退出＞://单击上方一点

选择要偏移的对象,或[退出(E)/放弃(U)]＜退出＞:　　　　//退出偏移命令

命令:OFFSET   //再次启动偏移命令

当前设置:删除源＝否　　图层＝源 OFFSETGAPTYPE＝0

指定偏移距离或[通过(T)/删除(E)/图层(L)]＜6000＞:3600 //输入偏移距离

选择要偏移的对象,或[退出(E)/放弃(u)]＜退出＞:　　　　//选择轴线 2

指定要偏移的那一侧上的点,或[退出(E)/多个(M)/放弃(u)]＜退出＞:m

　　　　　　　　　　　　　　　　　　　　　　　　　　//进入多重模式

指定要偏移的那一侧上的点,或[退出(E)/放弃(u)]＜下一个对象＞:

　　　　　//连续在轴线右侧单击,重复 5 次,注意每次单击的点均需在所有垂直轴线的右侧

指定要偏移的那一侧上的点,或[退出(E)/放弃(u)]＜下一个对象＞:

指定要偏移的那一侧上的点,或[退出(E)/放弃(u)]＜下一个对象＞:

指定要偏移的那一侧上的点,或[退出(E)/放弃(u)]＜下一个对象＞:

指定要偏移的那一侧上的点,或[退出(E)/放弃(u)]＜－F 一个对象＞:

指定要偏移的那一侧上的点,或[退出(E)/放弃(u)]＜下一个对象＞:

　　　　　　　　　　　　　　　　　　　//按 Space 键,完成对轴线 2 的偏移

选择要偏移的对象,或[退出(E)/放弃(u)]＜退出＞:// 退出偏移命令

2. 绘制并填充柱子。

命令:REC

RECTANG   //启动矩形命令

指定第一个角点或[倒角(c)/标高(E)/圆角(F)/厚度(T)/宽度(w)]._from 基点:

＜偏移＞:@－300,－300　　　　　//按住 Shift 键后单击鼠标右键,从弹出的临时捕捉快捷菜

单中选择【自】,捕捉轴线的交点 A,输入柱子左下角点自 A 点的偏移量

指定另一个角点或[面积(A)/尺寸(D)/旋转(R)]:@600,600　　// 输入柱子右上角相

对左下角的相对坐标,绘制正方形

命令:BH

BHATCH   //启动填充命令

设定填充图案为【其他预定义】中的"SOLID",单击【选择对象】按钮▣

选择对象或[拾取内部点(K)/删除边界(B)]:找到 1 个　　　//选择正方形

选择对象或[拾取内部点(K)/删除边界(B)]:　　　　　　//退出对象选择

拾取或按 Esc 键返回到对话框或＜单击右键接受图案填充＞//预览后确定

3. 阵列柱子形成柱网

命令:AR

ARRAY　　　　　　　//启动阵列命令,打开如图 12-15 所示的【阵列】对话框,选择【矩形阵列】单选按钮,设定【行数】为 3,【列数】为 6,【行偏移】为 6000,【列偏移】为 3600,【阵列角度】为 0°

单击【选择对象】按钮▣,选择正方形及填充

选择对象:指定对角点:找到 2 个　　　　　　　　　//窗口选择正方形及填充

选择对象:拾取或按▣键返回到对话框或＜单击鼠标右键接受阵列＞://按 Space 键,结束选择并退回到【阵列】对话框,单击【预览】按钮 预览 ,观察阵列效果,然后根据需要选择接受或返回继续修改.

下面是几点说明。

(1)利用【阵列】对话框(如图 12-15 所示)可以完成与阵列有关的所有操作,建议逐项进行操作以熟悉其功能。对话框右侧有简单的阵列效果预览图。

(2)阵列的偏移量和角度等数据既可以手工输入,也可以利用鼠标点击拾取的方法确定。

(3)在创建柱子时,既可以直接在精确定点后绘制,也可以先在别处任一位置创建,再利用复制或移动命令将其定位在所需的位置。

(4)对于垂直轴线的多重镜像操作,也可以用阵列命令实现,读者可自行尝试。

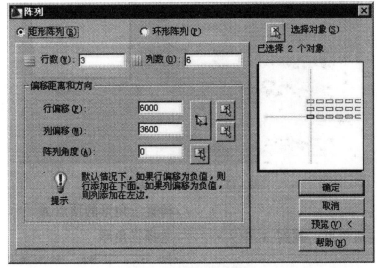

图 12-15 【阵列】对话框

【练习 12-8】:利用环形阵列绘制如图 12-16 所示的四通阀。

该四通阀由 4 个相同的三角形组成,可以先绘制出一个三角形,再利用阵列命令形成另外3 个三角形。

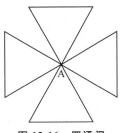

图 12-16 四通阀

命令：_polygon 输入边的数目＜4＞：3　　　　//启动多边形命令，设定边数为 3

指定正多边形的中心点或［边(E)］：　　　　//单击任意一点作为中心点

输入选项［内接于圆(I)/外切于圆(c)］＜I＞：　//绘制内接三角形

指定圆的半径：100　　　　　　　　　　　//输入内接圆半径，绘制出下方的三角形

命令：ar ARRAY　　　　　　　　　　　//启动阵列命令，打开如图 12-17 所示的

【阵列】对话框

// 选择【环形阵列】单选按钮，单击【中心点】右侧的【拾取中心点】按钮，捕捉三角形的顶点 A。设定【项目总数】为 4，【填充角度】为 360，勾选【复制时旋转项目】选项。单击【选择对象】按钮，选择绘制的三角形

指定阵列中心点：　　　　　　　　　　//捕捉三角形的顶点 A

选择对象：指定对角点：找到 1 个　　　　//选择三角形

选择对象：　　　　　　　　　　　　//按 Space 键，结束选择并退回到【阵列】对话框。

单击 确定 按钮完成阵列

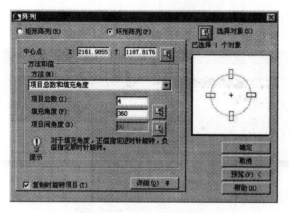

图 12-17 【阵列】对话框

12.3 基本变换

基本变换类命令用于对现有图形对象进行几何上的基本变换，包括移动、旋转、缩放、拉伸、对齐等，某些命令同时兼有复制功能。

12.3.1 移动

移动命令的作用是在指定方向上按指定距离移动对象。移动命令的执行方法与复制相似，同样需要选择对象，利用基点和第二点确定位移。区别在于移动后源对象被移到了新的位置，而复制之后会创建一个新对象，而源对象则被保留。

命令启动方法如下。

● 命令：MOVE(M)。

● 按钮：【修改】面板上的【移动】按钮。

● 下拉菜单：【菜单浏览器】，【修改】/【移动】。

从某种意义上讲，移动命令相当于复制与删除命令的组合，适合进行图形对象的重新定

位,如单独创建或通过剪贴板粘贴过来的图形对象等。

在移动过程中通常也需要综合利用捕捉、追踪、相对坐标等功能,以实现点的精确定位。由于操作较为简单,所涉及的功能在前边的例子里都介绍过,这里不再以实例进行单独说明。

12.3.2 旋转

旋转命令用于围绕基点旋转对象。

命令启动方法如下。

● 命令:ROTATE(RO)。

● 按钮:【修改】面板上的【旋转】按钮 ○。

● 下拉菜单:【菜单浏览器】,【修改】/【旋转】。

【练习12-9】:绘制如图12-18所示的角阀。

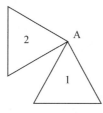

图12-18 角阀

1. 绘制三角形1。

命令:_polygon 输入边的数目<4>:3   //启动多边形命令,设定边数为3

指定正多边形的中心点或[边(E)]:   //单击任意一点作为中心点

输入选项[内接于圆(I)/外切于圆(c)]<I>:   //绘制内接三角形

指定圆的半径:100   //输入内接圆半径,绘制三角形1

2. 利用复制、旋转、移动绘制三角形2。

命令:CP

COPY   //启动复制命令

选择对象:找到1个   //选择三角形1

选择对象: //退出对象选择模式

当前设置:复制模式=多个

指定基点或[位移(D)/模式(o)]<位移>:指定第二个点或<使用第一个点作为位移>:

        //捕捉三角形1的上顶点A为基点,在另一处单击第二点,创建三角形2

指定第二个点或[退出(E)/放弃(u)]<退出>:   //退出复制命令

命令:RO

ROTATE   //启动旋转命令

UCS当前的正角方向:ANGDIR=逆时针 ANGBASE=0

选择对象:找到1个   //选择三角形2

选择对象: //退出对象选择模式

指定基点: //捕捉三角形2的上顶点

指定旋转角度,或[复制(c)/参照(R)]<0>:-90   //输入旋转角度

命令:M

189

MOVE   //启动移动命令

选择对象:指定对角点:找到 1 个   //选择三角形 2

选择对象: //退出对象选择模式

指定基点或[位移(D)]<位移>:指定第二个点或<使用第一个点作为位移>:

　　　　　//捕捉三角形 2 的右顶点为基点,捕捉三角形 1 的上顶点 A 为第二点,完成移动

3. 利用旋转的复制选项绘制三角形 2(接步骤 1)。

命令:RO

ROTATE   //启动旋转命令

UCS 当前的正角方向:ANGDIR=逆时针 ANGBASE=0

选择对象:找到 1 个   //选择三角形 1

选择对象: //退出对象选择模式

指定基点: //捕捉三角形 1 的上顶点 A

指定旋转角度,或[复制(c)/参照(R)]<270>:c 旋转一组选定对象。

　　　　　　　　　//输入 c,激活复制模式

指定旋转角度,或[复制(c)/参照(R)]<270>:-90   // 输入旋转角度,完成旋转

下面是几点说明:

(1)在默认状态下,激活复制选项(C)的旋转命令相当于复制命令和旋转命令的组合,在需要保留源对象的情况下是适用的。步骤 2 中增加的移动操作只是为了区别两个三角形,实际上直接在原点复制(基点和第二点重合)后选择一个三角形旋转即可。

(2)旋转时可以直接输入角度,也可以利用极轴追踪和对象捕捉功能。如果角度未知,但有参考角度的话,可以利用参照选项(R),在旋转时以参照直线的角度为初始角度,绕基点旋转到指定的新角度。

12.3.3 缩放

缩放命令用于放大或缩小所选对象,缩放之后对象的长宽比例保持不变。

命令启动方法如下。

- 命令:SCALE(SC)。
- 按钮:【修改】面板上的【缩放】按钮 □。
- 下拉菜单:【菜单浏览器】,【修改】/【缩放】。

【练习 12-10】:对如图 12-19 所示的方形散流器进行缩放操作,要求散流器中心保持不变。

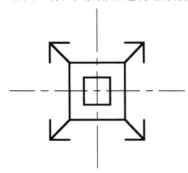

图 12-19　方形散流器

1. 打开光盘"12-10"图形文件,画如图 12-19 方形散流器

2. 将散流器放大为原来的两倍。

命令:SC

SCALE   //启动缩放命令

选择对象:指定对角点:找到 10 个   //窗口选择散流器

选择对象: //按 Space 建,退出对象选择模式

指定基点: //捕捉轴线交点为基点

指定比例因子或[复制(c)/参照(R)]<1>:2 //输入比例因子

3. 将小方形边长改为 400。

命令:SC

SCALE   //启动缩放命令

选择对象:指定对角点:找到 10 个   //窗口选择散流器

选择对象: //退出对象选择模式

指定基点: //捕捉轴线交点为基点

指定比例因子或[复制(C)/参照(R)]<1>:r //输入 r,激活参照选项

指定参照长度<1>:指定第二点: //捕捉小方形一条边的两个端点

指定新的长度或[点(P)]<1>:400   //输入参照长度的目标长度

命令:DI

DIST 指定第一点:指定第二点: //启动距离查询命令,测量边长

距离=400,XY 平面中的倾角=0,与 XY 平面的夹角=0

X 增量=400,Y 增量=0,Z 增量=0

说明:

(1)在已知当前尺寸与目标尺寸比例关系时,可以用比例因子来控制缩放,新尺寸=原尺寸×比例因子,比例因子大于 1 为放大,小于 1 为缩小。

(2)利用参照选项(R),可以在原尺寸未知的情况下将对象缩放到指定的尺寸。

(3)复制选项(C)的作用与旋转命令中的相同,即在缩放之后保留源图形对象。

12.3.4　拉伸

拉伸命令可以用于对象的拉伸、缩短及移动,适用于在主体轮廓已经确定,但局部尺寸需要调整的情况。

命令启动方法如下。

● 命令:STRETCH(S)。

● 按钮:【修改】面板上的【拉伸】按钮。

● 下拉菜单:【菜单浏览器】,【修改】/【拉伸】。

【练习 12-11】:利用拉伸命令进行如图 12-20 中水管及风机盘管的重新定位。

图中已初步给出了水管及风机盘管的布局,下面保持管路结构不变,将左侧的风机盘管移动到轴线 1、B 的交点,将右侧的风机盘管移动到轴线 2、B 的交点,中间的管路根据需要进行拉伸。

打开光盘"12-11"图形文件。

命令:S

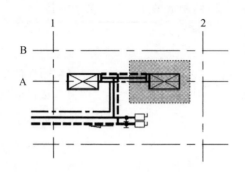

图 12-20 空调水管平面图

STRETCH   //启动拉伸命令

以交叉窗口或交叉多边形选择要拉伸的对象…

选择对象:指定对角点:找到 8 个   //交叉选择右侧风机盘管,如图 12-21 所示

选择对象: //按 Space 键,退出对象选择模式

指定基点或[位移(D)]<位移>:   //捕捉风机盘管中心

指定第二个点或<使用第一个点作为位移>:   //捕捉轴线 2、A 的交点

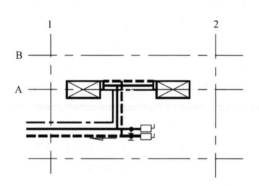

图 12-21 选择右侧风机盘管

命令:STRETCH   //再次启动拉伸命令

以交叉窗口或交叉多边形选择要拉伸的对象…

选择对象:指定对角点:找到 8 个   //交叉选择左侧风机盘管

选择对象: //退出对象选择模式

指定基点或[位移(D)]<位移>:   //捕捉风机盘管中心

指定第二个点或<使用第一个点作为位移>:   //捕捉轴线 1、A 的交点

命令:STRETCH   //再次启动拉伸命令

以交叉窗口或交叉多边形选择要拉伸的对象…

选择对象:指定对角点:找到 18 个   //交叉选择两风机盘管,如图 12-22 所示

选择对象: //退出对象选择模式

指定基点或[位移(D)]<位移>:   //捕捉左侧风机盘管中心

指定第二个点或<使用第一个点作为位移>://捕捉轴线 1、B 的交点

风机盘管重新定位后的图形如图 12-23 所示。若希望进一步对图形进行完善的话,可以

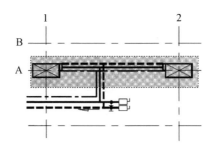

图 12-22 选择风机盘管及支管

将垂直管线移动到两风机盘管的正中间,此时应按图中所示的方式进行对象选择。

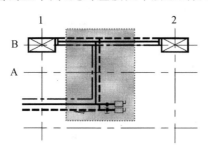

图 12-23 重新定位后的空调水管平面图

说明:

(1)执行拉伸命令时,必须采用交叉选择或多边形交叉选择模式选择对象。

(2)拉伸的原则是保持原有对象的形状不变。

(3)完全包含在选择框中的对象被移动,与选择框相交的对象被拉伸。因此本例中的选择框一定要把整个风机盘管包含在内,而与水管相交。

(4)若直线与选择框的两个边相交,则在拉伸过程中保持不变。本例中,选择框内不能包含轴线的任一端点,即轴线能够与选择框的两个边相交,使其能够在拉伸过程中保持不变。

(5)点选单个对象后拉伸,其效果等同于移动。

12.3.5 对齐

对齐命令属于三维实体操作,不过对二维图形对象也是适用的。对齐命令通过指定两对源点和目标点来对齐所选对象,可用于进行设备的重新定位以及管道设备的连接。

命令启动方法如下。

● 命令:ALIGN(AL)。

● 下拉菜单:【菜单浏览器】,【修改】/【三维操作】/【对齐】。

【练习 12-12】:将图 12-24 中右边的三角形重新定位到左边的阴影部分。

打开光盘"12-12"图形文件。

命令:AL

ALIGN   //启动对齐命令

选择对象:指定对角点:找到 3 个   //选择三角形

选择对象: //退出对象选择模式

指定第一个源点: //捕捉 1 点

193

指定第一个目标点： //捕捉 1′点

指定第二个源点： // 捕捉 2 点

指定第二个目标点： // 捕捉 2′点

指定第三个源点或＜继续＞： //按 Space 键,跳过第三点

是否基于对齐点缩放对象？［是(Y)/否(N)］＜否＞： //按 Space 键,保持三角形原尺寸

【练习 12-13】:利用图 12-25 中右边的风管为左边的 Y 型直接三通连接支管。

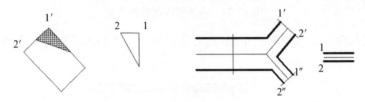

图 12-24 对齐图形   **图 12-25 利用对齐命令连接风管**

打开光盘"12-13"图形文件。

命令:CP

COPY //启动复制命令

选择对象:指定对角点:找到 3 个 //复制右边的短风管至任一位置

选择对象:

当前设置:复制模式＝多个

指定基点或［45 移(D)/模式(o)］＜位移＞:指定第二个点或＜使用第一个点作为位移＞:

指定第二个点或［退出(E)/放弃(u)］＜退出＞:

命令:AL

ALIGN //启动对齐命令

选择对象:指定对角点:找到 3 个 //选择其中一条短风管

选择对象: //退出对象选择模式

指定第一个源点: //捕捉 1 点

指定第一个目标点: //捕捉 1′点

指定第二个源点: //捕捉 2 点

指定第二个目标点: //捕捉 2′点

指定第三个源点或＜继续＞: //跳过第三点

是否基于对齐点缩放对象？［是(Y)/否(N)］＜否＞:Y //缩放对象,完成对齐

命令:ALIGN //重复对齐命令

选择对象:指定对角点:找到 3 个 //选择剩下的一条短风管

选择对象: //退出对象选择模式

指定第一个源点: //捕捉 1 点

指定第一个目标点: //捕捉 1″点

指定第二个源点: //捕捉 2 点

指定第二个目标点: //捕捉 2″点

指定第三个源点或＜继续＞: //跳过第三点

是否基于对齐点缩放对象？［是(Y)/否(N)］＜否＞:Y // 缩放对象,完成对齐

完成的图形如图 12-26 所示。

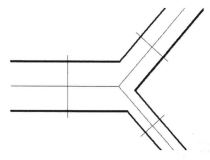

图 12-26 完成后的风管

下面是几点说明。

(1)对齐相当于移动与旋转命令的组合,但操作更为简单,在对象尺寸未知的情况下尤为适用。

(2) 二维图形对象的对齐,只需指定两对源点和目标点即可。

(3) 若两目标点的间距与两原点的间距不同,且未选择缩放对象,则第一对源点和目标点重合,而第二对点只用来确定方向。

12.4 对象修改

对象修改类命令为常用编辑命令中除上述两类之外的其他命令,主要作用是对现有图形对象的形状或尺寸进行修改,包括修剪、延伸、圆角、倒角以及打断命令。

12.4.1 修剪和延伸

若对象超出了一定范围,可以采用修剪命令,利用与其相交的线条将对象的某一部分修剪掉,该对象称为被修剪对象,与其相交且用于修剪的线条称为剪切边。修剪是利用率很高的一个编辑命令,适用于在交点坐标未知的情况下利用对象间的几何关系进行精确绘图。

命令启动方法如下。

- 命令 TRIM(TR)。
- 按钮:【修改】面板上的【修剪】按钮。
- 下拉菜单:【菜单浏览器】,【修改】/【修剪】。

【练习 12-14】:绘制如图 12-27 所示的旋塞。

该图若直接采用直线命令绘制的话,圆心可以利用对象捕捉追踪来定位,但由于 4 条斜线与圆的交点坐标未知,只能近似捕捉交点。因此,这里根据 4 条斜线两两共线,且圆心位于其交点的特点,采用修剪命令进行绘图。

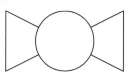

图 12-27 旋塞

1. 绘制垂直线。

命令:L

LINE 指定第一点：　　　　　　//启动直线命令,单击任意一点

指定下一点或[放弃(u)]:100　//向上追踪 90°角,输入直线长度

指定下一点或[放弃(u)]:　　　//退出直线命令

命令:O

OFFSET　　　　　　　　　//启动偏移命令

当前设置:删除源＝否　图层＝源 OFFSETGAPTYPE＝0

指定偏移距离或[通过(T)/删除(E)/图层(L)]＜通过＞:200　　//输入两垂直线的间距

选择要偏移的对象,或[退出(E)/放弃(u)]＜退出＞:　　　　　//选择直线

指定要偏移的那一侧上的点,或[退出(E)/多个(M)/放弃(u)]＜退出＞:

　　　　　　　　　　　　　　　　　　　　　//单击一点,偏移

选择要偏移的对象,或[退出(E)/放弃(u)]＜退出＞:　　　　　//退出偏移命令

2. 绘制交叉斜线。

命令:L

LINE 指定第一点:　　　　　　　　//启动直线命令,捕捉两垂直线的对角点画线

指定下一点或[放弃(u)]:

指定下一点或[放弃(u)]:

命令:LINE 指定第一点:　　　　　//绘制第二条斜线

指定下一点或[放弃(u)]:

指定下一点或[放弃(u)]:

3. 绘制圆并利用其进行剪切。

命令:C

CIRCLE 指定圆的圆心或[一点(3P)/两点(2P)/切点、切点、半径(T)]:

　　　　　　　　　　　　　　　//启动画圆命令,捕捉两交叉斜线的交点

指定圆的半径或[直径(D)]:50　　// 输入圆的半径

命令:TR

TRIM　　　　　　　　　　　//启动修剪命令

当前设置:投影＝UCS,边＝无

选择剪切边…

选择对象或＜全部选择＞：找到 1 个　//选择圆作为剪切边

选择对象:　　　　　　　　　　//退出对象选择模式

选择要修剪的对象,或按住 Shift 键选择要延伸的对象,或

[栏选(F)/窗交(c)/投影(P)/边(E)/删除(R)/放弃(u)]:指定对角点:

　　　　　　　　　　　//在圆的范围内交叉选择两条斜线,如图 12-28 所示

选择要修剪的对象,或按住 Shift 键选择要延伸的对象,或

[栏选(F)/窗交(c)/投影(P)/边(E)/删除(R)/放弃(U)]:　//退出修剪命令

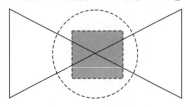

图 12-28　利用圆修剪两条斜线

【**练习 12-15**】:修剪如图 12-29 中过长的轴线并在墙上开洞。

1. 如图 12-29 所示,打开光盘"12-15"图形文件。

2. 两轴线间距为 4200,洞口长 1800,位置居中,因此距两侧轴线的距离均为 1200。轴线长度只需作适当修剪即可。

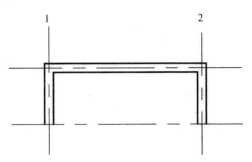

图 12-29 轴线与墙体的修剪

3. 修剪轴线。

命令:REC

RECTANG   //启动矩形命令

指定第一个角点或[倒角(c)/标高(E)/圆角(F)/厚度(T)/宽度(w)]:

　　　//绘制用于轴线修剪的矩形,矩形的内部为需要保留的轴线部分,其大小自行确定

指定另一个角点或[面积(A)/尺寸(D)/旋转(R)]:

命令:TR

TRIM   //启动修剪命令

当前设置:投影=UCS,边=无

选择剪切边…

选择对象或<全部选择>:找到 1 个   //选择矩形

选择对象: //退出对象选择模式

选择要修剪的对象,或按住 Shift 键选择要延伸的对象,或

[栏选(F)/窗交(C)/投影(P)/边(E)/删除(R)/放弃(u)]:f   //激活栏选模式

　　　　　　　　　　　　　　　　//在矩形外侧绘制与轴线相交的 4 段直线,如图
　　　　　　　　　　　　　　　　12-30 所示,图中内部虚线框为矩形

指定第一个栏选点:

指定下一个栏选点或[放弃(u)]:

指定下一个栏选点或[放弃(U)]:

指定下一个栏选点或[放弃(u)]:

指定下一个栏选点或[放弃(u)]:

指定下一个栏选点或[放弃(u)]:   //退出栏选模式,完成修剪

选择要修剪的对象,或按住 Shift 键选择要延伸的对象,或

[栏选(F)/窗交(c)/投影(P)/边(E)/删除(R)/放弃(u)]: //退出修剪命令

命令:E

ERASE   //启动删除命令

选择对象:找到 1 个　　　　　　　　　　　　//选择矩形

选择对象:　　　　　　　　　　　　　　　　//退出删除命令

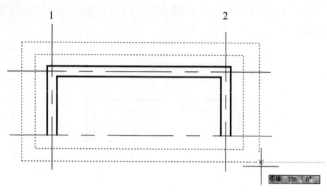

图 12-30　修剪轴线

4.墙体开洞。

命令:O

OFFSET　　　　　　　　　　　　　　　　//启动偏移命令

当前设置:删除源=否　图层=源 OFFSETGAPTYPE=0

指定偏移距离或[通过(T)/删除(E)/图层(L)]<通过>:1200　　//输入偏移距离

选择要偏移的对象,或[退出(E)/放弃(u)]<退出>:　　　　//选择轴线 1

指定要偏移的那一侧上的点,或[退出(E)/多个(M)/放弃(u)]<退出>:　//单击右侧

选择要偏移的对象,或[退出(E)/放弃(u)]<退出>:　　　　//选择轴线 2

指定要偏移的那一侧上的点,或[退出(E)/多个(M)/放弃(u)]<退出>:　//单击左侧

选择要偏移的对象,或[退出(E)/放弃(u)]<退出>:　　　　//退出偏移命令

命令:'_ matchprop　　　//单击【特性】面板上的【特性匹配】按钮![],或在命令行输入
　　　　　　　　　　　MATCHPROP,启动特性匹配命令

选择源对象:　　　　　　　　　　　　　　//选择墙体

当前活动设置:颜色、图层、线型、线型比例、线宽、厚度、打印样式、标注、文字、填充图案、多段线、视口、表格材质、阴影显示、多重引线

选择目标对象或[设置(s)]:指定对角点:　　　　//交叉选择两条新生成的轴线,将其修改为与墙体相同的特性

选择目标对象或[设置(s)]:　　　　　　　　//退出特性匹配命令

命令:TR

TRIM　　　　　　　　　　　　　　　　//启动修剪命令

当前设置:投影=UCS,边=无

选择剪切边…

选择对象或<全部选择>:指定对角点:找到 4 个　　//交叉选择轴线 1'、2'以及墙体,将轴线 1'、2'以及墙体作为剪切边,如图 12-31 所示

选择对象:　　　　　　　　　　　　　　//退出对象选择模式

选择要修剪的对象,或按住 Shift 键选择要延伸的对象,或

[栏选(F)/窗交(c)/投影(P)/边(E)/删除(R)/放弃(u)]:指定对角点:

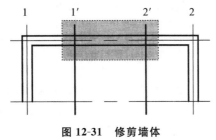

图 12-31　修剪墙体

//交叉选择轴线 1′、2′位于墙体上方的部分

选择要修剪的对象,或按住 Shift 键选择要延伸的对象,或

[栏选(F)/窗交(c)/投影(P)/边(E)/删除(R)/放弃(u)]:指定对角点:

//交叉选择轴线 1′、2′位于墙体下方的部分

选择要修剪的对象,或按住 Shift 键选择要延伸的对象,或

[栏选(F)/窗交(c)/投影(P)/边(E)/删除(R)/放弃(u)]:

//选择墙体位于轴线 1′、2′之间的部分

选择要修剪的对象,或按住 Shift 键选择要延伸的对象,或

[栏选(F)/窗交(C)/投影(P)/边(E3/删除(R)/放弃(u)]:　//退出修剪模式

完成的结果如图 12-32 所示。

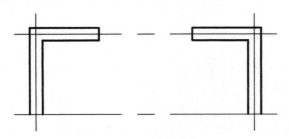

图 12-32　修改后的图形

下面是几点说明:

(1)在修剪过程中,剪切边可以是一个或多个对象,一次可以实现对多个对象的剪切。剪切边本身也可作为被修剪的对象。本例最后开墙洞时便是将轴线和墙体既作为剪切边,又作为被修剪的对象,这在绘图中是经常会遇到的。

(2)对象选择,尤其是被修剪对象的选择时,充分利用各种对象选择方法有助于灵活地实现对象的选择。由于一般是对对象的局部进行修剪,因此交叉选择和栏选是比较常用的选择模式

(3)默认条件下,剪切边是不延伸的,即只有对象与剪切边真实相交,修剪命令才会有效。若按如下操作,将隐含边延伸模式设为延伸,则即使被修剪对象与剪切边的延长线相交,也会被修剪。

选择要修剪的对象,或按住 Shift 键选择要延伸的对象,或[栏选(F)/窗交(c)/投影(P)/边(E)/删除(R)/放弃(u)]:e　　　　　　　　　　　　　　　//激活边选项

输入隐含边延伸模式[延伸(E)/不延伸(N)]<不延伸>:e //改为延伸模式

选择要修剪的对象,或按住 Shift 键选择要延伸的对象,或

［栏选(F)/窗交(C)/投影(P)/边(E)/删除(R)/放弃(U)］:

(4)特性匹配是一个非常有效的修改对象特性的方法,其功能类似于某些文本编辑软件中的格式刷,可以将源对象的特性应用到目标对象中。本例中的作用是将轴线变成了墙线,其线型、线宽、颜色等特性均发生了变化。

延伸命令与修剪命令相似,其命令执行步骤完全相同,区别在于该命令的作用是将对象延伸到指定的边界对象并与其相交。

命令启动方法如下。

- 命令:EXTEND(EX)。
- 按钮:【修改】面板上的【延伸】按钮 -/
- 下拉菜单:【菜单浏览器】/【修改】/【延伸】。

延伸与修剪命令是可以互换的,根据命令行提示也可以看出,在修剪命令中按住 Shift 键后选择对象将对该对象作延伸操作,同理,在延伸命令中按住 Shift 键后选择对象将对该对象作修剪操作。

延伸命令的边界对象的默认条件是延长,即对象可以延伸到边界对象的延长线上。

12.4.2 圆角和倒角

圆角命令用于给对象加圆角,在建筑及设备绘图中,该命令主要用于利用指定半径的圆弧光滑地连接两个对象,如管道弯头的绘制,此命令在很多时候用来替代圆弧命令。

命令启动方法如下。

- 命令:FILLET(F)。
- 按钮:【修改】面板上的【圆角】按钮
- 下拉菜单:【菜单浏览器】,【修改】/【圆角】。

【练习12-16】:绘制如图 12-33 所示的来回弯。

图中的风管由 3 条直管段和两个 90°弯头构成,每一段包括风管线、轴线和法兰 3 部分。为了便于区分,风管线应加宽,可以采用多段线,也可以通过设置线宽的方法来实现,这里采用多段线来进行绘制。

弯头的半径一般应为 R＝1.0～1.5W(W 为风管弯边的宽度),一般以 1.0 W 为宜。此外,弯头两端一般还要留出各 50 的直管段,用于连接法兰。

在绘图时,法兰可以超出风管一段距离,在实际的图纸上一般是 1 mm。

对于本例,风管宽度为 400,因此弯头半径取 400,弯头内侧和外侧风管线半径分别为 200和 600。图纸比例为 1:100,法兰超出风管线距离为 100。

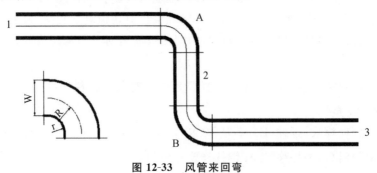

图 12-33　风管来回弯

1. 绘制风管轴线。

命令：L

LINE 指定第一点：　　　　　　　　　　　　//启动直线命令

指定下一点或[放弃(u)]:3000　　　　　　　//追踪 1 段轴线长度

指定下一点或[放弃(u)]:1800　　　　　　　//追踪 2 段轴线长度

指定下一点或[闭合(c)/放弃(u)]:3000　　　//追踪 3 段轴线长度

指定下一点或[闭合(c)/放弃(u)]:　　　　　//完成轴线绘制

命令：f FILLET　　　　　　　　　　　　//启动圆角命令

当前设置：模式＝修剪，半径＝0

选择第一个对象或[放弃(u)/多段线(P)/半径(R)/修剪(T)/多个(M)]:r 指定圆角半径

＜0＞:400　　　　　　　　　　　　　　//设定轴线的圆角半径

选择第一个对象或[放弃(u)/多段线(P)/半径(R)/修剪(T)/多个(M)]:

选择第二个对象，或按住 Shift 键选择要应用角点的对象：　　//圆角 1、2 段轴线

命令：FILLET

当前设置：模式＝修剪，半径＝400

选择第一个对象或[放弃(U)/多段线(P)/半径(R)/修剪(T)/多个(M)]:

选择第二个对象，或按住 Shift 键选择要应用角点的对象：　　//圆角 2、3 段轴线

2. 偏移轴线形成风管线轮廓。

命令：O

OFFSET　　　　　　　　　　　　　　　　//启动偏移命令

当前设置：删除源＝否　　图层＝源 OFFSETGAPTYPE＝0

指定偏移距离或[通过(T)/删除(E)/图层(L)]＜通过＞:200　//偏移 200

　　　　　　　　　　　//向左下方偏移所有 5 段轴线，形成下方风管线轮廓

选择要偏移的对象，或[退出(E)/放弃(u)]＜退出＞：

指定要偏移的那一侧上的点，或[退出(E)/多个(M)/放弃(u)]＜退出＞：

选择要偏移的对象，或[退出(E)/放弃(u)]＜退出＞：

指定要偏移的那一侧上的点，或[退出(E)/多个(M)/放弃(u)]＜退出＞：

选择要偏移的对象，或[退出(E)/放弃(U)]＜退出＞：

指定要偏移的那一侧上的点，或[退出(E)/多个(M)/放弃(u)]＜退出＞：

选择要偏移的对象，或[退出(E)/放弃(u)]＜退出＞：

指定要偏移的那一侧上的点，或[退出(E)/多个(M)/放弃(u)]＜退出＞：

选择要偏移的对象，或[退出(E)/放弃(u)]＜退出＞：

指定要偏移的那一侧上的点，或[退出(E)/多个(M)/放弃(u)]＜退出＞：

选择要偏移的对象，或[退出(E)/放弃(u)]＜退出＞：　　　//退出偏移命令

3. 将轮廓线修改为多段线。

命令：PE

PEDIT 选择多段线或[多条(M)]:m　　　　　　//启动多段线编辑命令，

将风管线轮廓由多条直线修改为一条多段线

选择对象：指定对角点：找到 2 个

选择对象:指定对角点:找到 4 个(1 个重复),总计 5 个 　　　　//选择下方的风管轮廓线

选择对象:

是否将直线和圆弧转换为多段线?[是(Y)/否(N)]? ＜Y＞　　//默认转换

输入选项[闭合(C)/打开(o)/合并(J)/宽度(w)/拟合(F)/样条曲线(S)/非曲线化(D)/

线型生成(L)/放弃(U)]:W 　　　　　　　　　　　//改变线宽

指定所有线段的新宽度:50

输入选项[闭合(c)/打开(o)/合并(J)/宽度(w)/拟合(F)/样条曲线(S)/非曲线化(D)/线

型生成(L)/放弃(u)]:J 　　　　　　　　　//合并多段线

合并类型＝延伸

输入模糊距离或[合并类型(J)]＜0＞:

多段线已增加 4 条线段

输入选项[闭合(c)/打开(O)/合并(J)/宽度(w)/拟合(F)/样条曲线(S)/非曲线化(D)/

线型生成(L)/放弃(u)]: 　　　　　　　　　//完成轴线一侧风管

4. 利用偏移命令完成另一侧风管线。

命令:O

OFFSET 　　　　　　　　　　　　//启动偏移命令

当前设置:删除源＝否　图层＝源 OFFSETGAPTYPE＝0

指定偏移距离或[通过(T)/删除(E)/图层(L)]＜200＞:400 　　//偏移 400

选择要偏移的对象,或[退出(E)/放弃(u)]＜退出＞: 　　　//选择多段线

指定要偏移的那一侧上的点,或[退出(E)/多个(M)/放弃(u)]＜退出＞: //单击右上方

选择要偏移的对象,或[退出(E)/放弃(u)]＜退出＞: 　　　//退出偏移命令

5. 绘制法兰线。

(1)操作要点:法兰长 600,两端超出风管线各 100。利用对象捕捉追踪风管线直管段与弯头段的交点(或直管段端点、圆弧象限点),并追踪垂足来定位起始点。

(2)水平或垂直的两条法兰可以相互复制。

(3)(可选操作)完成之后将法兰向弯头外侧移动 50,或者向外侧偏移 50,然后把源对象删除,完成整个图形的绘制(具体步骤省略)。

下面是几点说明:

(1)很多情况下可以利用圆角命令来代替圆弧命令,且能够自动实现圆弧与两侧对象相切。

(2)将圆角半径设为 0,则其作用等同于修剪或延伸。选择的两对象相互作用,圆角之后将超出交点的对象剪切,而将达不到交点的对象延伸。

(3)利用圆角命令的多段线选项(P)可以一次将多段线的所有顶点都按指定的圆角半径光滑地过渡。

(4)可以利用圆角命令对同一条多段线的两段之间的顶点单独进行修改。

(5)将多段线与直线进行圆角操作,可以将圆角和直线均修改成多段线,且合并到多段线中。该功能在绘制管道时非常有效:可以先用直线进行初步定位,然后从一端开始,逐段修改,最后得到一条多段线。本章最后的实例将应用到该功能。

(6)读者可自行尝试对平行线进行圆角操作的结果。

倒角命令与圆角相似,区别在于该命令是用一条斜线连接两个对象,倒角时既可以输入每条边的倒角距离,也可以指定某条边上倒角的长度及与此边的夹角。

命令启动方法如下。

- 命令：CHAMFER(CHA)。
- 按钮：【修改】面板上的【倒角】按钮，与【圆角】按钮重叠。
- 下拉菜单：【菜单浏览器】;【修改】/【倒角】。

【练习12-17】：利用倒角命令连接如图12-34左图所示的多段线和直线。

绘制不平行的多段线和直线。

命令：cha CHAMFER   //启动倒角命令

("修剪"模式)当前倒角距离1＝0,距离2＝0

选择第一条直线或[放弃(u)/多段线(P)/距离(D)/角度(A)/修剪(T)/方式(E)/多个(M)]：d指定第一个倒角距离＜0＞:600   //修改两个距离值

指定第二个倒角距离＜600＞:300

选择第一条直线或[放弃(u)/多段线(P)/距离(D)/角度(A)/修剪(T)/方式(E)/多个(M)]：

选择第二条直线,或按住 Shift 键选择要应用角点的直线：   //对两条线进行倒角

图 12-34 倒角命令

与圆角一样,倒角命令也可以连接多段线和直线。选定的第一条直线按第一个倒角距离进行倒角,第二条直线按第二个倒角距离进行倒角。在本例的设置中,若先选择多段线1,再选择直线2,其结果如图12-34中图所示,若先选择直线2,再选择多段线1,则其结果如图12-34右图所示。

倒角距离为0时,其结果与圆角半径为0的圆角命令相同。

对两条平行线无法应用倒角命令。

12.4.3 打断

在结构或管线交叉时需要将位于下方的对象断开,在阀门处需要将管道断开,这些操作都可以用打断命令来完成,利用两点将直线断开。

命令启动方法如下。

- 命令：BREAK(BR)。
- 按钮：【修改】面板上的【打断】按钮
- 下拉菜单：【菜单浏览器】;【修改】/【打断】。

【练习12-18】：打断图12-35中位于下方的风管2。

打开光盘"12-18"图形文件,如图12-35所示

命令：BR

BREAK 选择对象：   //启动打断命令,在风管线 1′和 2′交点下方的 2′线的适当位置单击

指定第二个打断点或[第一点(F)]：   //在风管线 1 和 2′交点上方的 2′线的适当位置单击作为第二点,第一点默认为选择对象时所点击的点。完成对 2′线的打断

203

命令:BREAK 选择对象: //启动打断命令,在风管线 1′和 2 交点下方的 2′ 线的适当位置单击

指定第二个打断点或[第一点(F)]:f //输入 f,重新指定第一点

指定第一个打断点: //在 2 线的下方指定第一点

指定第二个打断点: //在 2 线的上方指定第二点

命令:BR

BREAK 选择对象: //打断垂直轴线

指定第二个打断点或[第一点(F)]:

其结果如图 12-36 所示。

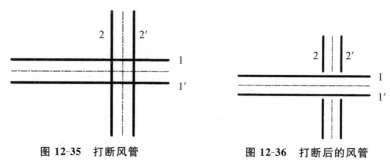

图 12-35 打断风管　　　　　　　　图 12-36 打断后的风管

进行打断操作时,也可以利用对象捕捉或对象捕捉追踪来定位。如在指定打断点的时候,可以向上或向下捕捉追踪水平线端点的垂足,然后输入相应的距离,虽然追踪点远离需要被打断的直线,但打断点仍然位于被选择的对象上。

打断命令在很多情况下都可以利用修剪命令来替代,实际绘图中需要根据实际情况来确定最简单的操作。

管线交叉时,断开的间隙在实际的图纸上一般也是 1 mm,按 1∶100 的图纸比例,间隙为100。下面用修剪命令来完成上例风管的打断。

命令:O OFFSET　　　//向两侧偏移线 1、1′各 100,得到两条辅助线

当前设置:删除源＝否 图层＝源 OFFSETGAPTYPE＝0

指定偏移距离或[通过(T)/删除(E)/图层(L)]<通过>:100

选择要偏移的对象,或[退出.(E)/放弃(u)]<退出>:

指定要偏移的那一侧上的点,或[退出(E)/多个(M)/放弃(u)]<退出>:

选择要偏移的对象,或[退出(E)/放弃(u)]<退出>:

指定要偏移的那一侧上的点,或[退出(E)/多个(M)/放弃(u)]<退出>:

选择要偏移的对象,或[退出(E)/放弃(u)]<退出>:

命令:tr TRIM　　　//以偏移得到的辅助线修剪位于两者之间的线 2、2′和轴线

当前设置:投影＝UCS,边＝无

选择剪切边…

选择对象或<全部选择>:找到 1 个

选择对象:找到 1 个,总计 2 个

选择对象:

选择要修剪的对象,或按住 Shift 键选择要延伸的对象,或

[栏选(F)/窗交(c)/投影(P)/边(E)/删除(R)/放弃(u)]:指定对角点:

选择要修剪的对象,或按住 Shift 键选择要延伸的对象,或

(栏选(F)/窗交(c)/投影(P)/边(E)/删除(R)/放弃(u)]:

命令:e ERASE　　　　　　　　//删除偏移得到的辅助线

选择对象:找到 1 个

选择对象:找到 1 个,总计 2 个

选择对象:

12.5　夹点模式编辑

　　在选择对象之后,在对象的关键点处将出现蓝色的小方框,称之为夹点。利用夹点也可以实现编辑操作。如对于直线对象,单击两端的夹点,可以进行直线的旋转和拉伸。单击中点处的夹点,可以实现直线的平移。

　　单击夹点,使之变红,便可以激活夹点编辑模式。利用夹点也可以实现拉伸、移动、旋转、比例缩放和镜像 5 种操作。

【练习 12-19】:熟悉夹点编辑操作。

绘制任意一个图形对象,单击一个夹点,AutoCAD 提示如下。

＊＊拉伸＊＊

指定拉伸点或[基点(B)/复制(c)/放弃(u)/退出(x)]:　　　　　//按 Space 键

＊＊移动＊＊

指定移动点或[基点(B)/复制(c)/放弃(u)/退出(x)]:　　　　　//按 Space 键

＊＊旋转＊＊

指定旋转角度或[基点(B)/复制(c)/放弃(u)/参照(R)/退出(x)]:　//按 Space 键

＊＊比例缩放＊＊

指定比例因子或[基点(B)/复制(c)/放弃(u)/参照(R)/退出(x)]:　//按 Space 键

＊＊镜像＊＊

指定第二点或[基点(B)/复制(c)/放弃(u)/退出(x)]:　　　　　//按 Space 键

＊＊拉伸＊＊

指定拉伸点或[基点(B)/复制(C)/放弃(u)/退出(x)]:

下面是几点说明:

　　(1)进入夹点编辑模式之后连续按 Space 键或 Enter 键,可以在 5 种编辑操作之间切换。

　　(2)对直线中点和圆心夹点的默认操作是移动。

　　(3)所选择的夹点默认为基点,如需另外指定基点,则需要使用基点选项(B)进行设置。

　　(4)夹点编辑的所有操作在默认条件下均不保留源对象,如需保留则需要使用复制选项(C)。

　　(5)也可以通过快捷菜单来进行夹点编辑。在选择某一夹点之后单击鼠标右键,将弹出如图 12-37 所示的快捷菜单,从中

图 12-37　【夹点编辑】快捷菜单

可以选择需要的操作。

12.6 绘图命令的综合应用

【练习 12-20】:绘制如图 12-38 所示的采用地板辐射方式采暖的室内埋管平面图。

如图 12-38 中,已给出了房间轮廓、分集水器的位置以及接管位置,下面利用多段线进行地埋管的绘制。由于绘图中所用到的基本命令的使用方法已经在前文讲解过,下面将只给出操作要点。打开光盘"12-20"图形文件。

1. 绘制埋管参考线。

(1)使用矩形 RECTANG 命令,以房间的两个对角作为角点绘制矩形。

(2)使用偏移 OFFSET 命令,对所绘的矩形向内偏移,偏移量为 150。

(3)连续对新得到的矩形以 225 的偏移量向内偏移,直到提示无法继续为止。

注意利用 M 选项。

(4)删除第一个矩形。

(5)使用分解 EXPLODE 命令,将所有剩下的矩形分解。

2. 绘制管线。

(1)使用 PLINE 命令,以底部的参考线为基准绘制水平多段线,线宽 50,注意捕捉以及极轴功能的使用,所绘的多段线可以适当长出。结果如图 12-39 所示。

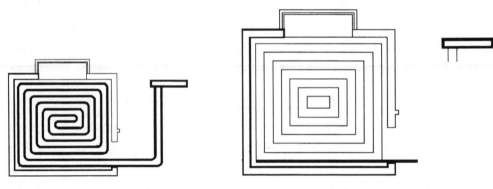

图 12-38 房间地板采暖埋管图   图 12-39 绘制参考线以及第一条管线

(2)使用圆角 FILLET 命令,对多段线和在左端与其相交的线段倒圆角,模式为修剪,半径为 150。

(3)对延长的多段线继续上步操作,最后两次的圆角半径设为 225/2,直到结果如图 12-40 所示,完成一半的管线绘制。注意在多段线每次延长至右下方闭合之后与其圆角的线段的选择,应当在平行的两段多段线之间留出一条参考线。

(4)继续使用倒圆角命令进行剩下的一半管线的绘制,前两次的圆角半径保持 225/2 不变,之后改为 150,最后得到的图形如图 12-41 所示。

3. 连接分集水器完成图形。

(1) 从分集水器出发绘制两条向下的直线。

(2) 将多段线的两端分别与两条直线倒圆角。

(3) 删除多余的参考线,完成图形。

4. 长度查询。

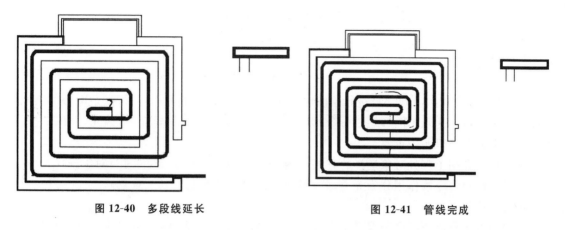

图 12-40　多段线延长　　　　　　　　　　图 12-41　管线完成

命令:LS

LIST　　　　　　　　　　　　　//启动列表命令

选择对象:找到 1 个　　　　　　　//选择多段线

选择对象:　　　　　　　　　　　//完成选择,在弹出的文本窗口中显示如下信息

LWPOLYLINE　图层:0

空间:模型空间

句柄＝49d

打开

固定宽度　　　50　　　　　　　//显示线宽

面积　6522513　　　　　　　　//显示面积

长度　56550　　　　　　　　　//显示长度

下略

下面是几点说明:

(1) 为什么用多段线。

在本例中使用多段线进行地板采暖埋管的绘制主要是基于以下几个原因。

首先,地板采暖的埋管有管间距和管长的控制要求,采用多段线绘制的埋管是一个整体,可以很方便地采用 LIST 命令进行管长的查询和统计,而不必逐条线段进行绘制。

其次,可以在设计阶段实时显示线宽,比较直观,且易于调整。

(2) 圆角半径的选择。

根据规定,塑料及铝塑复合管的弯曲半径不宜小于 6 倍管外径,铜管的弯曲半径不宜小于 5 倍管外径。

在房间中心部分的管道折回处,管间距较小时弯曲半径可适当减小。

(3) 管间距问题。

随着房间尺寸以及管间距的变化,在布置房间中心部分的管道时可能会出现最后两根管段间距增大或减小的问题,此时需要对这部分的管间距进行适当的调整,在满足管长要求的基础上使管段尽量均匀分布,以保证地板表面温度的均匀性。

此外,与房间长边平行的管段数需要是偶数,否则无法进行管道的布置,必须要进行管间距的调整。

对带有边界区的情况,边界部分的管间距较小。此时,可以先按内区的管间距构造参考线,然后将边界区所在的边删除,重新按照其管间距进行单独构造。

12.7　小结

　　对象编辑是使用 AutoCAD 进行绘图时所能遇到的最常见的操作,一张复杂图形的绘制,可能只会用到较少的几个图形绘制命令,但通常会用到多个对象编辑命令,因此,熟练掌握每个对象编辑命令显得尤为重要。

　　本章首先介绍了多种对象选择的方法,一般建议先执行编辑命令,再进行对象选择。

　　将对象编辑命令按作用分为 3 类,分别是对象复制、基本变换以及对象修改,并对每一个命令进行了说明。

　　利用夹点也可以实现多种编辑功能,读者可根据情况选择采用夹点还是命令来进行编辑。

　　最后,通过地板辐射采暖室内埋管平面图的绘制,说明了在绘图过程中各绘图以及编辑命令的综合应用。

第十三章　图层创建及管理、块与属性

工程图的绘制经常要进行各专业之间的配合,在传统的绘图方式中,所有专业的图线绘制在同一张图纸上,任何局部的改动都会对全局产生影响。AutoCAD 实现了专业之间的分工协作由流水作业向平行作业的转变,其特有的功能也极大地提高了单专业的绘图效率,本章就介绍与这方面有关的图层管理、图块的创建与使用以及外部参照功能。

13.1　图层创建及管理

AutoCAD 中的图层相当于重叠在一起的透明的一张张电子图纸,由于所有图层采用相同的坐标系和缩放比例,因此能够完全对齐。同一图层上的对象具有相同的特性,通过图层可以实现图形对象的分类,便于统一管理和集中设置;不同的专业在不同的图层上进行操作,既可以相互参照,又不会相互干扰。还可以将一个或多个图层隐藏,使不需要的图层暂时从图形中消失。

利用【图层】面板可以实现与图层相关的大部分操作,如图 13-1 所示。

图 13-1　图层面板

打开光盘"13-1"图形文件,图中已给出了定位轴线,下面几个例子将在这张图的基础上进行图层的操作。

13.1.1　创建新图层

【练习 13-1】:创建新的图层。

1. 单击【图层】面板的【图层特性】按钮，可以打开如图 13-2 所示的【图层特性管理器】对话框,该对话框还可以通过菜单命令【格式】/【图层】,或在命令行输入"layer"或"la"后按 Enter 键激活。对话框的左侧是图层过滤器,可以实现对具有相同性质的图层的统一操作,这在图层较多时尤为有效。右侧为图层列表,任何一个新建的文件都会有一个名称为"0"的基本图层。在工程图绘制时,应尽量避免直接在 0 图层上进行操作,而应当建立新的图层。

2. 单击【新建图层】按钮，图层列表框中将出现名为"图层 1"的图层,其名称处于可编辑状态,切换到中文输入模式,直接输入"轴线",按 Enter 键结束。再次按 Enter 键,将建立新的图层,将其名称改为"墙",其结果如图 13-3 所示。

在输入图层名称之后,若在英文或半角状态输入逗号",",将结束该图层的修改并自动建

209

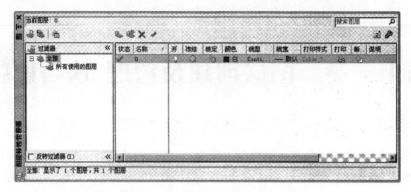

图 13-2 【图层特性管理器】对话框

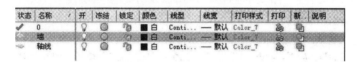

图 13-3 创建图层

立一个新图层。

名称的修改可以在创建时完成,也可以在后面的操作中修改。选定要修改的图层之后,再次单击名称或按 F2 键,即可使名称处于可编辑状态,还可以在图层名称上单击鼠标右键,在弹出的快捷菜单中选择【重命名图层】命令,不过后者不建议采用。

13.1.2 更改图层特性

虽然可以利用特性面板对图形对象特性进行修改,但对于复杂图形来说,更为有效的方法是通过图层来实现对象特性的修改。

【练习 13-2】:(接上例)更改图层的特性。

1. 更改图层颜色。

(1) 在【图层特性管理器】中,图层列表框中的每一列分别显示了图层的不同特性。单击"轴线"图层的"颜色"列,将打开如图 13-4 所示的【选择颜色】对话框。

图 13-4 【选择颜色】对话框

(2) 单击【索引颜色】选项卡中的红色,或者直接在【颜色】文本框中输入"红",单击 确定 按钮,将"轴线"层的颜色改为红色。对于索引色,除了输入名称之外,还可以直接输入其对应的编号,如红的编号为"1"、绿的编号为"3"等。

2. 更改图层线型。

（1）单击"轴线"图层的"线型"列，打开如图 13-5 所示的【选择线型】对话框。

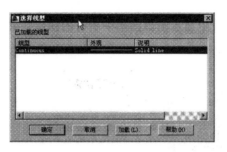

图 13-5 【选择线型】对话框

（2）列表中已经有了一种线型，该线型为实线。单击 加载(L)... 按钮，打开如图 13-6 所示的【加载或重载线型】对话框，在其中选择名为【CENTER2】的线型，单击 确定 按钮，返回到【选择线型】对话框。选择新加载的线型，单击 确定 按钮，将"轴线"图层的线型改为点划线。

图 13-6 【加载或重载线型】对话框

3. 更改图层线宽。

单击"墙"图层的"线宽"列，打开如图 13-7 所示的【线宽】对话框。选择"0.30 毫米"的线宽，单击 确定 按钮。图层设置的最终结果如图 13-8 所示。

图 13-7 【线宽】对话框

图 13-8 图层设置结果

一般创建图层和更改图层特性是同时进行的，在【图层特性管理器】对话框中选择某个图层之后，新建的图层将具有与所选图层相同的属性，因此在选取与拟创建图层相同或相近的图层之后再单击【新建图层】按钮 或按 Enter 键，将在一定程度上提高图层管理的效率。

13.1.3 在图层上创建对象

【图层】面板中的【图层控制】下拉列表可以用来方便地显示和控制图层的特性。

单击下拉列表,下拉列表中显示出该图形中所有的图层,并显示前文涉及的颜色和名称特性,如图 13-9 所示。

图 13-9 图层控制及列表显示

【练习 13-3】:(接上例)为图层创建新的对象。

1. 更改已有对象的图层。

(1) 选择图中所有的直线,图层列表框显示对象目前位于 0 图层,在下拉列表框中选择"轴线"图层,便可将这些线修改到"轴线"图层上,然后按 Esc 键取消对这些线的选择。现在可以看出,图中所有的线都由原来的黑色实线变成了红色实线,但点划线并没有显示出来,这里,需要修改一下线型比例。

(2) 选择菜单命令【格式】/【线型】,打开【线型管理器】对话框,列表中显示的是当前文件中已经加载的线型,在这里也可以实现线型的加载和删除。单击【显示细节】按钮 显示细节 (D) ,将全局比例因子改为"100",其结果如图 13-10 所示。

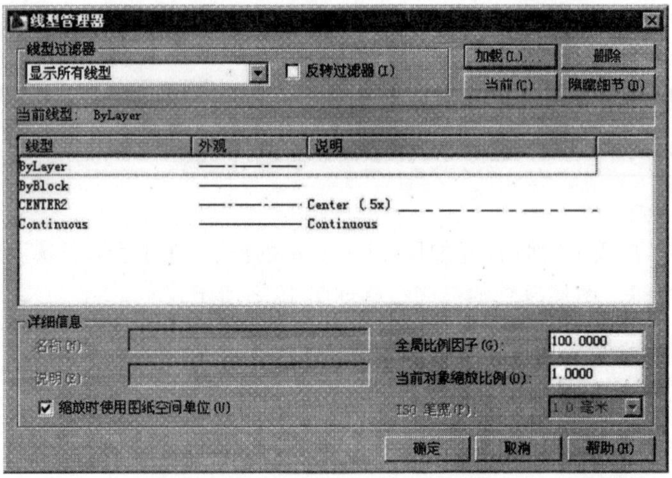

图 13-10 【线型管理器】对话框

单击 确定 按钮,可以看出轴线已经变成了点划线的样式。若还没有改变,则使用"regen"或"re"命令重生成一下即可。

全局比例因子的设定与该图形的尺寸及显示尺寸有关,一个简单的方法是将其设为图形比例的倒数,如图形比例为 1:100,则全局比例因子设为 100。此外,线型的不同也会影响到实际的显示效果,这个在实际使用中多尝试几次即可。

打开【线型管理器】对话框的另一个方法是利用【对象特性】工具条中的【选择线型】下拉式列表框,选择【其他】选项即可,如图 13-11 所示。

2. 在图层上创建新对象。若没有图形对象被选择,则【图层控制】下拉式列表框中显示的

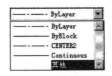

图 13-11 选择线型

图层为当前图层,即绘图所用的图层,同一时间只能有一个图层被设置为当前图层。

(1)按 Esc 键,确保没有任何图形对象被选择并退出所有命令。在【图层控制】下拉式列表框中选择"墙"图层,将该图层置为当前。用比例为 240 的 MLINE 绘制墙线,并进行适当编辑。将状态栏的"显示/隐藏线宽"打开,将得到如图 13-12 所示的图形。

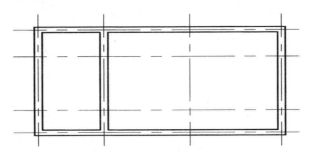

图 13-12 图层设置实例

(2)选择任意一条轴线,并单击【将对象的图层设为当前图层】按钮 ,可以将"轴线"图层改为当前图层,该方法在图层较多时尤为实用,通过选取对象即可将其所在的图层置为当前图层。

另外一个修改当前图层的方法是,在【图层特性管理器】对话框内选中图层,单击【置为当前】按钮 ,或者直接在对应图层的【状态】列双击图层对应的图标,图层状态的图标为对号的即为当前图层。

【图层】面板中另外一个有用的工具是【匹配】按钮 ,可以直接将某对象从所在的图层更改到另外一个对象所在的图层上,而不需要使用【图层控制】下拉式列表框。

13.1.4 控制图层显示

利用【图层】工具条中的【图层控制】下拉式列表框还可以方便地控制图层的显示。图 13-13 中显示了"0"图层的 5 个特性,除颜色之外的 4 个特性在这里是可以修改的,从左到右依次为【开】、【在所有视口中冻结/解冻】、【在当前视口中冻结/解冻】、【锁定/解锁】。由于目前还没有定义视口,因此【在当前视口中冻结/解冻】暂时是无效的。

图 13-13 控制图层显示

接前边完成的例子,将"0"图层置为当前层,展开【图层控制】下拉列表,单击"轴线"图层的【开】图标 ,使灯泡图标由亮变暗 ,然后在图形的空白区域单击,便可以看到"轴线"图层的所有对象都消失了,只剩下墙线。重复相同的操作,消失的轴线又会重新出现。

在复杂图形的绘制中,可以通过【开】选项来控制辅助图层以及次要图层中对象的显示和隐藏,而无需将其删除。在下拉列表中可以同时对多个图层分别进行操作。

图层的锁定和解锁状态是由打开和关闭的锁的图标 🔓/🔒 来表示的,可以发现,锁定后的图层仍然可见,但无法进行编辑,而捕捉、查询、特性等操作仍可进行。

冻结和解冻状态是由太阳和雪花图标 ☀/❄ 来表示的,冻结同样可以将图层上的对象隐藏,通过下列操作区分图层冻结与关闭的区别。

(1)将"墙"图层锁定。

(2)将"轴线"图层冻结,用 Ctrl + A 组合键选择所有对象,然后执行删除命令,或者在删除命令后输入"ALL",再将"轴线"图层解冻,会发现,轴线对象仍然存在。

(3)将"轴线"图层关闭,重复上述操作,会发现,轴线对象已经被删除掉了。

因此,简单地来说,"冻结"可以实现"关闭"和"锁定"共同的效果。而实际上其功能不止如此。关闭图层只是使图层不可见,但是在进行重生成(Regen)图形时依然要对这些隐藏的图形对象进行操作,对于较大的图形,这将影响显示速度。而冻结之后的图层则在重生成过程中不进行处理,可以有效地减少大型文件重生成所需的时间。

此外,当前层可以关闭,但不能冻结。

在图层操作中,利用【图层特性管理器】对话框还可以对多个图层的同一特性同时进行更改。多个图层的选择方法有按住 Shift 键后单击图层进行区域选择、按住 Ctrl 键后单击图层进行逐个选择、利用快捷菜单、创建相应的图层过滤器等几种。选中图层之后,在需要修改的列单击,便可实现特性的更改。

AutoCAD 2009 中对图层管理功能进行了增强。如锁定后的图层颜色变浅,有助于与其他图层相区分;在【图层特性管理器】中修改特性之后,图形中可以即时显示产生的变化,而无需等到确定或取消之后;可以在【图层特性管理器】对话框打开的情况下进行图形操作;同时支持双显示器显示,可以将对话框移到辅显示器上;图层过滤器树可以收拢,使图层列表部分最大化,便于操作等。

在"AutoCAD 经典"工作空间中,【图层特性管理器】对话框中的按钮可以在【图层】和【图层Ⅱ】工具栏中找到。

13.2 块与属性

在建筑设备专业绘图中,时常会遇到一些重复出现的构件与设备,如门、窗、阀门、散流器、风机盘管等,对这些重复构件,可以采用复制的方法,但这会造成图形数据的冗余。一个有效的方法是将这些由多个对象组成的实体定义为"图块",并作为一个实体在图形中调用。采用图块的方法可以提高绘图速度,简化编辑过程,并提高存储效率。

简单的图块操作可以利用【常用】选项卡的【块】面板完成,也可以利用【块和参照】选项卡完成,如图 13-14 所示。

图 13-14 【块】面板

先画出如图 3-15 中风管的中心线,下面的几个例子将通过风口的创建、插入和修改来说明图块的操作。

13.2.1 创建图块

【练习 13-4】:创建新图块。

1. 将图层切换到"0"图层,在空白处绘制一个如图 13-15 所示的 100×100 mm² 的方形散流器,过程从略。

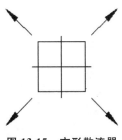

图 13-15 方形散流器

2. 单击【块】面板上的【创建】按钮,或在命令行输入"block(B)"或"bmake(B)"后按 Enter 键,打开【块定义】对话框。

单击【拾取点】按钮,在图形上选取散流器十字交叉线的中心作为基点,单击【选择对象】按钮,选择整个散流器,单击鼠标右键或按 Space 键返回,在【名称】文本框中输入图块的名称"散流器",其结果如图 13-16 所示。

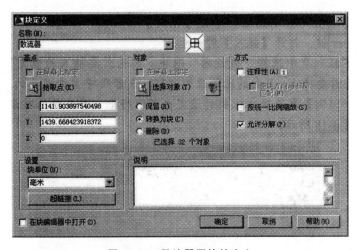

图 13-16 散流器图块的定义

在【块定义】对话框中,【名称】文本框的右边将会出现图块的缩略图,显示的基点坐标随着绘制散流器时所选的位置不同会有所变化,创建块之后原来的对象可以选择保留、转换成块或者删除。

还可以采用【快速选择】按钮进行对象选择,图 13-17 中的设置将选择该图形中位于"0"图层上的所有图元,对本例来说,由于"0"图层上只有散流器,因此能够起到相同的作用。

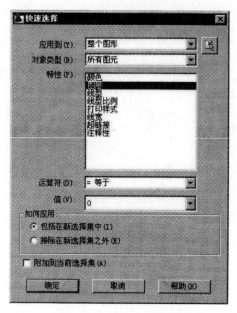

图 13-17　快速选择对象

13.2.2　插入图块

【练习 13-5】：(接上例)插入已定义的图块。打开光盘"13-5"图形文件。

利用定义的图块，在图形中插入 200×200 mm^2 的方形散流器。

1. 将"风口"图层置为当前图层，单击【插入】按钮 ，或在命令行输入"insert"或"I"后按 Enter 键，打开【插入】对话框。

2. 在【名称】下拉列表中选择"散流器"图块，因为需要插入的散流器尺寸为定义尺寸的两倍，因此需要将 X，Y 向的比例改为"2"，或者只将 X 向尺寸的尺寸改为"2"，然后选择【统一比例】复选项(比例的设定也可以待插入后在属性对话框中修改)。设定后的结果如图 13-18 所示。

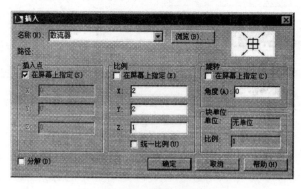

图 13-18　插入图块

3. 单击 确定 按钮，在图形中通过捕捉点选中心线的交点，插入图块。

4. 对插入的图块进行复制，得到如图 13-19 所示的图形。

可以看到，插入后的图块具有"风口"图层的特性，这是因为创建于"0"图层上的块在插入

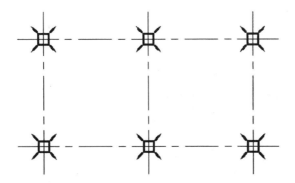

图 13-19　插入图块后的图形

时将其放置在当前图层上,因此具有当前图层的特性。

图块还可以是绘制在几个图层上的不同颜色、线型和线宽特性的对象的组合。若图块不是在"0"图层上创建,在插入后其特性变化较为复杂,一般不建议采用。

除了前面说过的单个插入之外,还有一种通过命令行操作的阵列插入图块命令"MINSERT",感兴趣的读者可以自行进行尝试。

13.2.3　图块插入后的处理

【练习 13-6】:利用图块对图形进行修改。

如需要将前边插入的所有方形散流器改为圆形,可以采用如下几种方式。

(1)删除现有的图形,重新通过图块或其他方式插入新的圆形散流器。

(2)对已有的方形散流器图块进行重新定义。

下面用较为简单的第二种方法进行修改。

1. 进入块编辑器。

(1) 单击【编辑】按钮 ,或在命令行输入"bedit"或"be"后按 Enter 键,打开【编辑块定义】对话框,选择需要编辑的图块"散流器",如图 13-20 所示。

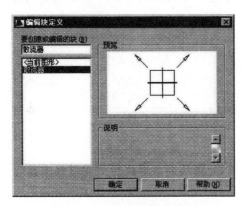

图 13-20　选择图块进行编辑

(2)单击 确定 按钮,进入块编辑器界面,面板右侧出现了如图 13-21 所示的块编辑器面板。打开的方形散流器图块如图 13-22 所示,可以看出,块编辑器中的坐标原点为该图块在定义时所选择的插入点。

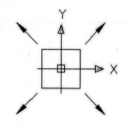

图 13-21　块编辑器面板

图 13-22　待编辑的图块

2. 保存现有的图块。

（1）若希望该图块在以后还可以继续使用，可以单击【块名】按钮，如图 13-23 所示，在【块名】文本框中输入"方形散流器"，将其以其他名称另外保存。

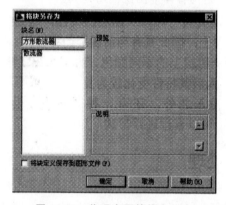

图 13-23　将现有图块换名保存

（2）保存之后可以看到，【编辑】按钮右侧的名称变成了"方形散流器"，因此需要重新打开"散流器"图块。

（3）单击【编辑】按钮，打开"散流器"图块。在块编辑器中利用捕捉功能绘制正方形的内切圆，并将原正方形删除，保存后退出块编辑器。可以看到，所有的散流器都变成了圆形散流器，如图 13-24 所示。

（4）为使表达更为直观，可以把图块的名称改为"圆形散流器"。

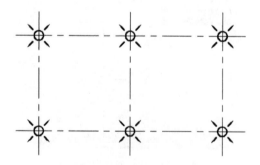

图 13-24　修改图块后的图形

3. 修改图块名称。

（1）在命令行输入"rename"或"ren"后按 Enter 键，打开如图 13-25 所示的【重命名】对话框，在该对话框中，可以对包括图块、图层、线型在内的多种对象进行重命名。选择"块"对象中的"散流器",输入新的名称,单击 确定 按钮。

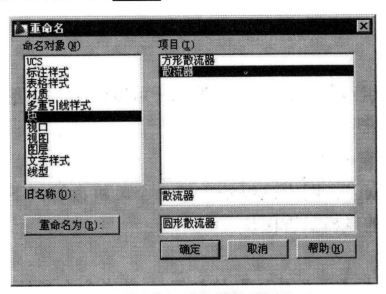

图 13-25 对块进行重命名

(2) 在输入新名称之后单击【重命名为】按钮 重命名为(R): ,可以修改名称而不关闭对话框,方便实现对多个对象的修改。

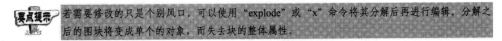
要点提示 若需要修改的只是个别风口,可以使用 "explode" 或 "x" 命令将其分解后再进行编辑。分解之后的图块将变成单个的对象,而失去块的整体属性。

4. 清理不需要的图块。

(1) 若不想保留"方形散流器"图块,可以用清理的方法将其删除。

(2) 在命令行输入"purge"或"pu"后按 Enter 键,打开如图 13-26 所示的【清理】对话框,利用该对话框可以实现对多种项目的清理。展开【块】,选择【方形散流器】,单击 清理(P) 按钮就可以完成对图块的删除。

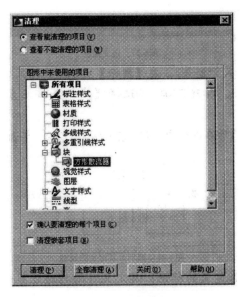

图 13-26 清理图块

能够被清理的图块必须没有被嵌套在图形和其他块中,通过【清理】对话框可以看出一个块或者其他项目是否能够被清理。将一个块变成可被清理的方法是将已插入图形中的图块删除或者分解。需要注意的是,如果在创建块的时候选择了【转换为块】单选项,转换得到的块也应当删除或分解。

13.2.4　添加属性

属性是包含文字的一组对象,该组文字类似于可以附加到图形中的块。在图块中可以通过增加属性来对图块进行说明。

【练习 13-7】:创建含有属性的块。打开光盘"13-7"图形文件。

先画出如图 13-28 中一个风机盘管图,下面在这个风机盘管的基础上定义一个包含型号注释的风机盘管图块。

1. 定义属性。

(1) 展开【块】面板,单击【定义属性】按钮🏷,或在命令行输入"attdef"或"att"后按 Enter 键,打开如图 13-27 所示的【属性定义】对话框。

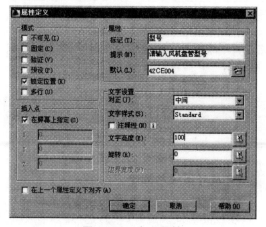

图 13-27　定义属性

(2) 在【标记】文本框内输入"型号",在【提示】文本框内输入"请输入风机盘管型号",在【默认】文本框内输入"42CE004"。选择【中间】对正方式,将【文字高度】设为"100"。单击 确定 按钮,然后在图形中的风机盘管中心空白处单击,其结果如图 13-28 所示。

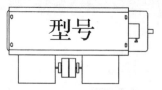

图 13-28　图形及其定义的属性

(3)插入的属性显示的是其定义的标记,其定义可随时通过双击进行修改,如图 13-29 所示。

图 13-29　编辑属性定义

2. 创建包含属性的图块。

创建名为"风机盘管"的图块,对象包含图中的风机盘管及定义的属性,基点可选择最上方水平线的左端点或中点。单击 确定 按钮之后,若在创建时选择【转换为块】单选项,则还会出现编辑属性的提示,按照提示输入对应的型号。若选择【保留】或【删除】则不会出现提示。

3. 属性的使用。

(1) 在图形中插入"风机盘管"图块,单击选择插入点之后,会出现定义时设定的"请输入风机盘管型号"提示,输入型号或直接回车取默认值结束,按默认值插入后的结果如图 13-30 中的左图所示。

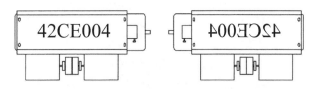

图 13-30　插入带有属性的块

(2)上面插入的风机盘管接管方式为左接,若为右接,则需要对图形进行左右互换。处理方式可以是建立另一个图块,或者将图块插入后镜像。最简单的方法是,在插入时将 X 比例设为"－1",便可以得到如图 13-30 右图所示的图形。同理若需要上下互换,则需要将 Y 比例设为"－1"。

4. 属性的修改。

对于图中文字同样被左右互换的情况,可以通过双击插入的图块,利用【增强属性编 辑器】对话框(如图 13—31 所示)对属性进行编辑,在定义时设定的属性以及其他关键特性均可以在这里编辑。在对话框的【文字选项】选项卡中选择【反向】复选项,即可使将文字恢复正常。

除了作为块的说明之外,属性还可以被集中提取,便于设备和材料的统计。提取数据按钮在【块和参照】选项卡的【链接和提取】面板上,也可以通过在命令行输入"EATTEXT"后按 Enter 键激活属性提取向导。

图 13-31　【增强属性编辑器】对话框

13.2.5　写块

前面创建的图块只能在当前文件中使用,如果希望用于其他图形文件,则需要利用写块命令将图块存成单独的".DWG"文件。

在命令行输入"wblock"后按 Enter 键,打开如图 13-32 所示的【写块】对话框。写块的来源可以是图形中已存在的块、整个图形或图形对象。若选择图形对象,则对基点和对象选择的操作与创建块时相同。此外,还需要给出写块的目标文件。

创建好的图块文件可以在其他任何图形中使用。可以按照普通文件来处理,也可以按图块插入。实际上,可以将任何一个文件作为块插入到当前图形中,只需在插入块时在【名称】一项指定文件名,其插入方法与图块完全相同。

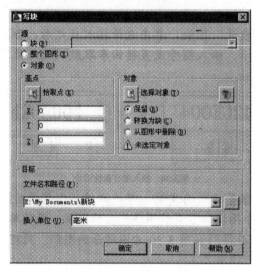

图 13-32 【写块】对话框

13.2.6 动态块

前面创建的图块在使用时大小和形状只能通过缩放和旋转来实现,动态块的创建则使图块具有可编辑的特性,在插入之后也能够方便地进行动态调节。动态块中包含多种参数以及与参数关联的动作,通过动作来实现参数的调整。

【练习 13-8】:动态块的创建及使用。打开光盘"13-8"图形文件。

先画一如图 13-34 一个风机盘管图,下面在这张图的基础上创建一个可以动态调节长度以及翻转的风机盘管图块。

1. 创建名为"风机盘管"的图块,【基点】为左下角,【对象】为整个散流器,进入块编辑器对该图块进行编辑。

2. 在如图 13-33 所示的【块编写选项板】的【参数】选项卡中单击【线性参数】按钮，先后捕捉图形中位于左右下角的 A、B 两点，并在适当位置单击，放置标签，结果如图 13-34 所示。

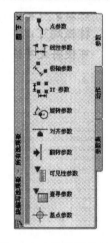

图 13-33 块编写选项板

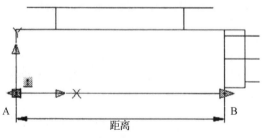

图 13-34 添加线性参数

添加线性参数后,在夹点位置出现一个黄色的警告图标,表明该参数还未与动作关联起来。

3. 用 Ctrl + L 组合键打开【特性】对话框,选择刚才创建的参数,将【距离类型】改为【增量】,【夹点数】改为【1】,在【距离标签】文本框中输入"长度",在【距离增量】、【最小距离】、【最大距离】文本框中分别输入"20"、"500"和"1200"。

设置这些的结果是使标签显示为"长度",风机盘管长度只能单向变化,其长度限定在 500~1200 之间,拉伸的增量为 20。

4. 在【动作】选项卡中单击【拉伸动作】按钮 ,AutoCAD 提示如下。

命令:_BActionTool1 拉伸

选择参数: //选择长度参数,如图 13-35 所示

指定要与动作关联的参数点或输入[起点(T)/第二点(S)]<第二点>: // 选择夹点 B

指定拉伸框架的第一个角点或[圈交(CP)]:   //单击 C 点

指定对角点: //单击 D 点

指定要拉伸的对象   //在 C 点附近单击

选择对象:指定对角点:找到 13 个   //在 D 点附近单击

选择对象: //按 Enter 键

指定动作位置或[乘数(M)/偏移(O)]:   //单击一点放置动作标签

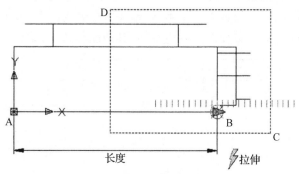

图 13-35　添加拉伸动作

5. 在【参数】选项卡中单击【翻转参数】按钮 ,根据提示,在垂直线 A E 上单击两点,并在适当位置单击,放置标签,并将名称改为"水平翻转"。重复上述操作,过水平线 AB 创建"垂直翻转"参数,结果如图 13-36 所示。

图中的文字和箭头可以通过"MOVE"命令或夹点来移动,一般建议将箭头顶部置于所选的线上,例如,将"水平翻转"的箭头置于垂直线上。

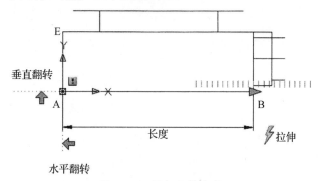

图 13-36　添加翻转参数

6. 在【动作】选项卡中单击【翻转动作】按钮，选择"水平翻转"，提示选择对象时选择整个风机盘管，并在适当位置单击，放置动作。重复上述操作，为"垂直翻转"添加动作，所选对象仍然是整个风机盘管，保存，退出，结果如图 13-37 所示。

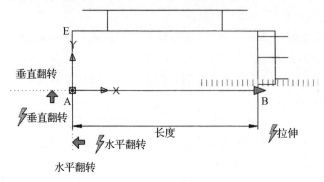

图 13-37　添加翻转动作

7. 使用动态块。向图形中插入新创建的图块"风机盘管"，选择插入的图块，如图 13-38 所示。除了基点之外，图块中新增加了一个三角形符号和两个箭头符号。该图块的功能如下。

(1)按照与夹点编辑相同的方法，单击三角形符号后左右移动，可以改变图形的长度，其功能与拉伸完全相同。拉伸的最小变化量为 20，变化范围限定在下方短划线覆盖的区域内。

(2)单击向左的箭头，图形将向左水平翻转，箭头方向变为向右，再次单击则反向变化。

反复单击向上的箭头则可以使图形垂直翻转，其功能等同于镜像。

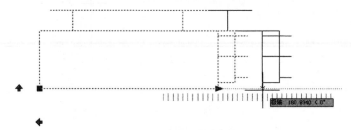

图 13-38　动态块的功能

第十四章　文字注释及尺寸标注

文字及标注是 AutoCAD 中非常重要的图形对象。利用文字可以提供几何图形所无法提供的信息,或者对图形进行补充说明和注释。标注则可以直观地表明图形对象各组成部分的大小及相对位置关系而无需使用尺子去逐个量取。文字注释及工程标注工具集中在【常用】选项卡的【注释】面板或【注释】选项卡下边的面板中。

14.1　文字注释

AutoCAD 提供了两种文字对象:单行文字和多行文字,分别由"DTEXT"和"MTEXT"命令来创建。从名称上可以看出,单行文字适用于仅有一行的文字项目,如图名、标题栏信息、尺寸标注说明等;多行文字适用于带有段落格式的文字项目,如设计施工说明等。

14.1.1　单行文字

【练习 14-1】:创建简单的文字对象,要求字高为 3.5。

命令:DT

TEXT　　　　　　　　　　　　　　　　//输入命令 dt,启动单行文字命令

当前文字样式:"Standard"文字高度:2.5000 注释性:否

指定文字的起点或【对正(J)/样式(S)】:　　//单击图中一点作为文字起点

指定高度<0.2000>:3.5　　　　　　　　//输入字高

指定文字的旋转角度<0>:　　　　　　// 按 Space 键,接受默认角度

　　//此时,绘图区在文字起点位置出现文字输入提示,将输入法切换到中文,输入"二层采暖平面图"

　　//在绘图区另一位置单击,继续输入"《采暖通风与空气调节设计规范》GB50019—2003",必要时切换中英文输入

　　//按 Enter 键,鼠标光标转到下一行

　　//按 Enter 键,退出单行文字命令

　　//选择刚创建的文字对象,按 Ctrl + 1 组合键查看其特性

得到的文字如图 14-1 所示。

二层采暖平面图

《采暖通风与空气调节设计规范》GBS0019—2003

图 14-1　简单文字

单行文字命令的启动方法如下。

- 命令：DTEXT(DT)
- 按钮：【文字】面板上的【单行文字】按钮 **AI**
- 下拉菜单：【菜单浏览器】,【绘图】/【文字】/【单行文字】。

下面是几点说明。

(1)建筑制图常用的字高有 3.5 mm、5 mm、7 mm、10 mm、14 mm、20 mm,如需更大的字高,则其高度应按 $\sqrt{2}$ 的比值递增。

(2)文字的高度可以通过输入数字来指定,也可以直接用鼠标指针在绘图区点取。

AutoCAD 中的文字高度为模型中的文字高度,实际设置时应为图纸文字高度×绘图比例。

本例中若绘图比例为 1∶100,则字高应为 350。

(3)在一行文字输入完成之后在另一位置单击,即可连续创建下一个单行文字对象,最后一个对象完成之后需要连续按两次 Enter 键才能退出。这里命令的完成只能用 Enter 键,用 Space 键的作用是输入空格。

(4)输入一行文字之后按 Enter 键,鼠标光标转到下一行,也可以继续创建下一个单行文字对象,且新对象与上一个对象有相同的对齐方式。输入的每一行文字都是一个单独的单行文字对象。

(5)激活对正选项(J)后将出现所有可选的对正选项。默认的对正方式是【左下】,对正点与起点重合,单行文字对象只有一个夹点,若选择其他对正方式,则单行文字对象会有两个夹点。修改对正选项的 AutoCAD 提示如下。

指定文字的起点或[对正(J)/柠 4 式(S)]:J 输入选项

[对齐(A)/布满(F)/居中(c)/中间(M)/右对齐(R)/左上(TL)/中上(Tc)/右上(TR)/左中(ML)/正中(MC)/右中(MR)/左下(BL)/中下(BC)/右下(BR)]:

【练习 14-2】:向单行文字中插入特殊符号。

启动单行文字命令,设置同前例。在每行文字输入完毕之后按 Enter 键继续输入下一行,连续输入以下文字:

添加％％u 下划线％％u 字符
％％c200
％％p30％％d

得到的文字如图 14-2 所示。

添加<u>下划线</u>字符

Φ200

±30°

图 14-2　输入特殊字符

下面是几点说明。

(1)除了键盘上的字符以外,特殊字符可以通过键入一组由两个百分号(％,通过 Shift + 5 输入)作引导符的字母编码来实现,如"％％C"代表直径符号,"％％D"代表角度符号,等等。

(2)上划线和下划线符号是开关型的,即第一次输入"％％U"后的文字为下划线,再次输入"％％U"将结束下划线。

(3)可以从其他的文本编辑软件如 MS Word 中复制并粘贴文字及特殊符号到 AutoCAD 的单行文字中。

(4)可以利用中文输入法中的软键盘输入各种符号。

(5)对单行文字的编辑,最简单的方法是直接双击文字对象,其编辑方式与一般的文本编辑软件相似。

14.1.2　文字样式

文字样式是控制文字外观的主要手段。对新建文件,AutoCAD 将创建一个名为"Standard"的文字样式作为当前样式,用户也可根据需要创建新的文字样式。

命令启动方法如下。

- 命令:STYLE(ST)。
- 按钮:【文字】面板上的【文字样式】按钮 A.
- 下拉菜单:【菜单浏览器】,【格式】/【文字样式】。

【练习 14-3】:更改例 14-1 中创建的文字样式。

1.更改现有文字样式定义。

命令:ST

STYLE　　　//启动文字样式命令

打开如图 14-3 所示的【文字样式】对话框。图中左侧列出了该文件已有的文字样式,选择【Standard】样式,右边显示出该样式的【字体名】为【宋体】,【字体样式】为【常规】。

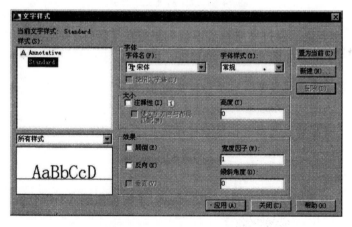

图 14-3　【文字样式】对话框

单击【字体名】下拉列表,将显示目前可用的字体,选择【Times New Roman】,单击 应用(A) 按钮,再单击 关闭(C) 按钮。

命令:RE

REGEN 正在重生成模型。　　　// 重生成图形

可以看到,图形中的中文保持不变,英文及数字变成了"Times New Roman"格式,如图 14-4 所示。

《采暖通风与空气调节设计规范》　GB50019-2003

图 14-4　改变西文字体

2. 新建文字样式。

命令：ST

STYLE　　　　　　　　　// 启动文字样式命令

重新打开如图 14-3 所示的【文字样式】对话框。单击 新建(N) 按钮，将新建样式的名称改为【大字体】。在【字体名】下拉列表中选择任意一个后缀为【. shx】的字体，下边的【使用大字体】将被激活，选择该选项，则字体列表中将仅列出 SHX 字体，选择【gbenor. shx】，右边的下拉列表也被激活。在【大字体】选项区选择【gbcbig. shx】。其他选项保持不变，如图 14-5 所示，左下角将出现文字样式的预览效果。应用后关闭对话框。

图 14-5　设定新建文字样式

选择图中的文字对象，通过文字样式下拉列表或在【特性】对话框中将其样式修改为新建的【大字体】，文字变为如图 14-6 所示的格式。图中第二行字体为【gbeitc. shx（斜体）】。

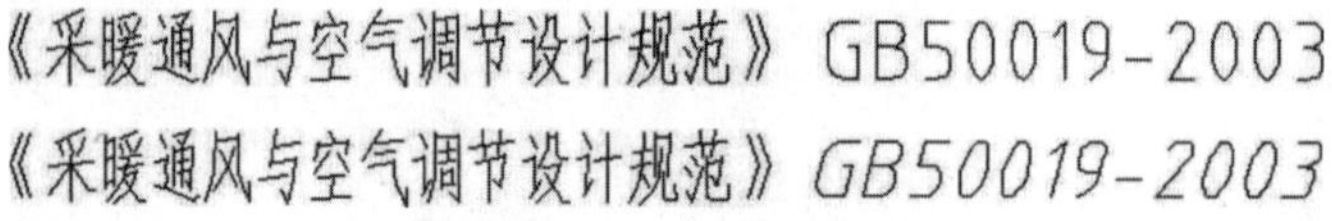

《采暖通风与空气调节设计规范》GB50019-2003
《采暖通风与空气调节设计规范》GB50019-2003

图 14-6　大字体显示的文字

下面是几点说明。

(1) AutoCAD 可用的字体有两种：Windows 系统提供的［TrueType］字体，字体名前边带有双"T"标志；AutoCAD 自带的字体【＊. shx】，字体名前边带有圆规标志，其中的【gbenor. shx】和【gbeitc. shx】是符合国标规范的工程字体。名称以"@"开头的字体为常规字体逆时针旋转 90°。

(2)【gbenor. shx】和【gbeitc：shx】中不包含中文字体定义，对于亚洲国家的文字字体，还应配合使用大字体，其中【gbcbig. shx】字体是符合国标规范的工程汉字字体，该字体文件还包含一些常用的特殊符号。

(3) 改变字体之后创建的文字对象将直接显示出修改后的特性，而在改变字体之前创建的文字对象，需要进行重生成（REGEN）之后才会显示出变化。

(4) 在定义文字样式时将【高度】项设为"0"，则需要在文字创建时指定高度，若字体样式中给定了高度，则创建时没有指定字高的要求，而默认为定义的高度，只能在创建后再进行修改。

(5) 文字【颠倒】、【反向】、【垂直】特性的改变将会影响到已有文字对象，而文字高度、宽度比例及倾斜角特性的改变则不会引起已有单行文字外观的改变,只会影响到此后创建的文字对象。

(6)文字样式的改变方法与对象图层的改变方法相似,可以利用文字样式下拉列表来实现,该下拉列表在【文字】面板、【样式】工具栏以及【特性】对话框中都可以找到。也可以通过【特性匹配】来完成。

关于字体的附加说明如下。

(7)字形不同是建筑图文字与机械图文字最基本的区别,与机械图中规整的方块字相比,建筑图中的文字更具艺术气息。大多数设计院或设计事务所都在一张图中使用不同的字体以区分标题与普通文本,或者让特定的信息更加醒目,而不限于使用单一的长仿宋体。

(8)除了外观之外,不同的字体在存储空间、图形生成速度以及打印输出速度等方面也都有不小的差异,对于大文件来说更是如此。"TrueType"字体为点阵字体,其特点是美观,支持斜体、黑体等格式,但较为复杂。SHX 字体为矢量字体,定义非常简单,在生成和打印时速度都很快,但在显示汉字时需要配合大字体一起使用。

(9)在打开图形文件时,若样式定义中包含了本机上没有的字体,则会出现如图 14-7 所示的提示,需要为该样式指定另外一个字体来进行替代。

图 14-7　字体替代

(10)字体替代会带来两个问题,一是某些特殊符号可能会丢失,中文出现乱码;二是在相同的设置下,不同的字体显示的高度、宽度、间距均不同,进而带来格式的变化。因此,应尽可能选用比较常用的字体,或者将特殊的字体文件与图形文件一起发送。

【练习 14-4】:标注的注释性。

1. 新建一个文件。

2. 无注释性文字。

【练习 14-5】:启动单行文字命令,输入任意一行文字。

命令:DT

TEXT　　　　　　　　　　　　　　　//启动单行文字命令

当前文字样式:"Standard"文字高度:2.5000 注释性:否

指定文字的起点或[对正(J)/样式(S)]:

指定高度<2.5000>:

指定文字的旋转角度<o>:

3. 为文字增加注释性。

激活文字样式中的注释性选项。

命令:ST

STYLE　　　　　　　　　　　　　　//启动文字样式命令

(1)打开如图 14-3 所示的【文字样式】对话框,选择[Standard]样式,再选择【注释性】复选项。注意样式名前边图标的变化。

(2)设置注释比例为 1∶2，输入另外一行文字。可以看到，新文字高度为先前输入文字高度的 2 倍。

(3)单击状态栏上的【注释比例】图标 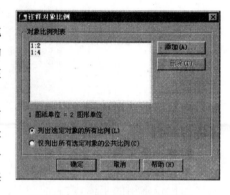 1∶1▼，选择 1∶2，AutoCAD 提示如下：

命令：_CANNOSCALE

输入 CANNOSCALE 的新值，或输入.表示无〈"1∶1"〉:1∶2　　//注释比例修改为 1∶2

命令：DT

TEXT　　　　　　　　　　　　　　　　　　　　　　//启动单行文字命令

当前文字样式："Standard"文字高度：5.0000 注释性：是　　//高度放大一倍

指定文字的起点或[对正(J)/样式(s)]：

指定图纸高度〈2.5000〉：　　　　　　　　　　　　　//变为图纸上显示的高度

指定文字的旋转角度〈0〉：

(4)按 Ctrl + L 组合键，打开【特性】对话框，选择带注释性的文字对象，可以看到其【注释比例】为"1∶2"，【图纸文字高度】为"2.5"，【模型文字高度】为"5"，模型文字高度＝图纸文字高度 X 注释比例。【注释比例】项可单独修改。

下面是几点说明。

(1)注释性是 AutoCAD 2009 的新增功能，使用此特性，用户可以以图纸高度为参考，利用注释比例自动完成缩放注释的过程，从而使注释能够以正确的大小在图纸上打印或显示。

(2)可以为文字对象增加多个注释比例，在利用布局和视口显示时，只有注释比例与布局比例相同的文字才会被显示。这样用户便不必在各个图层，以不同尺寸创建多个文字注释，而只需设置布局或模型视口的注释比例，来控制文字注释的显示。

图 14-8　【注释对象比例】对话框

(3)在【特性】对话框中单击【注释比例】项右侧的按钮，打开如图 14-8 所示的【注释对象比例】对话框，可以为对象添加和删除比例。

14.1.3　多行文字

复杂的文字说明可以利用多行文字命令来创建。多行文字可以由任意数目的文字行组成，所有的文字构成一个单独的实体。在多行文字中，用户可以设置单个字符或某一部分文字的属性（包括文本的字体、倾斜角度和高度等）。AutoCAD 提供的多行文字编辑器具有常规文字编辑器的常见功能，文本区域的宽度可以由用户来指定，而行数可以沿竖直方向无限延伸。

命令启动方法如下。

● 命令：MTEXT(T 或 MT)。

● 按钮：【文字】面板上的【多行文字】按钮 A。

● 下拉菜单：【菜单浏览器】，【绘图】/【文字】/【多行文字】。

【练习 14-6】：利用多行文字书写如图 14-9 所示的设计施工说明。

要求：标题字高为"7"，居中。正文字高为"5"。

设计施工说明

设计说明：

1. 设计概况及设计内容：

1.1. 本设计为某专家公寓采暖空调设计。

1.2. 建筑概述：本工程总建筑面积 22477.3m²，其中住宅建筑面积 16971.9m²。1、2 号楼为 6 层带阁楼建筑；3 号楼为 17 层带地下车库建筑。

2. 设计依据：

2.1.《采暖通风与空气调节设计规范》(GB50019-2003)；

2.3.《高层民用建筑设计防火规范》(GB50045-95)(2005 年版)；

3. 采暖设计及计算参数：

3.1. 采暖室外计算参数：

室外计算温度－6℃；冬季室外平均风速 5.7m/s，平均相对湿度 64%

3.2. 采暖室内计算参数：

户内设计计算温度 20℃，卫生 1h－]24℃，厨房为 16℃，办公、物业用房 18℃

4. 采暖系统：

图 14-9　设计施工说明

1. 在多行文字编辑器中输入文字。

命令：MT

MTEXT 当前文字样式："Standard"文字高度：2.5 注释性：否

　　　　　　　　　　//启动多行文字命令

指定第一角点：　　　　//在绘图区左上区域单击一点

指定对角点或[高度(H)/对正(J)/行距(L)/旋转(R)/样式(S)/宽度(w)/栏(c)]：@200,－100

　　　　　　　　　　//输入对角点的相对坐标，限定文本区域宽度为 200

　　　　　　　　　　//进入如图 14-10 所示的【多行文字编辑器】界面，绘图区出现如图 14-11 所示的文字书写区域，左上角有鼠标光标闪烁，提示文字输入。该区域大小可以通过按住左下角和右上角的箭头进行缩放

图 14-10　【多行文字编辑器】界面

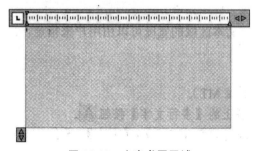

图 14-11　文字书写区域

2. 在绘图区单击鼠标右键,从快捷菜单中选择【编辑器设置】命令,单击【显示工具栏】,将显示如图 14-12 所示的【文字格式】工具栏。

图 14-12 【文字格式】工具栏

【文字格式】工具栏是【AutoCAD 经典】工作空间中默认的多行文字编辑工具,其功能与【多行文字编辑器】基本相同。下面进行的操作在两种界面下均可以完成。

(1)将文字高度改为"7",输入"设计施工说明",按 Enter 键,切换到下一行,继续输入"设计说明"。选择"设计施工说明"字段,将其设为"居中"。选择"设计说明"字段,将文字高度改为"5"。

(2)将输入鼠标光标移动到行尾,按 Enter 键,切换到下一行,可以继续以该字高输入文字。文字样式、字体等特性也可以利用相应的下拉列表进行修改。

3. 插入特殊字符。

(1)单击【符号】按钮 @·,打开如图 14-13 所示的菜单,插入特殊符号。

(2)单击【平方】命令,插入上标"2",用于输入" m^2 "。

(3)单击【其他】命令,打开如图 14-14 所示的【字符映射表】对话框,找到摄氏度符号"℃",单击放大。单击 选择(S) 按钮,符号出现在【复制字符】框内,单击 复制(C) 按钮,将符号复制到系统剪切板中,关闭【字符映射表】对话框,回到多行文字输入框中,单击鼠标左键,将输入鼠标光标放在需要插入字符的位置,单击鼠标右键,从弹出的快捷菜单中选择【粘贴】命令,或使用组合键 Ctrl ＋ V 将符号粘贴到多行文字中。

图 14-13 插入符号

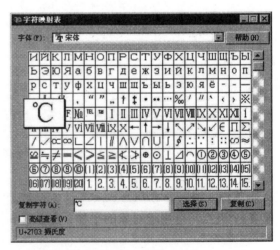

图 14-14 字符映射表

4. 文字堆叠。

(1)输入"2/3",按 Space 键或 Enter 键,系统自动弹出如图 14-15 所示的【自动堆叠特性】

对话框。单击 确定 按钮，接受自动堆叠。

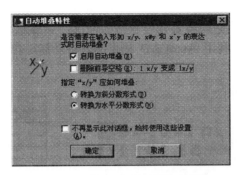

图 14-15　【自动堆叠特性】对话框

（2）选择自动堆叠后的文字，单击鼠标右键，从弹出的快捷菜单中选择【堆叠特性】命令，打开【堆叠特性】对话框，如图 14-16 所示。将其样式改为"分数"。其中的【自动堆叠】按钮用于控制在输入符合格式要求的文字之后【自动堆叠特性】对话框是否自动弹出。

图 14-16　【堆叠特性】对话框

（3）输入"m＾2"。选择"m＾2"后单击【堆叠】按钮 ，文字变为公差格式，m 在上 2 在下。选择"＾2"后单击【堆叠】按钮 ，文字变为"m$_2$"。

（4）输入"m2＾"。选择"2＾"后单击【堆叠】按钮 ，文字变为"m^2"。

5. 退出多行文字编辑器。

有 3 种方法可以退出多行文字编辑器：单击多行文字编辑器的关闭按钮；单击【文本格式】工具栏上的 确定 按钮；在编辑区域外的绘图区内单击。

下面是几点说明。

（1）关于多行文字编辑的其他操作，以及键盘快捷键的应用，可参考其他文本编辑软件。

（2）可以在其他的文本编辑软件中输入之后再粘贴到多行文字中进行排版，以便于大段文字输入过程中随时保存以及特殊符号的输入。

（3）利用符号"/"、"＃"以及"＾"可以实现字符的堆叠，"/"将堆叠成水平分数格式，"＃"将堆叠成斜分数格式，"＾"将堆叠成公差格式。

（4）"＾"还可以输入上下标，输入方式为"上标＾"、"＾下标"。

（5）多行文字对象有 4 个夹点，可用于对象的平移、左右拉长和上下拉伸，左右拉长之后其中的文字会自动换行调整格式。

同样，虽然系统提供的"DDEDIT"命令可以用于编辑单行或多行文字，但最简单的方法是直接在文字对象上双击，进入编辑状态。

14.1.4 表格

在工程绘图中,经常会遇到需要处理表格的情况,如标题栏、设备材料表和图纸目录等。这些表格的绘制,可以利用 AutoCAD 提供的表格功能,也可以手动画线,并结合单行文字来完成。

表格命令的启动方法如下。

* 命令:TABLE。
* 按钮:【表格】面板上的【表格】按钮▦。
* 下拉菜单:【菜单浏览器】,【绘图】/【表格】。

【练习 14-7】:利用表格功能绘制如图 14-17 所示的图纸目录。

标题的字高为"7",表头及数据字高为"5"。

图纸目录		
序号	图号	图纸名称
1		目录
2	暖施－01	空调机房设计施工说明
3	暖施－02	空调系统流程图
4	暖施－03	设备布置平面图
5	暖施－04	室外埋管平面图
6	暖施－05	室外空调冷、热水管网平面图

图 14-17　图纸目录

1. 插入表格。

(1)输入"TABLE"命令或单击【表格】按钮▦,打开如图 14-18 所示的【插入表格】对话框。将列数设置为"3",行数设置为"6"。

(2)单击【表格样式】按钮▦,打开如图 14-19 所示的【表格样式】对话框。单击 修改(M)... 按钮,打开如图 14-20 所示的【修改表格样式】对话框。

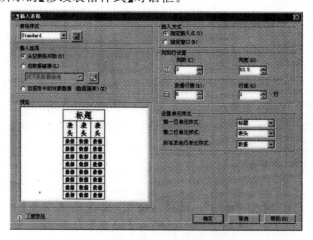

图 14-18　【插入表格】对话框

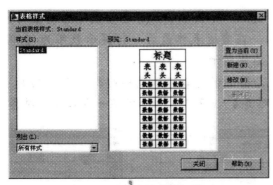
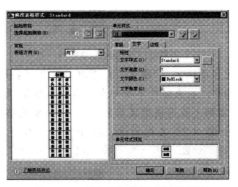

图 14-19 【表格样式】对话框　　　　　　图 14-20 【修改表格样式】对话框

（3）单击【单元样式】下拉列表，选择"标题"，并在下面的【文字】选项卡中将【文字高度】修改为"7"。依次将表头及数据的文字高度修改为"5"，单击 确定 按钮。

（4）关闭【表格样式】对话框，回到【插入表格】对话框，单击 确定 按钮。单击绘图区中任意一点，插入表格。操作界面变为文字编辑器，输入鼠标光标自动停在标题单元格中。

2. 输入文字。

（1）在标题单元格中输入"图纸目录"，按 Tab 键，鼠标光标跳到下一行第一个单元格，继续输入"序号"，按 Tab 键；输入"图号"，按 Tab 键；输入"图纸名称"。重复上述操作，在下一行的第一个单元格中输入"1"，在第三个单元格中输入"目录"。

（2）在表格外单击，退出表格编辑。选择整个表格，显示出所有的夹点。将鼠标指针放到夹点上，将出现相应的操作提示，如可以利用"序号"和"图号"单元格右上角的夹点改变列宽。单击夹点并移动，将第一、第二的列宽变小，第三列的列宽相应增加，如图 14-21 所示。

图 14-21 利用夹点改变列宽

（3）选择数字"1"所在的单元，如图 14-22 左图所示，除了 4 边各出现 1 个方形夹点之外，右下角还有一个菱形夹点。单击该夹点并垂直向下移动鼠标光标进行自动填充，鼠标光标处出现数字提示，在靠近表格最后一行提示数字为 6 时，单击鼠标完成自动填充，其结果如图 14-22 右图所示。

（4）只要有单元格被选定，界面便自动进入表格编辑模式。利用【对齐】按钮 或在右键快捷菜单中选择【对齐】/【正中】命令使第一列数字的对齐模式改为【正中】。

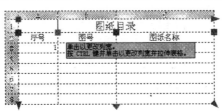

图 14-22 单元格自动填充

（5）继续完成其他单元格文字的输入。"图号"列可以采用复制粘贴的方法：在序号为 2 的图号格内输入"暖施－01"，在表格外单击一点，退出表格编辑。选择刚才输入的表格，按组合键 Ctrl＋C 进行复制（或用快捷菜单），在下方的单元格内按下鼠标左键并拖曳至最下方的单元格内，如图 14-23 左图所示，放开鼠标，本列下方的所有单元格都被选择，按组合键 Ctrl＋V 进行粘贴，其结果如图 14-23 右图所示。

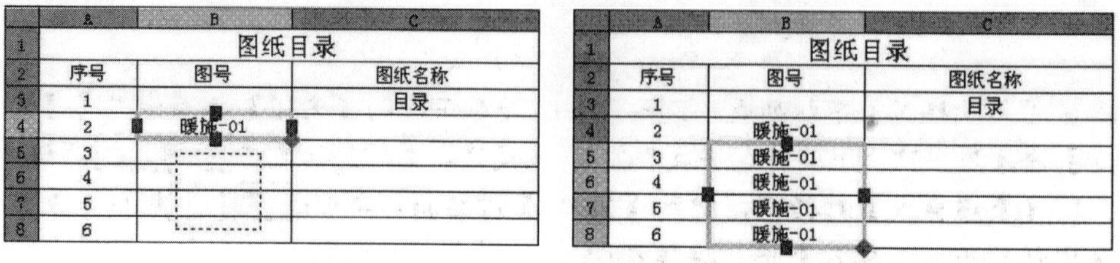

图 14-23　复制单元格

（6）对图号列中的单元格进行修改，可以利用方向键中的上下键进行选择。

（7）完成剩下的单元格的文字输入工作，并根据情况利用夹点对表格进行适当调整。

下面是几点说明。

（1）与以前的版本相比，AutoCAD 2009 的表格功能有了很大的增强，很多功能及操作与 MS Excel 非常接近。事实上，Excel 中的表格复制之后可以直接粘贴到 AutoCAD 2009 中，为表格的创建带来了极大的便利性。

（2）关于表格的操作均可以利用工具按钮或鼠标右键快捷菜单来完成。选择不同的对象将会有不同的菜单项显示。这些操作包括行和列的插入及删除、单元格合并、格式匹配、边框格式、对齐方式以及简单的运算功能等。

（3）可以使用 Tab 键或方向键使输入鼠标光标在单元格间移动。输入鼠标光标在右下角的单元格内时按 Tab 键，将会创建新行。

（4）方形夹点一般用于尺寸调整，表格左上角的夹点用于移动表格，箭头状夹点用于表格的统一拉伸。建议在选定整个表格、一个或多个单元格之后，逐个尝试夹点的作用以及按住 Ctrl 键后移动夹点的区别。

（5）在选择多个单元格时，应保持鼠标左键始终处于按下的状态，待拉出虚拟的矩形框之后再放开，这与其他操作中利用两次单击选择对象的方法是不同的。也可以在选择一个单元格之后，在另一个单元格处按下 Shift 键后单击，实现单元格的区段选择。

（6）可以对一个或多个单元格进行复制操作，支持表格间的相互复制。

（7）选择整个表格之后单击鼠标右键，从快捷菜单中选择【均匀调整行大小】命令，可以使所有的行具有相同的高度。同理，【均匀调整列大小】可使所有的列具有相同的宽度。该特性在表格统一拉伸时保持不变。

【练习 14-8】：利用直线和单行文字创建如图 14-24 所示的简单表格。

管道公称直径（mm）	DN20～32	DN40～70	DN80～125	DN＞150	冷凝水管
保温层厚度（mm）	25	30	40	45	15

图 14-24　管道保温要求

1. 绘制表格线。

命令:L

LINE 指定第一点:　　　　　　　　　//启动直线命令,单击任意一点

指定下一点或[放弃(u)]:24000　　　//水平追踪 0°角,输入表格线长度

指定下一点或[放弃(u)]:

命令:LINE 指定第一点:　　　　　　　//启动直线命令,捕捉水平线左端点

指定下一点或[放弃(u)]:2000　　　　//垂直追踪 90°角,输入表格线长度

指定下一点或[放弃(u)]:

命令:'_. zoom_e　　　　　　　　　　//双击中键,范围缩放

命令:O　OFFSET　　　　　　　　　　//向上偏移水平线两次,距离 1000

当前设置:删除源=否　图层=源 OFFSETGAPTYPE=0

指定偏移距离或[通过(T)/删除(E)/图层(L)]<通过>:1000

选择要偏移的对象,或[退出(E)/放弃(u)]<退出>:

指定要偏移的那一侧上的点,或[退出(E)/多个(M)/放弃(u)]<退出>:

选择要偏移的对象,或[退出(E)/放弃(u)]<退出>:

指定要偏移的那一侧上的点,或[退出(E)/多个(M)/放弃(u)]<退出>:

选择要偏移的对象,或[退出(E)/放弃(u)]<退出>:

命令:OFFSET　　　　　　　　　　　//向右偏移垂直线,第一次距离 6500

当前设置:删除源=否　图层=源 OFFSETGAPTYPE:0

指定偏移距离或[通过(T)/删除(E)/图层(L)]<1000.0000>:6500

选择要偏移的对象,或[退出(E)/放弃(u)]<退出>:

指定要偏移的那一侧上的点,或[退出(E)/多个(M)/放弃(u)]<退出>:

选择要偏移的对象,或[退出(E)/放弃(u)]<退出>:

命令:OFFSET　　　　　　　　　　　// 向右多次偏移垂直线,距离 3500

当前设置:删除源=否　图层=源 OFFSETGAPTYPE=0

指定偏移距离或[通过(T)/删除(E)/图层(L)]<6000.0000>:3500

选择要偏移的对象,或[退出(E)/放弃(u)]<退出>:

指定要偏移的那一侧上的点,或[退出(E)/多个(M)/放弃(u)]<退出>:m

指定要偏移的那一侧上的点,或[退出(E)/放弃(u)]<下一个对象>:

指定要偏移的那一侧上的点,或[退出(E)/放弃(u)]<下一个对象>:

指定要偏移的那一侧上的点,或[退出(E)/放弃(u)]<下一个对象>:

指定要偏移的那一侧上的点,或[退出(E)/放弃(u)]<下一个对象>:

指定要偏移的那一侧上的点,或[退出(E)/放弃(u)]<下一个对象>:

指定要偏移的那一侧上的点,或[退出(E)/放弃(u)]<下一个对象>:

选择要偏移的对象,或[退出(E)/放弃(u)]<退出>:

2. 输入文字。

(1)将【Standard】样式的字体改为【Times New Roman】。

(2)在任意位置创建单行文字,字高为"500",输入"管道公称直径(mm)"。

(3)在任意位置创建单行文字,对正方式为"【居中(C)】",字高为"500",输入"DN20-32"。

(4)将两个单行文字对象分别移到相应的单元格中,居中放置。

(5)多重复制"DN20～32"到右侧的单元格中,注意捕捉表格线的交点作为基点,并逐个双击进行修改。

(6)复制第一行的所有文字到第二行,逐个双击新复制的对象进行修改。完成图形。

14.2 尺寸标注

除了用图形和文字来表达对象之外,图纸中还有一个必不可少的标注,用于说明对象尺寸和相对位置。AutoCAD 提供了丰富的标注命令,且标注格式可以自由设定。不同的专业采用了不同的标注格式,下面的实例将以建筑标注为例进行说明,图纸的默认比例为 1:100。

14.2.1 尺寸标注的构成

【练习 14-9】:创建如图 14-25 所示的标注。

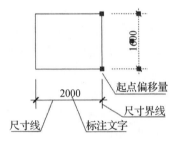

图 14-25 建筑标注示例

1. 绘制 2000×1600 的矩形。打开光盘"14-9a"图形文件。

2. 切换到【注释】选项卡,利用【标注】工具条进行操作。

3. 在【标注样式】下拉列表中选择"建筑"选项,单击【线性】按钮 ，启动线性标注命令,AutoCAD 提示如下。

命令:_dimlinear

指定第一条延伸线原点或<选择对象>:　　// 捕捉矩形的左下角

指定第二条延伸线原点:　　　　　　　//捕捉矩形的右下角

指定尺寸线位置或　　　　　　　　　//出现标注提示,向下移动鼠标光标,单击一点

[多行文字(M)/文字(T)/角度(A)/水平(H)/垂直(v)/旋转(R)]:

标注文字=2000

命令:DIMLINEAR　　　　　　　　　//重复线性标注命令

指定第一条延伸线原点或<选择对象>:　//按 Enter 键,进入对象选择模式

选择标注对象:　　　　　　　　　　//选择矩形的右边

指定尺寸线位置或　　　　　　　　　//出现标注提示,向右移动鼠标光标,单击一点

[多行文字(M)/文字(T)/角度(A)/水平(H)/垂直(v)/旋转(R)]:

标注文字=1600

　　　　　　　　　//选择刚创建的标注,对其夹点进行拉伸操作,查看其功能

下面是几点说明。

(1)图 14-25 为建筑标注的例子,其最大的特点是两端以短斜线表示的建筑标记。

(2)对于线性标注,可以指定两点,也可以选择一条直线对象,默认在直线的两端点之间进行标注。

(3)尺寸标注由标注文字、尺寸线、尺寸界线、尺寸起止符号等组成,以块的形式存储,支持拉伸操作和夹点编辑。可以分解成一个个小的图形对象。

(4)标注文字的格式受文字样式的控制,字高可以在标注样式中设定。在命令行提示"指定尺寸线位置或[多行文字(M)/文字(T)/角度(A)/水平(H)/垂直(V)/旋转(R)]:"时激活"多行文字(M)"选项,可以在对象尺寸的前后增加其他文字。激活"文字(T)"选项,可以用指定的文字来替代对象尺寸。

(5)设置【起点偏移量】的主要目的是将图形轮廓线与尺寸界线分隔开。

14.2.2 尺寸标注样式

尺寸标注的格式是由尺寸样式来控制的。尺寸样式是尺寸变量的集合,这些变量决定了尺寸标注中各元素的外观,用户只要调整样式中的某些尺寸变量,就能灵活地变动标注外观。

【练习 14-10】:在预定义标注样式的基础上新建标注样式。

1. 创建一个新文件。

2. 新建文字样式,命名为"标注文字",字体为[gbeitc. shx]和[gbcbig. shx]。

3. 单击【标注样式】按钮 ，打开如图 14-26 所示的【标注样式管理器】对话框。

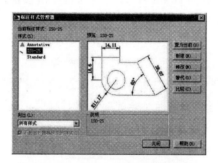

图 14-26 【标注样式管理器】对话框

4. 在左侧列表中选择【ISO-25】,右侧将显示出该标注样式的预览效果。单击 新建(N) 按钮,打开如图 14-27 所示的【创建新标注样式】对话框。将【新样式名】修改为"建筑",默认的【基础样式】为【ISO-25】,也可以从下拉列表中选择其他样式。所谓的基础样式,即以该样式为基础建立新样式。

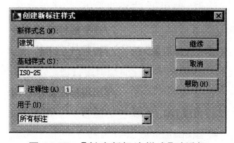

图 14-27 【创建新标注样式】对话框

5. 单击 继续 按钮,打开如图 14-28 所示的【新建标注样式】对话框。

(1)切换到【符号和箭头】选项卡,将箭头标记改为"建筑标记",【箭头大小】改为"1.5"。

239

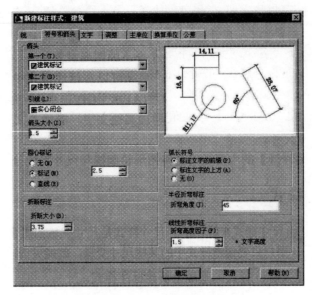

图 14-28 【新建标注样式】对话框

(2)切换到【线】选项卡,对于尺寸线,将【超出标记】改为"1.5",【基线间距】改为"7";对于延伸线,即尺寸界线,将【超出尺寸线】改为"2.5",将【起点偏移量】改为"3"。

(3)切换到【文字】选项卡,将【文字样式】设为"标注文字",【文字高度】改为"3"。

(4)切换到【调整】选项卡,将【使用全局比例】改为"100",即按照图纸比例 1∶100 对标注样式中的尺寸进行全局缩放,包括文字高度、大小、间距等。

(5)切换到【主单位】选项卡,将线性标注的【精度】设为"0",即不显示小数。

(6)单击 确定 按钮,完成新建标注样式的设置,回到【标注样式管理器】对话框。

6. 可以单击 修改(M)... 按钮对所选择的标注样式进行修改。

7. 选择刚建立的"建筑"标注样式,单击 置为当前(U) 按钮,将其置为当前默认的标注样式。单击 关闭 按钮,退出。

下面是几点说明。

(1)在【标注样式管理器】对话框的样式名称上单击鼠标右键,可对该样式实现【置为当前】、【重命名】和【删除】操作。

(2)对新建样式和已有样式的修改是在相同的对话框内进行的,只是名称有所区别。例题中没有给出的选项,可保留默认值,也可通过修改后观察其带来的变化了解其作用。对标注样式所做的修改将实时反映到已有的标注对象中。

(3)【使用全局比例】选项并不会改变标注的测量值,而只是按比例将字高以及其他相关尺寸放大。也可以保持【使用全局比例】为"1",而按比例直接将尺寸放大,但较为繁琐,且不具有通用性。

(4)对于标注,也可以使用由注释性带来的便捷性,与文字样式相同,注释性可以动态地调整所创建的标注对象的大小,控制标注的显示以及按不同的比例输出。

(5)本例所给的尺寸,有些是根据《房屋建筑制图统一标准》(GB/T 50001.2001)的规定确定的,如尺寸界线一端应离开图样轮廓线(起点偏移量)不小于 2 mm,另一端宜超出尺寸线 2～3 mm。平行排列的尺寸线的间距(基线间距)宜为 7～10 mm,等等。还有一些用户可根据实际情况自行调整。

14.2.3 线性尺寸标注

【练习 14-11】：为如图 14-29 所示建筑图的长度标注尺寸。

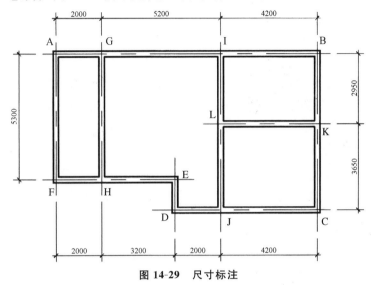

图 14-29   尺寸标注

1. 打开光盘"14-11a"图形文件。图中按图层给出了墙体和定位轴线。在【常用】选项卡的【图层】面板中，将"标注"图层切换为当前图层。

2. 切换到【注释】选项卡，在【标注】中将"建筑"样式置为当前标注样式。

3. 顶部轴线的标注。

(1)单击 ⊢ 按钮进行线性标注，AutoCAD 提示如下。

命令：_dimlinear

指定第一条延伸线原点或<选择对象>：   //捕捉 A 点处的垂直轴线端点

指定第二条延伸线原点：   //捕捉 G 点处的垂直轴线端点

指定尺寸线位置或   //向上移动鼠标光标，单击一点放置

［多行文字(M)/文字(T)/角度(A)/水平(H)/垂直(v)/旋转(R)］：

标注文字＝2000

(2)单击 ⊢⊢ 按钮进行连续标注，AutoCAD 提示如下。

命令：_dimcontinue

指定第二条延伸线原点或［放弃(U)/选择(S)］<选择>：//捕捉 I 点处的垂直轴线端点
为第二点。默认以上一标注
的第二点为第一点

标注文字＝5200

指定第二条延伸线原点或［放弃(u)/选择(S)］<选择>：// 捕捉 B 点处的垂直轴线端点

标注文字＝4200

指定第二条延伸线原点或［放弃(u)/选择(S)］<选择>：//按 Space 键，退出本次连续标注

选择连续标注：   //按 Space 键，退出连续标注命令

241

4. 右侧轴线的标注：捕捉 C、K 点处的水平轴线端点进行线性标注，捕捉 B 点处的水平轴线端点进行连续标注(或者捕捉 K、B 点处的水平轴线端点进行线性标注)。

5. 底部轴线的标注：捕捉 F、H 点处的垂直轴线端点进行线性标注，捕捉 D、J、C 点处的垂直轴线端点进行连续标注。必要的话可利用夹点对 F、H 点之间线性标注的尺寸界线进行拉伸，与右侧的尺寸界线对齐。

6. 左侧轴线的标注(利用对标注的修改来创建)。

(1)墙体对象的标注(如图 14-30 左图所示)。单击 ▤ 按钮进行线性标注，AutoCAD 提示如下。

命令:_dimlinear

指定第一条延伸线原点或＜选择对象＞：　　　//按 Space 键，进入对象选择模式

选择标注对象：　　　　　　　　　　　　　//选择左侧墙体

创建了无关联的标注。

指定尺寸线位置或　　　　　　　　　　　//向左移动鼠标光标，单击一点放置

[多行文字(M)/文字(T)/角度(A)/水平(H)/垂直(v)/旋转(R)]：

标注文字＝5540

(2)将墙体对象的标注修改为轴线标注(如图 14-30 右图所示)。

命令:TR

TRIM　　　　　　　　　　　　　　　　　//启动修剪命令

当前设置:投影＝UCS,边＝无

选择剪切边…

选择对象或＜全部选择＞:找到 1 个　　　　//选择 A、F 点处的两条水平轴线

选择对象:找到 1 个,总计 2 个

选择对象：　　　　　　　　　　　　　　//完成剪切边的选择

选择要修剪的对象,或按住 Shift 键选择要延伸的对象,或

[栏选(F)/窗交(c)/投影(P)/边(E)/删除(R)/放弃(u)]://选择墙体标注上端一点

选择要修剪的对象,或按住 Shift 键选择要延伸的对象,或

[栏选(F)/窗交(c)/投影(P)/边(E)/删除(R)/放弃(u)]:// 选择墙体标注下端一点

选择要修剪的对象,或按住 Shift 键选择要延伸的对象,或

[栏选(F)/窗交(c)/投影(P)/边(E)/删除(R)/放弃(u)]:// 退出修剪命令

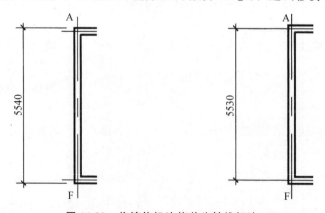

图 14-30　将墙体标注修剪为轴线标注

下面是几点说明。

（1）由于标注命令一般较长，且工作空间中有完备的操作界面可用，所以一般通过按钮来启动命令。

（2）建议将同一类标注放在一起集中操作，利用 Space 键或 Enter 键实现命令的快速使用。

（3）对于首尾相连的线性标注，可以采用连续标注。连续标注默认以上一个线性标注的第二点作为第一点，尺寸线位置与上一个标注齐平，将原来所需的 3 点选择操作简化为一点选择，极大地提高了标注速度。

（4）捕捉命令对于精确标注有着非常重要的作用，用于确定起始点，在指定尺寸线位置时可以通过捕捉其他标注对象的尺寸线来实现标注的齐平。

（5）可以对标注对象进行修剪和延伸，但只能用于尺寸线的修改，修剪和延伸后标注文字的数字也随尺寸线的长度发生变化。可以利用夹点对尺寸界线进行调整。

【练习 14-12】：为如图 14-31 所示的风管平面图创建长度尺寸标注并对其风口进行重新定位。打开光盘"14-12a"图形文件。

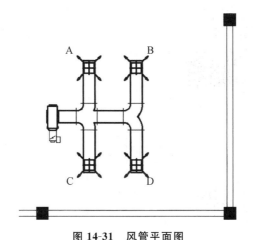

图 14-31　风管平面图

图形 14-31 与【练习 12-4】相同，只是旋转了 90°。本例中需要对其中的风口、风管以及末端设备标注定位尺寸，定位尺寸既要表明标注对象之间的相对位置，还要以墙或柱子等建筑结构对设备进行定位。

风口一般是均匀布置的，即在长宽方向上间距相同，因此需要对 B、D 方形散流器风口向右进行平移。重新定位可以在标注前进行，也可以在标注后进行。本例中采用先标注后修改的方法。

所有的标注对象都创建到"标注"图层上。

1. 创建尺寸标注。

（1）水平尺寸标注。

命令：_dimlinear　　　　　　　//启动线性标注
指定第一条延伸线原点或＜选择对象＞：//捕捉 B 点处风口的垂直轴线端点或风管中点
指定第二条延伸线原点：　　　　//捕捉 A 点
指定尺寸线位置或　　　　　　　//向上移动鼠标光标，放置标注

243

［多行文字(M)/文字(T)/角度(A)/水平(H)/垂直(v)/旋转(R)］：

标注文字＝2000

命令：_dimcontinue　　　　　　　　　　//启动连续标注,默认向左

指定第二条延伸线原点或［放弃(u)/选择(s)］＜选择＞：　//捕捉

标注文字＝1550

指定第二条延伸线原点或［放弃(u)/选择(S)］＜选择＞：//按 Space 键,激活选择(S)选

　　　　　　　　　　　　　　　　　　　　　　项,另外指定连续标注起始

　　　　　　　　　　　　　　　　　　　　　　的对象和方向

选择连续标注：　　　　　　　　　　//靠近 B 点选择线性标注,以向右连续标注

指定第二条延伸线原点或［放弃(u)/选择(S)］＜选择＞：　//捕捉右侧墙体

标注文字＝3880

指定第二条延伸线原点或［放弃(u)/选择(s)］＜选择＞：　//退出本次连续标注

选择连续标注：　　　　　　　　　　　　//退出连续标注命令

(2)垂直尺寸标注。

捕捉 B 点处风口的水平轴线端点和捕捉追踪水平风管的中点(垂直法兰的中心,或两风管弯头的交点)进行緦}生标注。

捕捉 D 点处风口的水平轴线端点和墙体进行连续标注。标注结果如图 14-32 所示。

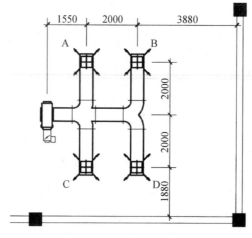

图 14-32　风管平面图标注

2. 对风口进行重新定位。

启动拉伸(STRETCH)命令,以交叉窗口选择 B、D 风口及相关的标注对象,如图 14-33 所示,单击任意一点作为基点,向右追踪 0°角后输入“2000”,完成向右的拉伸,最后的结果如图 14-34 所示。

下面是几点说明。

(1)对设备通常是以柱子或墙来定位的,利用柱子定位可以选择柱子的边或中心,以墙定位一般是选择墙线,而不是墙的中心线。

(2)图样轮廓线可用作尺寸界线,但不能作为尺寸线。如本例中墙线与尺寸界线重合,但尺寸线与轮廓线之间应留有一定的距离。

(3)连续标注默认从最后一次完成的标注开始,若想以其他的标注对象为基准,则需要激

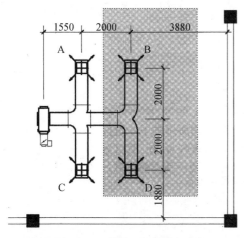

图 14-33 对风口进行重新定位

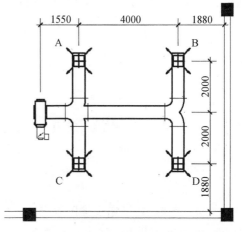

图 14-34 标注及重新定位后的风管平面图

活"选择(S)"选项,选择其他标注对象的相应侧,将其作为新尺寸的基准线。

(4)标注对象同样支持拉伸操作,在交叉窗口中,若包含整个标注对象,操作结果是平移,如 B、D 点之间的标注;若仅完全包含一侧尺寸界线,则可以拉伸尺寸线或另一侧尺寸界线,如 A、B 点之间以及 B 点与墙线之间的标注是对尺寸线进行拉伸,D 点与墙线之间的标注是墙侧尺寸界线被拉伸;若仅与标注文字相交,但不完全包含任何一条尺寸界线,则只能对尺寸界线进行拉伸。

除了线性标注和连续标注这两个常用的长度尺寸标注命令之外,还有对齐线性标注和基线标注。

单击线性标注按钮下方的箭头,将打开如图 14-35 所示的下一级按钮,除线性标注按钮之外,其中还包括【对齐】、【角度】、【半径】、【直径】等标注命令。

对齐线性标注适用于倾斜对象的标注,对应的按钮是 ,其命令执行方式与线性标注完全相同,二者的区别如图 14-36 所示。

捕捉 B、C 点进行标注,采用对齐线性标注的结果是尺寸线与 B C 线平行,标注文字为其长度。而采用线性标注的话,随着尺寸线放置位置的不同将得到垂直或水平的标注线,标注文字分别为 B、C 点的垂直或水平距离。

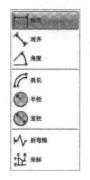

图 14-35 标注按钮

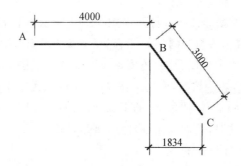

图 14-36 线性标注与对齐线性标注

单击连续标注按钮右侧的箭头将展开如图 14-37 左图所示的下一级按钮,其中包含基线标注按钮 。基线标注与连续标注也具有相同的命令执行方式,其区别如图 14-37 右图所示。

基线标注共用一条尺寸界线,适用于表述各部分到同一基点的距离,在建筑图中应用较少。

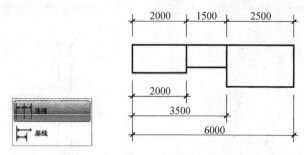

图 14-37　连续标注与基线标注

14.2.4　角度、直径和半径尺寸标注

按目前所创建的"建筑"标注样式进行角度、直径和半径尺寸标注的时候,尺寸的起止符号仍然是建筑标记,而不是希望的箭头。为此需要建立新的标注样式或对现有样式进行修改。

【练习 14-13】:为如图 14-38 左图所示的图形进行角度标注。打开光盘"14-13a"图形文件。

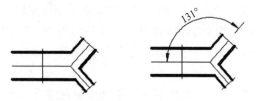

图 14-38　创建角度标注对象

利用【练习 14-10】中所创建的"建筑"标注样式,需要在此基础上增加角度标注样式。由于该操作基本还是遵循创建新样式的步骤,因此下面只给出不同的地方,其他步骤请参考【练习 14-10】。

1. 新建角度标注样式。

(1)新建样式。

在如图 14-39 所示的【创建新标注样式】对话框中选择【基础样式】为"建筑",【用于】选择【角度标注】选项。此时,上面的【新样式名】一项变灰,无法修改。

(2)修改样式定义。

单击 继续 按钮,打开如图 14-40 所示的【新建标注样式】对话框,切换到【符号和箭头】选项卡,【箭头】选择【实心闭合】,【箭头大小】改为"2.5"。其他项保持默认值。从对话框右侧的预览效果中可以看出,角度标注两端变成了箭头。

单击 确定 按钮,回到如图 14-41 所示的【标注样式管理器】对话框,可以看到"建筑"样式下出现了一个名为"角度"的下级标注样式,表明该标注样式从属于"建筑"样式,在以"建筑"样式进行标注时,若涉及角度标注,则自动以"角度"样式来代替。

2. 进行角度标注。

将"建筑"设为当前标注样式,单击角度标注按钮 ，AutoCAD 提示如下。

命令:_dimangular

选择圆弧、圆、直线或<指定顶点>:　　　//选择干管轴线

选择第二条直线:　　　　　　　　　　//选择支管轴线

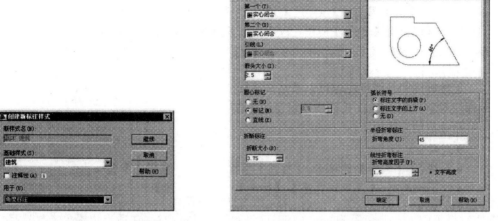

图 14-39　【创建新标注样式】对话框　　　　　图 14-40 修改角度标注的箭头格式

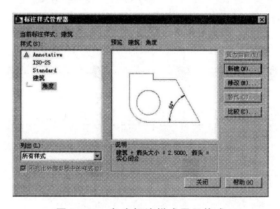

图 14-41　角度标注样式显示格式

指定标注弧线位置或［多行文字(M)/文字(T)/角度(A)/象限点(Q)］：

标注文字＝131

其结果如图 14-38 右图所示。注意,随着放置位置的不同将显示不同的角度值。

同样,对于直径和半径尺寸标注也可以参照角度标注的方法予以实现,将相应地在"建筑"标注样式下生成名为"直径"和"半径"的下一级样式。

可以看出,在目前涉及的 4 种标注样式中,只有线性标注的起止符号为建筑标记,其他 3 种均为箭头,因此,在标注样式管理时更合理的方法是,首先为角度、直径和半径标注建立样式,再建立线性标注作为下一级标注样式,这将使标注样式方面的操作得到简化。本书由于考虑到内容安排,先进行了线性标注样式的建立,请读者自行创建包含线性标注下一级标注样式的"建筑"标注样式。

14.2.5　快速标注

连续标注和基线标注也可以通过快速标注命令来创建。利用快速标注,可以一次选择多个标注对象,AutoCAD 会根据设置自动完成所有对象的标注。

命令启动方法如下。

- 命令：QDIM。
- 按钮：【注释】选项卡，【标注】面板上的【快速标注】按钮。
- 下拉菜单：【菜单浏览器】，【标注】/【快速标注】。

【练习 14-14】利用快速标注创建连续标注和基线标注。打开光盘"14-14a"图形文件。

一个图 14-42 是轴线和柱网，对其进行连续标注，另一个图形与图 14—37 相同，对其分别进行连续标注和基线标注。

1. 利用快速标注进行轴线的连续标注。

命令：_qdim   //启动快速标注命令

关联标注优先级＝端点

选择要标注的几何图形：指定对角点：找到 4 个   //利用交叉窗口选择 4 条垂直轴线

选择要标注的几何图形：

指定尺寸线位置或[连续(c)/并列(s)/基线(B)/坐标(o)/半径(R)/直径(D)/基准点(P)/编辑(E)/设置(T)]＜连续＞：   //向下移动鼠标光标，在适当位置单击放置尺寸线，结果如图 14-42 所示

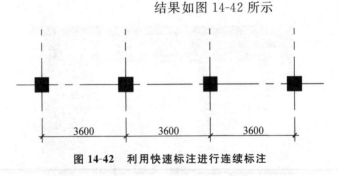

图 14-42 利用快速标注进行连续标注

2. 利用快速标注进行连续标注和基线标注。

（1）连续标注。

命令：_qdim   //启动快速标注命令

关联标注优先级＝端点

选择要标注的几何图形：指定对角点：找到 3 个//选择图中 3 个矩形

选择要标注的几何图形：

指定尺寸线位置或[连续(c)/并列(S)/基线(B)/坐标(o)/半径(R)/直径(D)/基准点(P)/编辑(E)/设置(T)]＜连续＞： //向上移动鼠标光标，在适当位置单击放置尺寸线，标注结果如图 14-43 上半部分所示

（2）基线标注。

命令：QDIM   //再次启动快速标注命令

关联标注优先级＝端点

选择要标注的几何图形：指定对角点：找到 3 个//选择图中 3 个矩形

选择要标注的几何图形：

指定尺寸线位置或[连续(c)/并列(S)/基线(B)/坐标(o)/半径(R)/直径(D)/基准点(P)/编辑(E)/设置(T)]＜连续＞：b   //激活基线选项

指定尺寸线位置或[连续(c)/并列(S)/基线(B)/坐标(o)/半径(R)/直径(D)/基准点(P)/编辑(E)/设置(T)]＜基线＞：P   //重新指定基准点位置（从移动鼠标光标

选择新的基准点： //捕捉 A 点

指定尺寸线位置或［连续（c）/并列（S）/基线（B）/坐标（o）/半径（R）/直径（D）/基准点（P）/编辑（E）/设置（T）］＜基线＞： //向下移动鼠标光标，在适当位置单击放置尺寸线，标注结果如图 14-43 下半部分所示

//拉出的虚线看，此时的基点位于左侧）

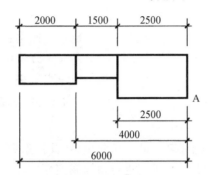

图 14-43　利用快速标注进行连续标注和基线标注

下面是几点说明。

(1)选择对象之后,根据鼠标光标移动方向及尺寸线放置位置的不同,快速标注命令将对所选对象的不同尺寸进行标注。如本例中在轴线标注时在左右两侧放置尺寸线,将生成对轴线长度的标注,在选择矩形后将尺寸线放在左右两侧,将对矩形的宽度尺寸进行标注。

(2)根据命令行提示,利用快速标注命令可以创建连续型、并列型、基线型等多种类型的尺寸。在建筑绘图中,以连续型标注为主。

14.2.6　引线标注

在进行设备标注时,对于较大的对象,可以直接将文字置于对象内部,对较小的对象,则可以通过引线在外部对其进行标注。有两种方式创建引线标注:快速引线和多重引线。

快速引线"QLEADER(LE)"命令是低版本 AutoCAD 中创建引线标注的主要手段,支持按钮、命令行及菜单操作,AutoCAD 2009 中以多重引线命令代替了快速引线命令,但仍然支持快速引线命令的命令行操作。

【**练习 14-15**】:为如图 14-44 所示的管井布置详图创建引线标注。

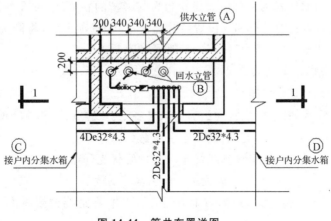

图 14-44　管井布置详图

1. 打开光盘"14-15a"图形文件,如图 14-44 所示。需要创建 A、B、C、D 4 个位置处的引线标注。

2. 利用快速引线命令创建 C、D 处的标注。

(1) 将"建筑"标注样式置为当前标注样式,确认其【符号和箭头】选项卡中引线的箭头形式为【实心闭合】,【箭头大小】为"1.5"。在【调整】选项卡中,将【使用全局比例】设为"100"。

(2) 进行 C 处的引线标注。

命令:LE

QLEADER　　　　　　　　　　　　　　//启动快速引线命令

指定第一个引线点或[设置(S)]<设置>: //捕捉左侧垂直断开线上的一点

指定下一点: //向左下方追踪 240°角,在适当位置单击

指定下一点: //向左水平移动鼠标光标,在适当位置单击

指定文字宽度<0>: * 取消 * //按 Esc 键,退出快速引线命令

(3) 添加文字并调整。

利用单行文字或多行文字创建其中的文字对象,将其移动到引线水平段上方的适当位置。利用引线水平段两端的方形夹点对其长度进行适当调整。

(4) 利用镜像命令创建 D 处的引线标注。

3. 建立多重引线样式。

(1) 单击【多重引线】面板上的【多重引线样式】按钮，打开如图 14-45 所示的【多重引线样式管理器】对话框,该对话框与【标注样式管理器】对话框相似,其操作方法也基本相同。

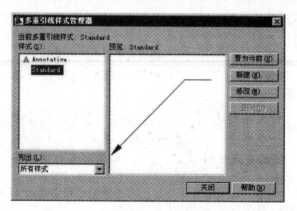

图 14-45 【多重引线样式管理器】对话框

(2) 以【Standard】样式为基础样式建立名为"建筑"的新样式,并在如图 14-46 所示的【修改多重引线样式】对话框中进行如下设置:在【引线格式】选项卡中,将箭头大小改为"1.5",在【引线结构】选项卡中将比例设为"100"。其他项保持不变。

4. 利用多重引线命令创建 A、B 处的标注。

(1) 进行 A 处的引线标注。

将刚创建的"建筑"引线样式置为当前,单击【多重引线】按钮，AutoCAD 提示如下。

命令:_mleader //启动多重引线命令

指定引线箭头的位置或[引线基线优先(L)/内容优先(c)/选项(o)]<选项>:

　　　　　　　　　　// 捕捉最左侧供水管的圆心

指定引线基线的位置: //向右上方追踪 30°角,在适当位置单击,自动出现引线的水

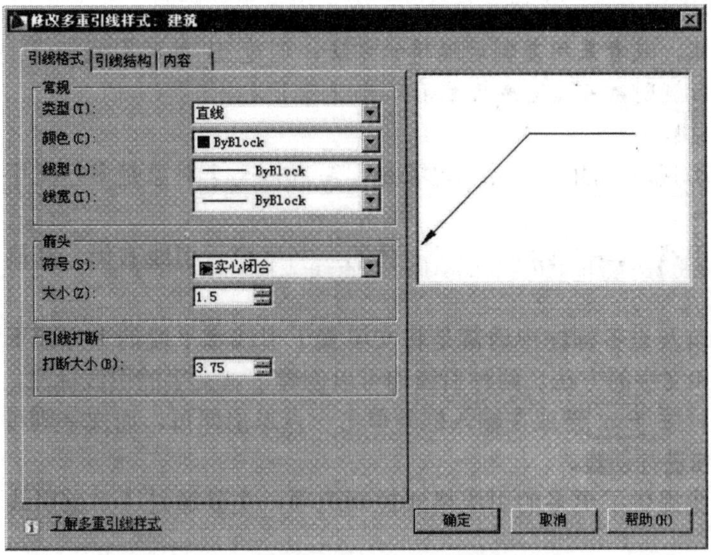

图 14-46　【修改多重引线样式】对话框

平段,并出现多行文字输入提示,按 $\boxed{\text{Esc}}$ 键退出

(2) 添加引线。

单击【添加引线】按钮 ,AutoCAD 提示如下。

选择多重引线:　　　　//选择刚创建的引线标注

找到 1 个

指定引线箭头的位置:　　//捕捉右侧供水管的圆心

指定引线箭头的位置:　　//按 $\boxed{\text{Space}}$ 键,退出添加引线命令

(3) 添加文字并调整。

利用单行文字或多行文字创建其中的文字对象,将其移动到引线水平段上方的适当位置。两条引线共用一个水平段,利用水平段两端的箭头夹点对其长度进行适当调整。快速引线及多重引线的夹点如图 14-47 所示,读者可自行尝试各夹点的作用以及利用夹点可进行的编辑操作。

图 14-47　引线的夹点

(4)重复上述步骤,或者采用复制后编辑的方法,创建 B 处的引线标注。注意:若第二条引线长度过短,则箭头可能无法显示。

下面是几点说明。

(1)在快速引线中,引线与文字对象是分开的,文字对象是多行文字。其格式在标注样式中进行定义。

(2)在多重引线中,引线和文字是一体的,文字位于引线右侧。其格式在多重引线样式中进行定义。

（3）由于建筑及设备标注中通常是将文字置于引线水平段的上方或下方，因此可以采用分别创建引线和文字的方法。两种引线均可以创建不含文字的引线标注，只需在命令执行到提示输入文字时按 Esc 键或在输入框外单击一点退出即可。而文字则可以采用单行文字或多行文字来单独进行创建。

（4）多重引线提供了更多的引线格式控制选项，主要通过【多重引线样式】对话框来进行如下设定。

- 在【引线格式】选项卡中可选择弓Ⅰ线是直线或样条曲线、箭头符号以及大小。
- 在【引线结构】选项卡中可设置最大弓Ⅰ线点数及各段的角度、基线（水平段）距离等。
- 【内容】选项卡中可设置文字类型、样式、角度、对齐方式等。

对于多余的多重引线，可以利用【删除引线】按钮 将其删除。

14.2.7 尺寸标注的编辑

一般来讲，尺寸标注在创建之后不再需要过多的编辑操作，在需要的情况下可以采用如下几种方法对尺寸标注进行修改。

- 利用夹点。
- 利用右键快捷菜单。包括在标注对象上的快捷菜单以及在夹点上的快捷菜单两种。
- 利用编辑命令。如前面提到的修剪和剪切，以及复制、移动、旋转等。
- 利用"DIMEDIT"命令。

通过命令行启动"DIMEDIT"命令后，AutoCAD 提示如下。

命令：DIMEDIT

输入标注编辑类型［默认（H）/新建（N）/旋转（R）/倾斜（o）］＜默认＞：

可以用于标注文字的更改、旋转以及尺寸界线的倾斜，该命令在【标注】工具栏中对应的是【编辑标注】按钮 ，在"二维草图与注释"工作空间中则由几个按钮来分别实现其功能。

另外一个相似的命令是"DIMTEDIT"，对应的是【编辑标注文字】按钮

利用【特性】对话框。可通过组合键 Ctrl + 1 来打开。

标注的【常规特性】建议通过图层来控制，【直线和箭头】以及【文字】特性建议通过标注样式来控制。【特性】对话框比较方便的功能是设置文字旋转的角度以及进行文字替代。

标注文字默认显示生成的测量值，可在【文字替代】项内输入其他数字或文字以控制标注文字的显示内容。可以用控制代码和"Unicode"字符串来输入特殊字符或符号。

文字中的尖括号"◇"表示生成的测量值。在尖括号前后输入文字可以为生成的测量值添加前缀或后缀，例如【测量单位】为"360"，则【文字替代】项内输入"◇%%p1"后

标注文字显示为"360±1"，其中的"%%p"为"±"的控制代码。

14.2.8 关于工程标注的几项说明

《房屋建筑制图统一标准》（GB/T 50001-2001）中对标注以及引线标注作了相关规定，相关条文可参见附盘文件"GB50001-2001 房屋建筑制图统一标准.pdf"。下面结合 AutoCAD 中的相关设置及实现方法对其中几个在绘图中常见的问题进行说明。

一、线性标注

在 AutoCAD 内置标注样式基础上建立的新样式，其标注格式基本上符合制图标准的要

求,但在某些特殊情况下,需要手动进行一些调整。

(1)图样上的尺寸,应以尺寸数字为准,不得从图上直接量取。

该规定仅在标注尺寸与实际尺寸不一致时适用,而实际上在绘图时,一般是按原尺寸进行1:1绘制,这样标注尺寸与实际尺寸是一致的。这样处理的另一个优点是,对于某些没有标注或者漏标的尺寸可以从图纸上量取并按比例进行缩放得到实际的尺寸。

通过文字替代可以改变标注尺寸的数字显示,以便于根据绘图者的意图而不是实际的尺寸来进行显示。对于已有的标注,可以通过【特性】对话框进行文字替代。在创建时,也可以通过"文字(T)"选项来进行设置。如下面的操作可将长3637的标注数字改为4000,当

然也支持文字显示。

命令:_dimlinear

指定第一条延伸线原点或<选择对象>:

指定第二条延伸线原点:

指定尺寸线位置或

[多行文字(M)/St字(T)/角度(A)/水平(H)/垂直(v)/旋转(R)]:t　　// 激活文字选项

输入标注文字<3637>:4000

指定尺寸线位置或

[多行文字(M)/St字(T)/角度(A)/水平(H)/垂直(v)/旋转(R)]:

标注文字=3637

(2)若尺寸数字在30°斜线区内(对齐标注的文字与垂直线夹角小于30°),宜将文字改为水平显示,如图14-48所示。

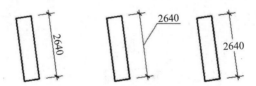

图14-48　倾斜标注中尺寸数字的修改

可以在【修改标注样式】对话框的【文字】选项卡中将【文字对齐】改为【ISO标准】,即文字在尺寸界线内时,与尺寸线对齐,文字在尺寸界线外时,文字水平排列。这样,对于普通标注,文字与尺寸线对齐,对于处在30°斜线区内的标注,可以在标注上单击鼠标右键,从弹出的快捷菜单中选择【标注文字位置】/【与引线一起移动】,将文字移到外侧,变为图14-48中间图形所示的水平显示。

将【文字对齐】改为【水平】,会将所有该样式的标注都改为如图14-48右图所示的格式,不建议采用。对于单个标注,可以在【特性】对话框中将文字的【文字旋转】设为一个非常小的角度值,如"1",使其水平显示。利用"DIMTEDIT"命令或由其衍生出的【文字角度】按钮也可以实现该功能。

在建筑及设备绘图中,这种需要调整的情况比较少见,考虑到在其他情况下文字调整的需求,一般还是将【文字对齐】设为默认的【与尺寸线对齐】。

(3)尺寸数字一般应依据其方向写在靠近尺寸线的上方中部。如没有足够的注写位置,最外边的尺寸数字可注写在尺寸界线的外侧,中间相邻的尺寸数字可错开注写,如图14-49所示。

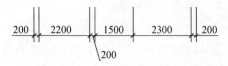

图 14-49　尺寸数字的调整

将【文字对齐】设为【与尺寸线对齐】，上图中标注的绘制步骤如下。

(1)从右向左创建最左侧的线性标注，文字自动放置在左侧。

(2)启动连续标注，激活"选择(S)"选项，选择右侧的尺寸界线开始连续标注，对于位置不够的标注会自动将文字通过引线移动到外侧。保留最右侧一个标注(因位置不够，若连续标注的话标注文字将会以引线方式显示)。

(3)从左向右创建最右侧的线性标注，文字自动放置在右侧。

也可以采用先标注再移动文字的方法，但操作较为复杂，且格式不容易统一。

(1)标高符号应以直角等腰三角形表示，如标注位置不够，也可以引出形式绘制，如图 14-50 所示。三角形高约为 3 mm，斜边与水平线夹角为 45°。

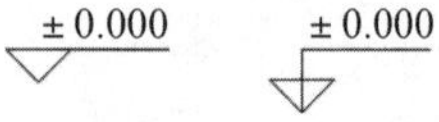

图 14-50　标高的两种形式

(2)标高符号可由分别绘制的图形和数字组成，也可以创建图块，而更为灵活的方式是采用动态块。

打开光盘"标高标注"图形文件，创建一"标高"动态块，其三角形高为 300 mm，默认比例为 1：100，如图 14-51 所示。

$$\pm 0.000$$

图 14-51　"标高"动态块

(3)该动态块的功能如下。

- 可实现左右和上下镜像。
- 单击向下的三角形箭头可选择标高形式为"标高"还是"引出标高"。
- 单击向右的箭头可以根据数字长度对水平线进行拉伸。
- 双击可对数字进行修改。

对标高的处理方法同样适用于坡度标注。

图中还给出了名为"高程"的图块，该图块的数字是通过定义属性来实现的。这种方法还适用于轴线标注、索引符号等。

应注意：图样上的尺寸单位，除标高及总平面以"米"为单位外，其他必须以"毫米"为单位。

(1)引线标注中的引出线应以细实线绘制，宜采用水平方向的直线、与水平方向成 30°、45°、60°、90°的直线，或经上述角度再折为水平线。文字说明宜注写在水平线的上方，也可注写在水平线的端部。

引线的角度可以在【修改多重引线样式】对话框的【引线结构】选项卡中对两段引线的角度进行设置，但这样的话所有的引线标注都将是相同的角度。也可以在绘制时通过极轴追踪所需的角度来实现。

引线标注默认的文字位置是水平线端部,若要将其放在水平线上方可采取单独创建文字对象的方法。实际上,也可以采用两段直线来替代引出线。

图 14-52 为风口等设备常用的引线标注方式,由两条直线以及两个单行文字对象组成,若该区域内所有风口具有相同的型号,则可以只标注一个,在标注文字"散流器"后标明风口个数。

图中的风管标注采用单行文字即可,标明其宽与高,风管宽度较大的话将标注文字放在风管内部,宽度较小的话可放在风管外部,不必加引线。

图 14-52　风管及风口标注

(2)多层构造或多层管道共用引出线,应通过被引出的各层,文字说明宜注写在水平线的上方,或注写在水平线的端部,说明的顺序应由上至下,并与被说明的层次相互一致;如层次为横向排序,则由上至下的说明顺序应与左至右的层次相互一致。

图 14-53 为水平、垂直以及倾斜管道的多层标注方式,其中的短斜线可以用圆点来代替。

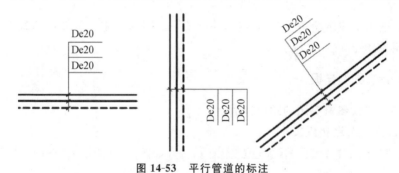

图 14-53　平行管道的标注

14.3　小结

本章介绍了如何在工程图绘制中添加文字注释以及对图纸进行工程标注。

文字有单行文字和多行文字两种,对于较为简单的文字对象一般采用单行文字,较为复杂的则采用多行文字。文字的格式是由文字样式来控制的,一般不建议在文字样式中定义字体高度,以便于在绘图时单独进行控制。注释性是 AutoCAD 2009 的新增功能,可以根据图纸上的文字高度要求以及图纸比例自动调整模型中的文字高度。

标注的格式是由标注样式来控制的,同一种样式内可包含多种不同的格式定义,对建筑相关专业绘图中的线性尺寸,应采用建筑标注样式。在建筑设备专业绘图中,应用较多的是线性尺寸标注和引线标注,角度、尺寸和半径标注应用较少。线性尺寸标注中还包括连续标注和基线标注,引线标注在有些时候可以由直线和单行文字来替代。对某些典型的对象,利用智能化的快速标注可以极大地提高标注操作的效率。

第十五章　建筑平面图的绘制及输出实训

除了需要适当参照立面图和剖面图以确定相应的结构和尺寸之外，建筑设备专业图形的绘制主要是在建筑平面图基础上进行的，同时，平面图也是建筑施工图中最基本的图样之一，因此，了解和掌握建筑平面图的绘制是设备工程师必备的技能。在设计过程中，平面图有可以由建筑专业提供电子版的图纸，而有些时候则需要由设计师自行绘制，在涉及改造项目时尤其如此。

在实际工程中，完成的图纸还需要经过出图打印，将图形输出到图纸上，以备现场使用。此外，还可以生成电子图纸，以便于进行网上发布或传递，以及在没有安装 AutoCAD 的计算机上查看。

15.1　建筑图的绘制

首先建立适用于建筑绘图的图形样板，并以某平面图的绘制为例介绍建筑平面图绘制的一般步骤及相关技巧。

15.1.1　建立图形样板

实训 15-1　建立建筑制图的图形样板

1. 利用已有样板建立新文件。

单击【快速访问工具栏】上的【新建】按钮，打开如图 15-1 所示的【选择样板】对话框。

图 15-1　【选择样板】对话框

选择默认的［acadiso.dwt］样板文件建立名为"drawing1.dwg"新文件。由于该图形样板不符合要求,因此需要在此基础上进行修改。

2. 新图形样板的设置。

(1) 设置图层。

利用【图层特性管理器】对话框创建如下新图层,并进行相关设置。

【名称】	【颜色】	【线型】	【线宽】
建筑—轴线	红色	Center	默认
建筑—柱网	白色	Continuous	默认
建筑—墙体	白色	Continuous	0.35
建筑—门窗	黄色	Continuous	默认
建筑—楼梯	黄色	Continuous	默认
建筑—标注	绿色	Continuous	默认

(2) 在【线型管理器】对话框中设置线型的【全局比例因子】为"100"。利用"UNITS"命令打开【图形单位】对话框,设置【长度】的精度为"0",【角度】的精度为"0.0"。

(3) 增加标注样式和文字样式。

打开光盘"15-1"图形文件,该文件中含有已定义的标注样式和文字样式。

切换到"Drawing1.dwg"文件,使用组合键 Ctrl + 2,打开如图 15-2 所示的【设计中心】对话框。选择【打开的图形】选项卡,列出目前打开的两个文件,展开"15-1.dwg"文件,选择【标注样式】,右侧显示出该文件中包含的所有标注样式,将"建筑标注"标注样式拖曳到绘图区,为当前文件新增标注样式。

可以看到,"Drawing1.dwg"文件中新增加了名为【建筑标注】的标注样式。

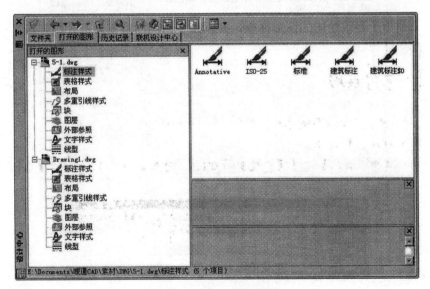

图 15-2 【设计中心】对话框

3. 保存图形样板。

单击【菜单浏览器】,选择【文件】/【另存为】,打开如图 15-3 所示的【图形另存为】对话框,在【文件类型】下拉列表中选择【AutoCAD 图形样板(*.dwt)】,文件列表将自动切换到 AutoCAD 的"Template"目录,在【文件名】文本框内输入"建筑",单击 保存(S) 按钮。在如图

15-4 所示的【样板选项】对话框的【说明】文本框内输入对该样板的文字描述,单击 确定 按钮完成保存。关闭当前的"建筑.dwt"文件。

图 15-3 【图形另存为】对话框

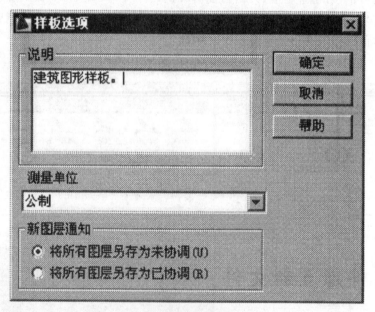

图 15-4 【样板选项】对话框

4.使用刚定义的图形样板创建新文件。

单击【新建】按钮，在【选择样板】对话框中选择"建筑.dwt"样板文件,建立新文件。可以看到新文件中包含了本例前边进行的所有的定义。

下面是几点说明。

(1)图层的命名可参考《房屋建筑 CAD 制图统一规则》(GB/T18112-2000)。

(2)利用"设计中心",采用拖曳的方法可以为当前文件增加包含图层、图块、线型、样式在内的多种格式定义。其来源可以是已打开的文件,若切换到【文件夹】选项卡,则可以从任何目录下的文件向当前文件增加格式定义。

（3）样板图形文件的保存位置可以在【选项】对话框的【文件】选项卡的【样板设置】下进行修改。

（4）若已有符合要求的图形，可以直接将该图形另存为图形样板文件。也可以将该图形另存为一个新文件，在此基础上进行图形绘制，新文件具有与原图相同的设置。

（5）利用 Windows 剪贴板从一个文件向另一个文件复制对象，也可以实现向目标文件中增加格式定义的效果。所增加的定义类别与对象有关，复制时对象的所有特性都将被保留，若目标文件中没有某一项特性定义，则自动为其新增一个定义。

（6）对格式定义的删除，可以逐个进行，也可以利用清理"PURGE(PU)"命令集中进行。

15.1.2　绘制建筑平面图

实训 15-2　绘制建筑平面图

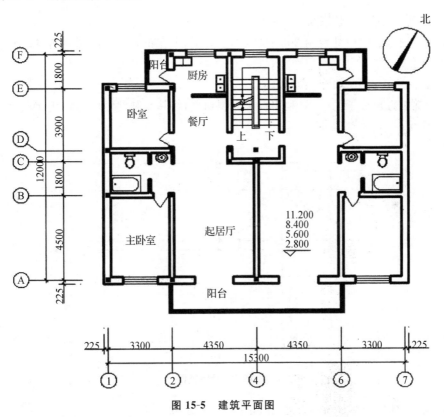

图 15-5　建筑平面图

具体的绘制步骤如下。

1. 利用"建筑.dwt"样板文件建立新文件。

2. 切换到"建筑.轴线"图层，绘制所有的水平轴线和左侧的竖直轴线，如图 15-6 所示。

（1）利用极轴追踪绘制水平轴线，长度约 18000，两端超出建筑轮廓线一定长度。

（2）利用偏移命令绘制其余的水平轴线。

（3）捕捉水平轴线的中点绘制位于中心的竖直轴线，利用夹点将其适当拉长。

（4）利用偏移命令绘制左侧的竖直轴线。

（5）利用修剪命令对较短的轴线进行修改。

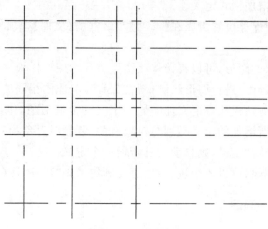

图 15-6　绘制轴线

3. 切换到"建筑. 柱网"图层,绘制柱网。

(1) 在绘图区的空白处绘制 200×200 的正方形,可在正方形内绘制对角线以便于捕捉复制命令所用的基点。

(2) 用"SOLID"图案填充正方形。

(3) 捕捉正方形柱子的中心,利用多重复制功能,将其复制到对应的轴线交点上。其结果如图 15-7 所示。

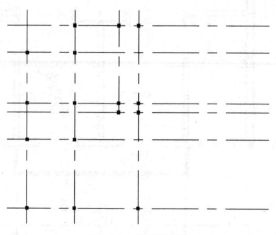

图 15-7　绘制柱网

4. 切换到"建筑—墙体"图层,绘制如图 15-8 所示的墙体。

(1) 建立新的多线样式,名称为"wall-370",两条直线的偏移量分别为 145 和−225。用于绘制外墙。

(2) 关闭"建筑—柱网"图层。选择多线样式为"wall-370",对正方式为【无】,比例为"1",捕捉轴线的交点绘制外墙,注意两侧偏移量的不同。

(3) 选择多线样式为【STANDARD】,对正方式为【无】,比例为"240",捕捉轴线的交点绘制内墙。

(4) 利用多线编辑工具对墙体进行修整。

5. 墙体开洞。

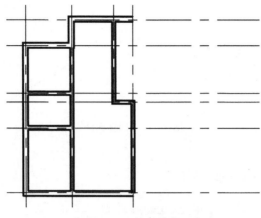

图 15-8 绘制墙体

（1）利用偏移和修剪命令形成所有的门窗孔洞。

（2）补充修整其余的隔墙。结果如图 15-9 所示。

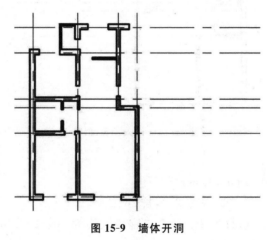

图 15-9 墙体开洞

6. 插入门窗。

（1）创建窗户图块。

切换到"0"图层，绘制 1000×100 的矩形。

分解矩形，将短边定数等分为 3 份，捕捉节点，绘制中间的两条水平线。

创建图块，名为"Window"，基点为左下角。

（2）创建门图块。

在"0"图层绘制长 1000，角度为 150°的直线。

利用圆心、起点、角度绘制圆弧，圆心为直线的右下端，起点为左上端，角度为 -60°。

创建图块，名为"door"，基点为圆心。

所创建的窗户及门图块如图 15-10 所示。

（3）插入门窗图块。

插入"Window"图块，根据窗户长度和墙厚输入比例，由于墙厚为 370，对于长 1800 的窗户，其 xy 比例分别为 1.8 和 3.7。

插入"door"图块，由于门宽为 750，因此选择统一比例，为 0.75。有些门在插入后还需要

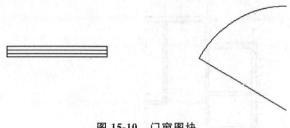

图 15-10　门窗图块

经过旋转。

插入门窗后的图形如图 15-11 所示。

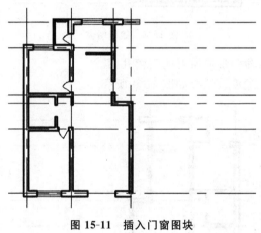

图 15-11　插入门窗图块

7. 绘制楼梯。

楼梯的尺寸如图 15-12 所示,其参数如下。

楼梯间宽 2450,梯段宽 1100,井宽 250,长 2640。

楼梯为双跑楼梯,踏步总数为 20,一跑二跑步数均为 10。踏步宽度为 270,踏步高度为 150,高度值在平面图上表现不出来。

休息平台宽为 1200,扶手宽为 60。

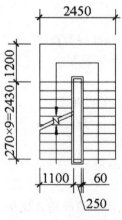

图 15-12　绘制楼梯

楼梯绘制的要点如下。

（1）捕捉楼梯间上部墙角绘制水平线。向下偏移水平线 1200 形成顶部踏步线，二者之间为休息平台。

（2）矩形阵列硕部踏步线，行数为 10，列数为 1，行偏移 -270 形成所有踏步线。

（3）绘制宽 250，高 2640 的矩形作为楼梯井，向外偏移 60 形成扶手线。

（4）移动两矩形，以楼梯井上边中点为基点，至顶部踏步线中点上方 105。

（5）以楼梯井矩形修剪除顶部和底部之外的 8 条踏步线。

（6）绘制平行的断开线，将左侧梯段的踏步线打断。

（7）绘制方向箭头。

8. 图形修整。

（1）利用设计中心，从"House Designer. dwg"文件向图形中插入马桶、浴缸和洗脸池图块，从"Kitchen. dwg"文件向图形中插入洗涤槽图块，其他图块根据需要自行添加。

（2）打开所有图层，以中心竖直轴线为镜像线镜像图形。

（3）修整镜像线处的墙线，必要时可将多线分解。

（4）绘制阳台线。

经修整得到的建筑轮廓如图 15-13 所示。

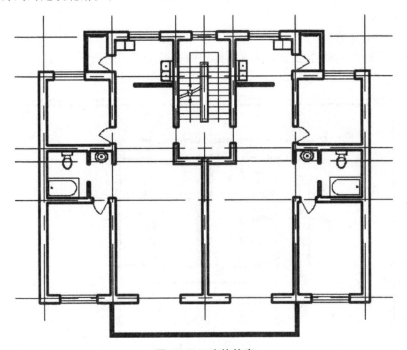

图 15-13　建筑轮廓

9. 书写文字。

利用单行文字创建文字注释。文字样式为"标注文字"，字高 350。图名文字的字高为 700，比例文字略小，为 500。

可以在一行文字创建完之后按 Enter 键继续创建下一行，创建完所有文字之后将其分别移动到所在的位置，也可以创建一个文字对象，采用复制后修改的方法生成其他文字。

10. 标注尺寸。为使标注的尺寸界线对齐，可以利用辅助线定位，也可以在标注完成之后利用修剪命令进行对齐，这里采用辅助线方法。

（1）轴线标注。

在图形下方适当位置绘制两条水平线，在左侧绘制两条垂直线，分别用来定位尺寸界线的起点（辅助线 1）以及轴线标注的定位点（辅助线 2）。

从轴线、外墙线等需要标注的对象开始作延长线至辅助线 2。

利用圆和单行文字创建轴线标注，圆的直径为 800，文字高度为 350，位于圆的中心。

复制轴线标注到轴线延长线的端点，复制时捕捉圆的象限点作为基点。然后双击文字进行修改。

（2）尺寸标注。

选择标注样式为"建筑标注"，在辅助线 1 上捕捉各对象的延长线进行尺寸标注，注意线性标注与连续标注的应用。较小的尺寸离建筑轮廓较近，较大的尺寸较远。

（3）标高。

利用单行文字连续创建标高，由下向上依次为 2～5 层的标高。

（4）指北针。

利用圆和多段线创建指北针，圆的直径为 2400，箭头向上，底部宽度为 300，完成后向右旋转 30°，箭头处表明"北"或者"N"。

11．插入图框。

打开"A3.dwg"文件，其中包含一个 A3 幅面的图框。将其复制到当前文件中，放大 100 倍，将图形放在图框中的适当位置。修改图框中的图名等项。打开被关闭的图层，最后完成的图形如图 15-14 所示。最后以"15-2.dwg"为文件名保存。以备后用。

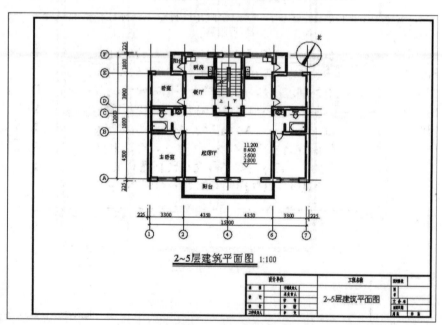

图 15-14　加入图框

AutoCAD 绘图的思路和过程是从整体到局部，各步以及需要注意的主要事项如下。

（1）对图形整体进行分析，如有相同或对称的部分可以简化绘图工作。如本例给出的图形主体部分左右对称，因此可以仅绘制其中的一半，然后采用镜像的方法完成另一半，最后进行适当修改完成整个图形。

（2）大致确定绘图区域。可以采用"LIMITS"命令，然后进行完全缩放，将图形界限完全显示在绘图区内。也可以通过输入坐标绘制穿过整个绘图所占区域的对象，如一个矩形或建筑的水平和竖直轴线，然后双击鼠标中键进行范围缩放。建筑图尺寸一般比较大，各构件的尺寸又往往较小，因此需要频繁的缩放操作，最为有效的方式是利用鼠标的中键：上下滚动进行缩放，按下并移动进行平移，双击实现范围缩放。

（3）绘制定位轴线。可综合利用偏移【OFFSET(O)】命令、阵列【ARRAY(AR)】命令、复制【COPY(CP)】命令、修剪【TRIM(TR)】命令等进行绘制。轴线方向用极轴或正交来控制。

（4）绘制墙体。利用多线"MLINE(ML)"命令和多线编辑"MLEDIT"工具绘制和修改墙体。主体完成之后局部可以在分解后再进行编辑，某些位置可用直线补全。

（5）墙上开洞。主要利用偏移【0FFSET(O)】命令、修剪【TRIM(TR)】命令，同时结合修改对象所在的图层来完成。

（6）插入门窗、楼梯及其他构件。可逐项进行绘制，重复的内容可以复制，必要时进行拉伸。对使用频率较高的构件，如门窗等，建议白定义图块，或利用现有的图块。插入时可利用必要的辅助线进行定位，也可以利用临时捕捉功能。

（7）书写文字。对于成段的文字一般采用多行文字，少量文字一般采用单行文字即可，其显示速度及存储效率均较高。

（8）标注尺寸。对于轴线标注，编号外部的圆直径一般为 8～10 mm，圆心应在定位轴线的延长线或延长线的折线上。平面图上定位轴线的编号，宜标注在图样的下方与左侧。横向编号应用阿拉伯数字，从左至右顺序编写。竖向编号应用大写拉丁字母，从下至上顺序编写。拉丁字母的 I、O、Z 不得用作轴线编号。指北针中圆的直径宜为 24 mm，指针尾部宽度宜为 3 mm。其他规定详见《房屋建筑制图统一标准》(GB/T 50001-2001)。

（9）插入图框。图框中外部细线形成的矩形为图纸幅面线，其尺寸与实际图纸相同，内部粗线形成的矩形为实际的图框。图框与图纸幅面线之间的空隙，左侧为 25 mm，其他三边对 A3 和 A4 图纸为 5 mm，A0、A1、A2 图纸为 10 mm。由于左侧装订，有时左边还有会签栏，因此左侧较大。传统的标题栏位于右下方，目前，有越来越多的设计院采用了如图 15-15 所示的右侧通栏式标题栏，其右侧除了包含传统标题栏的信息之外，还包括了会签栏、设计单位信息、开发商信息等。具体样式可见文件"图框.dwg"。

图 15-15　通栏式标题栏

15.2 图形输出

AutoCAD 图形文件的输出包括工程图输出以及电子图纸创建两种方式,工程图的输出可以选择从模型空间出图或从布局空间出图。

15.2.1 从模型空间出图

实训 15-3 打印【实训 15-2】中所绘制的图形

1. 打开上例题所保存文件"15-2.dwg"(或教学光盘"15-2"图形文件)。

2. 为系统增加打印机或绘图仪。

单击【菜单浏览器】,选择【文件】/【绘图仪管理器】命令,打开[Plotters]对话框,

双击【添加绘图仪向导】,向其中增加一台[HP]的型号为[DesignJet 450C C4716A]的绘图仪,添加过程中取默认值即可。【绘图仪管理器】也可以通过在 Windows【控制面板】中双击【Autodesk 绘图仪管理器】打开。

3. 进行打印设置。单击【快速访问工具栏】上的【打印】按钮☐,或利用组合键 Ctrl + P,打开如图 15-16 所示的【打印.模型】对话框并展开为完全模式,在该对话框中完成以下设置。

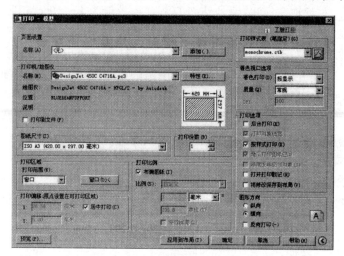

图 15-16 【打印—模型】对话框

(1)在【打印机/绘图仪】下拉列表中选择打印设备【DesignJet 450C C4716A.pc3】。

(2)在【图纸尺寸】下拉列表中选择【ISOA3】幅面图纸,其尺寸为 420×297mm。

(3)在【打印范围】下拉列表中选取【窗口】,在绘图区内捕捉图框线的两对角点,并回到【打印—模型】对话框。窗口区域可通过单击 窗口(O)< 按钮进行重新设定。

(4)在【打印偏移】分组框中选择【居中打印】。

(5)在【打印比例】分组框中选择【布满图纸】。

(6)在【打印样式表】下拉列表中选择打印样式【monochrome.ctb】,该打印样式中所有颜色均打印为黑色。

(7)在【图形方向】分组框中设定图形打印方向为【横向】。

4. 预览打印效果。

单击 预览(P)... 按钮,在如图 15-17 所示的预览窗口中预览打印效果。

窗口左上角为控制按钮,左下角的状态栏提示可进行的操作。单击鼠标右键,从弹出的快捷菜单中也可以进行相关操作。若预览效果满足要求,单击 按钮开始打印;否则按 Esc 键可返回到【打印.模型】对话框对打印参数进行修改。

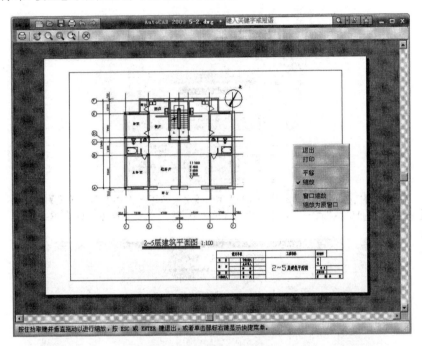

图 15-17　打印预览窗口

需要注意的是,AutoCAD 中对打印机的默认设置中,其边界尺寸与标准图框中给定的值并不相符,造成了打印后的图形尺寸与实际尺寸会有些许的偏差。在上例中的设置,选择【居中打印】和【布满图纸】复选项,选择打印窗口为图框,虽然可以将图框完全打印在图纸中,但从图 15-17 可以看出,图形实际位于图纸的正中。从图 15-16 的【打印—模型】对话框中也可以看到,【布满图纸】下方的比例变成不可修改,实际显示比例为【自定义】,其值为"1：109.8",而不是所希望的"1：100"。下面的例子将解决这一问题。

实训 15-4　通过修改图纸的边界尺寸,使图纸边界与图框中的图纸幅面线相一致

1. 重新启动打印任务,打开【打印—模型】对话框。在【页面设置】分组框的【名称】下拉列表中选择【上一次打印】,自动装入上一次完成的打印任务的设置。

2. 单击打印机右侧的 特性(R)... 按钮,打开如图 15-18 所示的【绘图仪配置编辑器】对话框,在【设备和文档设置】选项卡中选择【修改标准图纸尺寸(可打印区域)】,在下方的列表栏中选择【ISOA3】图纸,下方显示了该图纸的当前设置。

3. 单击 修改(M)... 按钮,打开如图 15-19 所示的【自定义图纸尺寸—可打印区域】对话框,按标准图框的边界尺寸将上、下、右的数值改为"5",左边界改为"25",单击 下一步(N) > 按钮。

4. 在如图 15-20 所示的【自定义图纸尺寸—文件名】对话框中修改希望保存的文件名,单击 下一步(N) > 按钮。

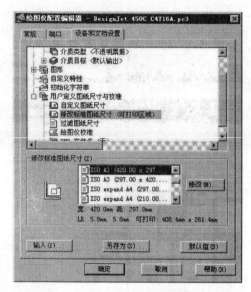

图 15-18　【绘图仪配置编辑器】对话框

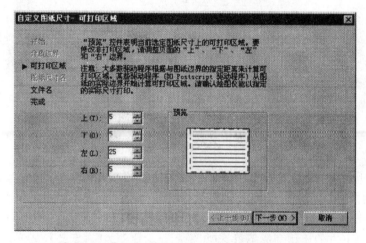

图 15-19　【自定义图纸尺寸—可打印区域】对话框

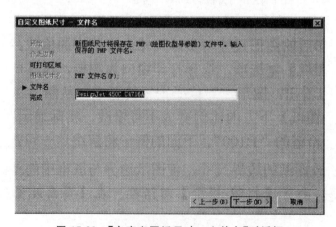

图 15-20　【自定义图纸尺寸—文件名】对话框

5. 保留如图 15-21 所示的【自定义图纸尺寸—完成】对话框中的默认设置，单击 完成(F) 按钮。回到【绘图仪配置编辑器】对话框，单击 确定 按钮。

6. 在如图 15-22 所示的【修改打印机配置文件】对话框中选择【将修改保存到下列文件】，以便于在以后的打印任务中使用。单击 确定 按钮，回到【打印—模型】对话框。

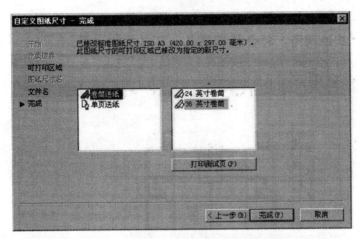

图 15-21　【自定义图纸尺寸.完成】对话框

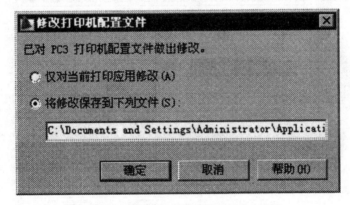

图 15-22　【修改打印机配置文件】对话框

7. 在【打印—模型】对话框中进行如下设置。

(1)单击【打印范围】右侧的 窗口(O)< 按钮，在绘图区内捕捉图框线的两对角点，生成打印区域，位于图框线与图纸幅面线之间的区域与前边设置的图纸边界重合。

(2)在【打印偏移】分组框中将 X、Y 偏移量均修改为"0"。

在【打印比例】分组框的【比例】下拉列表中选择"1：100"，去掉【布满图纸】选项。

(3)设置结果如图 15-23 所示，图纸尺寸、打印区域、打印比例等项目的改变均会在对话框中的预览图上得到体现。若预览图中 4 条边中的某个边上出现红线，则表明图纸超出该边界，需要重新进行设定。

(4)单击 预览(P)... 按钮，在如图 15-24 所示的预览窗口中可以看到，图框外侧的图纸边界左边较大，其他三边相同，符合预期要求，可以打印出图。

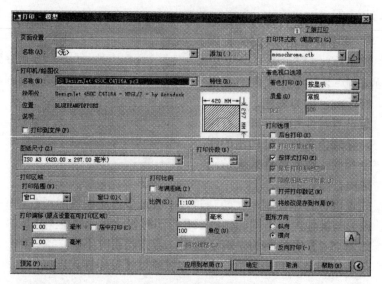

图 15-23 【打印—模型】对话框

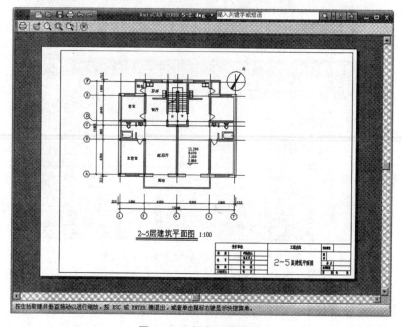

图 15-24 打印预览窗口

　　虽然在绘图时已经指定了线型、线宽等特性,但在打印出图时并不一定能够满足图纸要求。此时,可以通过打印样式表来对图线的特性进行控制。

　　在【打印—模型】对话框的打印样式表下拉列表中选择【monochrome.ctb】,单击右侧的【编辑】按钮,打开如图 15-25 所示的【打印样式表编辑器】对话框,从【表格视图】选项卡中可以看出,打印样式是通过颜色来控制的,其中共给出了 255 种颜色,对应 255 种打印样式。

　　【monochrome.ctb】打印样式表的定义是:所有颜色的打印颜色均为黑色,线型、线宽等特性与对象自身特性相同。即在打印样式表的控制下,除颜色之外,打印出的图形与所绘图形完全相同。该打印样式表适用于目前大多数的黑白打印任务。

利用打印样式表进行打印控制,在绘图时可不必过多考虑图线的特性,仅需将需要单独控制特性的图层设为与其他图层不同的颜色,在打印时修改对应颜色的相应特性即可。

例如对于【实训 15-2】中绘制的建筑平面图,若在绘图时不确定墙线的线宽,则可以将其图层颜色设为与其他图层不同的蓝色,在打印时通过【打印样式表编辑器】修改蓝色对应的线宽,便可灵活控制图形的打印。对于其他特性的控制也是如此。

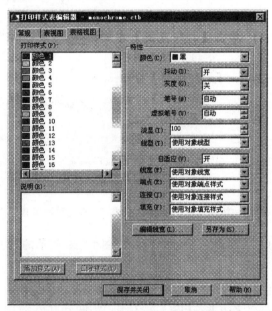

图 15-25 【打印样式表编辑器】对话框

15.2.2 从布局空间出图

AutoCAD 提供了两种图形环境:模型空间和布局空间(又称图纸空间)。模型空间用于绘制图形,布局空间则更适合用来进行图纸的布置以及图形的输出。

实训 15-5 在一张图纸上进行两种比例图形的输出

打开光盘"15-5"图形文件,该文件中除建筑平面图外,还增加了一楼梯大样图。如图 15-31 所示。

要求建筑平面图输出比例为 1∶100,楼梯大样图输出比例为 1∶50。

若在模型空间中出图,则需要将楼梯大样图放大一倍,再将两张图一起按 1∶100 的比例出图,则楼梯大样图的实际出图比例可为 1∶50。

在布局空间可以较为方便地实现该功能。

1. 进入布局空间。

单击【快速查看布局】按钮，在弹出的 3 个预览窗口中选择"布局 1",绘图区变成如图 15-26 所示的布局视图。该视图中心为一张虚拟图纸,虚线内部为

图 15-26 布局视图

可打印区域,虚线内的矩形为默认建立的视口,选择矩形,利用夹点或编辑命令可对其进行修改。一个布局中支持多个视口,对每个视口可设置不同的比例。

2. 修改页面设置。

（1）在【快速查看布局】按钮上单击鼠标右键，弹出如图 15-27 所示的快捷菜单，选择【页面设置管理器】命令，打开如图 15-28 所示的【页面设置管理器】对话框。

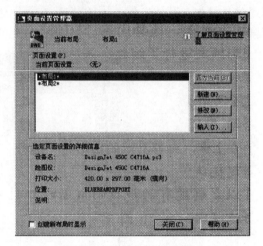

图 15-27 【快速查看布局】按钮的快捷菜单　　图 15-28 【页面设置管理器】对话框

（2）选择"布局 1"，单击 修改(M)... 按钮，打开如图 15-29 所示的【页面设置】对话框，进行如下设置。

- 在【打印机/绘图仪】下拉列表中选择打印设备【DesignJet 450C C4716A. pc3】。

- 在【图纸尺寸】下拉列表中选择【ISO A3】幅面图纸，由于在前例中已对该打印机的图纸边界进行了设置，认为该图纸设置符合标准图框的要求。

- 【打印范围】为【布局】。【打印偏移】XY 均为"0"，【打印比例】为"1：1"。

- 在【打印样式表】下拉列表中选择打印样式[monochrome. ctb]。

- 在【图形方向】分组框中设定图形打印方向为【横向】。

（3）单击 确定 按钮完成页面设置，单击 关闭(C) 按钮关闭【页面设置管理器】对话框。

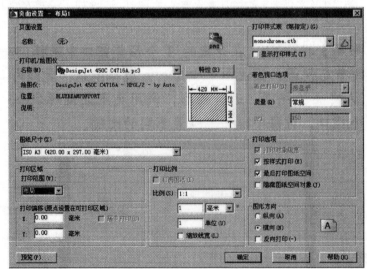

图 15-29 【页面设置】对话框

3. 调整视口。

（1）编辑现有视口。

利用右上角的夹点适当拉大现有视口的尺寸，在视口区域内双击鼠标左键，进入视口内部，视口线变粗。在视口区域内双击鼠标中键进行范围缩放，并利用缩放和平移，使建筑平面图显示在该视口的中心。

在视口区域外双击鼠标左键，退出视口。选择视口边界线，单击右下角状态栏上的按钮，选择比例"1：100"，将视口的比例设置为"1：100"，可以看到，视口中的图形随之进行了缩放。

继续通过夹点调整视口尺寸，使建筑平面图完全处在该视口范围内。调整完之后可使用移动"MOVE(M)"命令将视口移动到图纸的左上部，内部显示的图形将一起移动。

（2）新建视口。

可以复制现有的视口形成新视口，也可以新建视口。

切换到【视图】选项卡，单击【视口】面板上的【新建】按钮，打开如图 15-30 所示的【视口】对话框，在左侧选择"单个"，单击 确定 按钮，并在图纸右侧上单击两对角点绘制一较小的矩形视口。重复上一步操作，即双击进入小视口内部，双击鼠标中键将图形在该视口中完全显示，再利用缩放和平移将楼梯大样图完全显示在该视口内部。在视口外双击鼠标左键，选择视口，将其比例设为 1：50，调整视口大小使楼梯大样图完全包含在视口内。

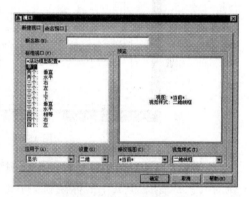

图 15-30 【视口】对话框

两视口的调整结果如图 15-31 所示。

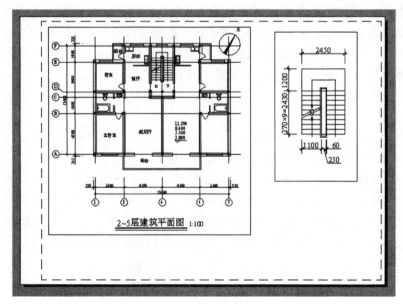

图 15-31 布置完的视口

4. 插入图框。

打开"A3. dwg"文件，窗口选择其中及其内部的部分，注意不包含图纸的幅面线。利用组

273

合键 $\boxed{Ctrl}$ ＋ $\boxed{C}$ 将其复制到剪贴板。

　　切换到光盘"15-5"图形文件,按组合键 $\boxed{Ctrl}$ ＋ $\boxed{V}$ 粘贴图形。指定"0,0"为插入点,插入后图框线与图纸虚线重合。其结果如图 15-32 所示。

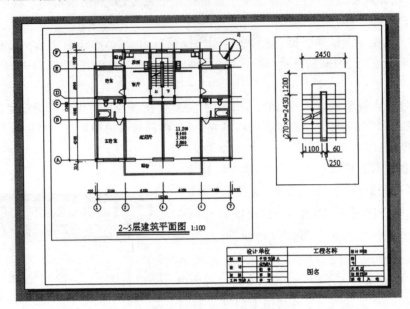

图 15-32　插入图框后的布局视图

　　5. 标注尺寸。虽然可以将两个比例不同的图形放在一张图纸上进行打印,利用视口的比例对其进行缩放,但其中的标注和文字也会随之发生变化。如图 15-32 所示,比例较小的图形标注和文字较大,这是在出图时不希望看到的,解决方法如下。

　　(1) 在模型空间绘图,在布局空间内书写文字和进行标注。注意标注样式的全局比例应设置为"1",文字高度为实际打印在图纸上的高度。但辅助线应在模型空间内进行绘制。

　　(2) 在模型空间进行图样的绘制和标注,但需要将比例较小的次要图样按与主要图样比例相差的倍数进行放大,标注之后用实际数值对标注文字进行替代。

　　在布局空间内的标注只能在视口外进行,在视口内则相当于模型空间内的修改。

　　6. 打印出图。

　　(1) 建立名为"视口"的新图层,设置为不可打印。将两视口修改到"视口"图层上。

　　(2) 在【线型管理器】对话框中将全局比例因子修改为"1"。

　　(3) 执行打印任务,由于前边已进行了页面设置,这里在预览后直接打印即可。

　　(4) 虽然在插入图框时使其与图纸可打印区域的边界重合,由于系统对图纸边界处理时的舍入误差,在实际打印时可能会出现某些边无法打印的问题。若预览中发现该问题,可将【打印范围】设置为"范围",并选择【布满图纸】,便可忽略图纸边界而打印全部图形。

第十六章　通风空调及采暖系统图的绘画实训

实训 16-1　绘制如图 16-1 所示的渐缩管

可以利用偏移轴线并结合多段线编辑命令进行风管绘制,下面介绍利用多线命令绘制风管及其构件的方法。

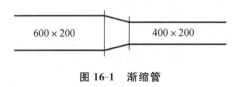

图 16-1　渐缩管

1. 建立风管、轴线、法兰、标注等对象所属的图层,在相应的图层上创建对象,或者创建后将其更改到相应的图层。下面的步骤中将省略图层相关的操作。

2. 启动多线命令,多线样式为默认的【STANDARD】,对正方式为【无】,比例为 600,绘制变径前的风管。

3. 利用多线绘制变径后的风管,其比例为 400。控制两风管之间有较大的间隙。

4. 设置极轴追踪增量角为 15°,绘制变径的两边,与轴线的夹角均为 15°,长短均可,如图 16-2 左图所示。

5. 启动修剪/延伸命令,利用变径后的风管修剪变径的两边,注意修剪/延伸命令的互换性(选择对象时利用【Shift】键进行切换),且利用【边(E)】选项将其隐含边延伸模式设为【延伸】。修剪的结果如图 16-2 右图所示。

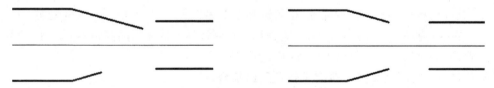

图 16-2　变径处的处理

6. 利用拉伸命令拉伸变径后的风管,基点为其一边的端点,第二点为对应的变径边的端点。完成变径的绘制。

7. 绘制法兰线,书写文字,将轴线层关闭,完成图形绘制。

说明:变径绘制完成之后,也可以通过拉伸命令控制其长度和位置。注意需要采用交叉窗口进行选择,根据窗口位置的不同会有不同的拉伸效果。

实训 16-2　绘制风管来回弯(打开光盘"16-2"图形文件)

弯头的半径一般应为 R＝1.0～1.5 W(W 为风管弯边的宽度),一般以 1.0 W 为宜。当半径过小或采用直角弯头时,应设导流片。弯头无导流叶片时,其半径 R 不得小于 0.5 W。

在第 12 章【练习 12-16】中介绍了用多段线绘制风管的方法,本例将采用多线对该图进行绘制。风管宽度 400,弯头半径 400,绘制时同样省略了与图层相关的操作。

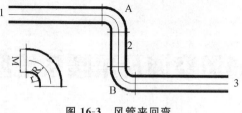

图 16-3   风管来回弯

1. 绘制 3 段风管轴线,先不做任何处理。

2. 绘制风管。

启动多线命令,多线样式为默认的【STANDARD】,对正方式为【无】,比例为 400。

先后捕捉轴线 1 的左侧端点、轴线 1 和轴线 2 的交点、轴线 2 和轴线 3 的交点、轴线 3 的右侧端点绘制多线,其结果如图 16-4 所示。

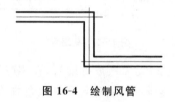

图 16-4   绘制风管

3. 处理弯头。

(1) 处理风管。将风管分解,重复运行圆角命令,两个弯头处内侧的圆角半径为 200,外侧的圆角半径为 600。

(2) 处理轴线。继续执行圆角命令,以 400 的半径对两个弯头处的轴线进行圆角操作。

4. 绘制法兰线,完成图形。

下面是几点说明。

(1) 采用多段线和多线均可完成双线风管的绘制,多段线的线宽需要单独指定,多线的线宽则可以在图层中统一设定,在绘图时读者可根据自己的习惯选择适合的绘制方法。

(2) 其他的构件,如三通、四通等,也可以参考上述方法绘制,不再一一举例说明。

(3) 在设计时还应当注意,弯头、三通、调节阀、变径等管件之间的间距不应过小,宜保持 5～10 倍管径长的直管段,以免增加风管阻力和噪声。

实训 16-3   绘制平面图中典型风管及风口组合(打开光盘"16-3"图形文件)

除了管道和局部构件外,整个图形可以分解成多个由设备和构件形成的组合。例如图 16-5 所示的"H"形风管与风口的布置图,既可以看成是 3 个三通和 4 个风口的组合,也可以作为风管平面图的基本单元,在图形中是重复出现的,在绘图时只需绘制一个单元,便可以利用复制命令完成剩余重复部分的绘制。

下面以该图为例介绍此类图形的绘制方法。

1. 绘制风口和风管的定位辅助线,横向和竖向各 3 条,间距均为 1800。注意某些辅助线与风管轴线是重合的。

2. 插入风口。可以新绘制,也可以插入前文中创建的风口图块,或从其他图形中复制。

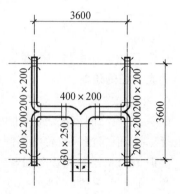

图 16-5   "H"形风管风口布置图(平面图)

3. 利用多线绘制左半部分的风管轮廓线,对不同的风管宽度设置不同的比例。

4. 将多线进行分解,并在 A 位置将竖直风管的两边断开。至此,完成的图形如图 16-6 所示。

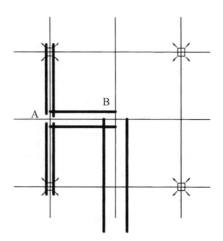

图 16-6　辅助线、风口及风管轮廓

5. 编辑 A 位置的三通。

(1)启动圆角命令,设置半径为 100,对位于 A 处内侧的上下两处风管线进行圆角处理。

(2)向外偏移新生成的圆弧,偏移距离为 200,并用偏移得到的圆弧对竖直风管外侧的边进行修剪。

6. 编辑 B 位置的三通。

用半径 200 的圆角处理 B 处位于内侧的风管线,并将圆角得到的圆弧向外偏移 400,用新圆弧修剪上部风管。

7. 将左侧竖直风管上下端的管线补齐,删除中间竖直风管右侧的管线。得到的图形如图 16-7 所示。

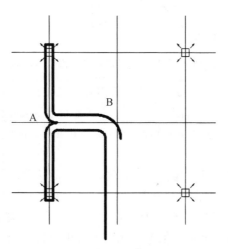

图 16-7　完成的左半部分图形

8. 将左半部分风管镜像,得到图 16-8。将 B 处相交的两条风管线相互修剪。

9. 绘制法兰,将辅助线图层关闭,绘制风管轴线。绘制或插入风阀。

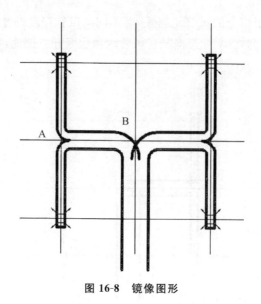

图 16-8　镜像图形

10. 进行尺寸标注，完成图形。

说明：在本例图形的绘制时应注意在第 4 步中将管线断开的作用，以及在两段风管管径不同时，外侧弯管不能采用圆角的方式生成，而只能采用将内侧弯管偏移的方法。

实训 16-4　绘制系统图中典型风管及风口组合（打开光盘"16-4"图形文件）

绘制平面图 16-5 对应的系统图，如图 16-9 所示。

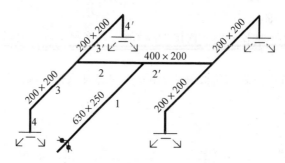

图 16-9　"H"形风管风口布置图（系统图）

1. 将极轴追踪的增量角设为 45°，风管线采用直线或多段线均可。

2. 绘制干管 1，长 3600，并从右上端点向左右各绘制长 1800 的管线 2 和 2′。

3. 从水平管线 2 的左端点向左下和右上各绘制长 1800 的管线 3 和 3′，并在端部向下绘制长 800 的垂直管线 4 和 4′。

4. 绘制风口，创建图块或者将其复制到管线 4 和 4′ 的端点。

5. 复制管线 3 和 3′ 以及以后的对象到管线 2′ 的右端点，得到右侧的管线及风管。

6. 绘制风阀，标注文字，完成图形。对于标注也可以采用复制的方法。

实训 16-5　绘制如图 16-10 所示的空调风管平面图（打开光盘"16-5"图形文件）

通风空调工程中的风管平面图中，一般来说，通风系统的送风和排风平面图、风机盘管加新风系统的风管平面图均较为简单，而全空气系统则较为复杂，但是其绘图方法是一致的。下面以某全空气系统的风管平面图为例进行说明。

根据给出的建筑平面图，绘制风管平面图：

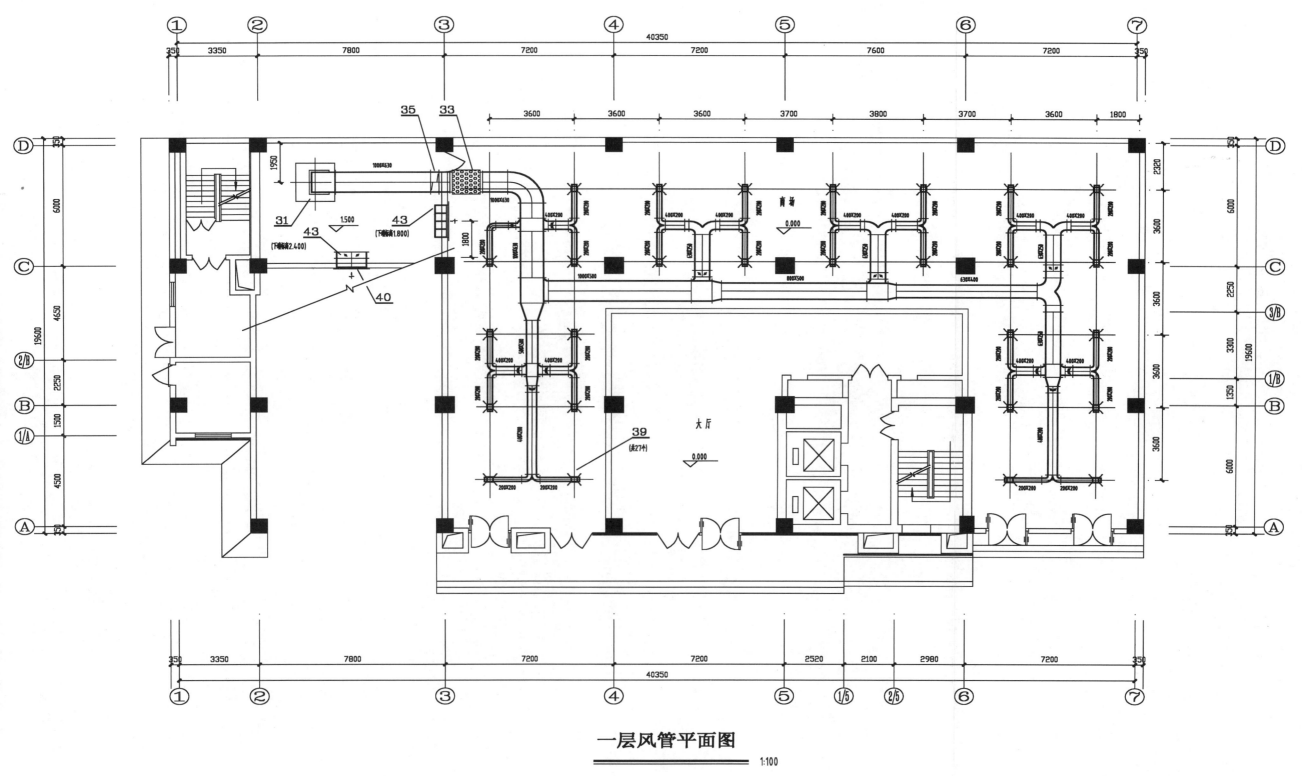

一层风管平面图

1:100

图16-10　空调风管平面图

1．对建筑图进行整理。

(1)对于给定的建筑图，若采用外部引用的方法，则关闭不需要的图层。

(2)若在建筑图的基础上进行修改，则需要删除建筑图中次要的定位尺寸和文字说明及不必要的图层。

(3)AutoCAD 提供了图层合并功能，其图层删除功能支持非空图层及其上边所有对象的删除，可以方便地进行清理工作。

2．图层管理。创建如下新图层，并进行相关设置。

名称	颜色	线型	线宽
设备一风口	白色	Continuous	默认
设备一风管	青色	Continuous	0.35
设备一标注	白色	Continuous	默认
设备一阀门	红色	Continuous	默认
设备一法兰	灰色	Continuous	默认
设备一辅助线	灰色	Continuous	默认

也可根据自己的绘图习惯自行设置。

3．偏移墙线形成位于边界的辅助线，根据风口间距对辅助线进行连续偏移，并作适当修剪。

4．布置风口。

向图形中插入风口图块，并采用多重复制的方法完成所有风口的插入。可以按行或者列进行复制，以提高绘图效率。

完成的辅助线及风口如图 16-11 所示。

5．基本模块的绘制。

按【练习 16-3】中的方法绘制典型的风管及风口组合，根据辅助线定位，将其复制到相应的位置。将其中的三通部分单独复制到图形中的三通处，必要时作适当旋转。应注意拉伸、修剪、偏移等命令的灵活应用。

6．干管绘制。

利用辅助线对干管中心线进行定位，绘制干管，并将各模块与干管相连接。

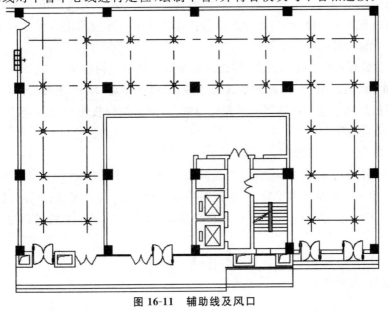

图 16-11　辅助线及风口

7. 绘制法兰线、调节阀、消声器、防火阀等构件。

8. 关闭辅助线图层,绘制风管轴线,该步骤也可以省略。

完成的风管与风口如图 16-12 所示。

9. 本系统为集中回风,因此只需绘制集中回风口即可。对于其他的回风方式可能还需要进行回风口以及回风管的绘制。

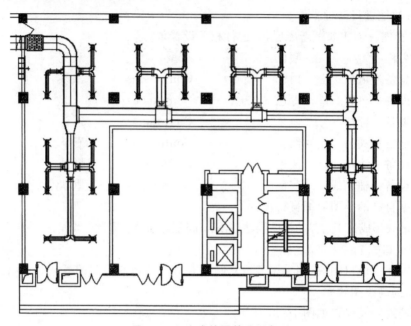

图 16-12　完成的风管及设备

10. 尺寸及文字标注。标注文字高度一般为 3.5,标注密集时可用 2.5。可自定义文字样式和标注样式,也可采用文件中自带的【dim_font】文字样式和【DIMN】标注样式。

(1) 风管尺寸标注。

(2) 定位尺寸标注。

由于本图中风管和风口布置比较规则,因此其定位尺寸标注较为简单,用连续标注在外侧对风口进行横向和纵向定位即可,定位点可选择墙或柱子。连续的定位尺寸只能有一个定位点,即至少有一个自由段。

(3) 对设备编号等项目进行标注,修改图名及标题栏中的相应项,完成图形绘制。

实训 16-6　绘制如图 16-13 所示的风管系统图(打开光盘"16-6"图形文件)

在平面图的基础上绘制系统图的步骤较为简单,只需按照投影规则绘制干管、基本模块,再按需要进行复制即可。

对应平面图 16-12 进行绘制。

1. 绘制空调机组。以长方体表示,长宽高按平面图和剖面图确定。

2. 沿机组出风口绘制送风干管,并根据需要插入软连接、防火阀、消声器等构件。

3. 绘制基本模块。由于末端支管和风口完全相同,因此三通连接的风管也可以直接从基本模块中复制。

4. 风管尺寸标注,风管、风口及设备标高,标注设备编号。

5. 修整细节,完成图形。

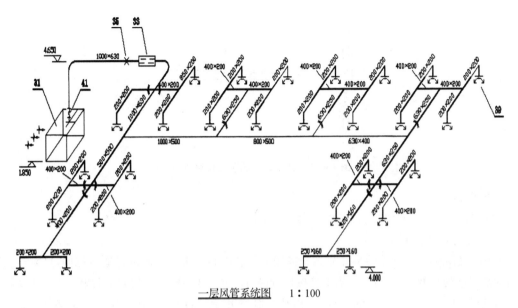

一层风管系统图　　1∶100

图 16-13　风管系统图

实训 16-7　绘制采暖系统平面图

打开光盘"16-7b"图形文件，在此基础上进行采暖系统平面图的绘制，如图 16-19 所示。同样采取绘制一半后进行镜像的方法。

1. 对建筑底图进行整理。

利用关闭图层或删除命令对图形进行精简，本例中可关闭"建筑.轴线"、"建筑.标注"和"建筑.柱网"图层。

2. 管理图层。

创建如下新图层，并进行相关设置。

名称	颜色	线型	线宽
设备—散热器	青色	Continuous	默认
设备—管道	红色	Continuous	默认
设备—标注	白色	Continuous	默认

散热器及管道是采用多段线绘制的，若采用直线绘制，则需要指定相应的线宽。

3. 初步布置散热器。

(1) 创建散热器模块(打开光盘"16-7a"图形文件)。

先绘制散热器及其相连的立管模块如图 16-14 所示。若采用复制的方法创建其他散热器，则直接在"设备.散热器"图层上创建即可。若采用创建图块的方法，则需要在"0"图层上创建。采用图块的方法可以在插入时通过旋转来适应散热器接管方向以及布置方向变化。下面介绍同样便捷的复制方法。

切换到"设备—散热器"图层，按如图 16-14 所示创建 4 种散热器模块，并在散热器两侧绘制与其平行的两条辅助线，距离散热器为 100，该值为设定的散热器与墙之间的距离。

(2) 复制散热器到相应的位置。

根据接管位置及设置方向，选择所需的散热器模块类型，将其复制到相应的位置。如起居室的散热器应选择竖直放置下部接管的模块。复制时在辅助线上选取基点，第二点捕捉散热

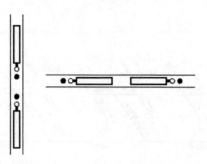

图 16-14　散热器模块及定位辅助线

器附近的墙线。

散热器可沿墙线方向进行移动,具体位置需要在后面结合水管来确定。

(3) 散热器尺寸调整。

利用"STRETCH(S)"命令对个别较长或较短的散热器沿长度方向进行适当拉伸,只需分出散热器片数引起的长度差异即可,不需严格按比例进行尺寸调整,布置完的散热器如图 16-15 所示。

4. 绘制水管。根据图形的特点,可以从主卧室开始进行水管的绘制,具体步骤如下。

(1) 切换到"设备.管道"图层。

(2) 捕捉主卧室供水立管右侧的象限点,绘制线宽为 50 的多段线,第二点为向右至起居厅的右下角距离右侧墙线 200 左右的位置,并依次向上、向左、向上、向右绘制管线,控制管线与相邻墙线之间的距离为 200 左右,最终接至管道井内。定点时可在缩放后利用短十字光标来进行粗略定位。

(3) 从主卧室散热器左侧 100 开始向左绘制多段线,从卫生间散热器供水立管下方的象限点向下绘制多段线,对两线进行"FILLET(F)"圆角操作完成连接。

(4) 从卫生间散热器上方 100 开始向上绘制多段线,适当超出卧室的散热器。

(5) 卧室与餐厅之间的管道暂时留空。

(6) 从厨房散热器供水立管左侧的象限点向左绘制多段线,适当超出餐厅的散热器。

(7) 从厨房散热器回水立管下方的象限点向下绘制多段线,穿过墙大约 200 之后单击确定第二点,向右至离餐厅右侧墙线 200 左右单击作为第三点,向下至供水管上方适当位置,向右接入管道井,完成的管道轮廓如图 16-16 所示。

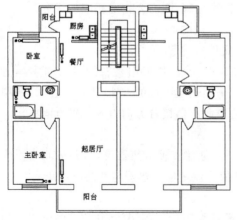

图 16-15　布置散热器

图 16-16　绘制管道轮廓

5. 散热器与水管之间接管的处理。

(1) 起居厅接管的处理。

向下移动散热器,基点为供水立管右侧的象限点,捕捉干管垂足作为第二点。

从散热器回水立管左侧的象限点向左、向下绘制多段线,捕捉干管垂足。

断开干管,采用两点断开,分别捕捉供水立管右侧的象限点和新绘水管与干管的交点,处理结果如图 16-17 所示。

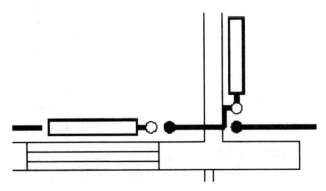

图 6-17　起居厅散热器的接管

(2) 卧室及餐厅接管的处理。

向左移动卧室散热器,基点为供水立管下方的象限点,捕捉干管垂足作为第二点。

利用夹点将干管上顶点移动到供水立管下方的象限点。

从卧室散热器右侧 100 开始向右绘制多段线,至离卧室右侧墙线 200 左右单击作为第二点,向下至适当位置单击作为第三点。

从餐厅散热器供水立管左侧的象限点向左绘制多段线,长度适中。

从餐厅散热器上方 100 开始向上绘制多段线,长度适中。

利用圆角命令连接卧室与餐厅,以及餐厅与厨房之间的管道,如图 16-18 所示。

6. 完成图形。

(1)设备标注。

切换到"设备—标注"图层,利用单行文字分别对散热器和管道进行标注。散热器需要标注片数,管道需要标注管径。对于 PB 管和 PPR 管,管径标注的格式为"d 外径×壁厚"。

(2)镜像图形。

将散热器、管道以及设备标注进行镜像。

(3)绘制管道井。

绘制管道井内的立管,完成接管。

将从厨房与管道井之间的管道线型修改为【DASHED】。

完成的图形如图 16-19 所示。

说明:虽然散热器尺寸、散热器以及管道与墙之间的距离不要求严格按比例绘制,但为了美观起见,还是建议散热器长度与其片数成正比,散热器以及管道与墙之间的距离尽可能保持一致。

实训 16-8　绘制采暖工程系统轴测图(打开光盘"16-8F"图形文件)

绘制单层系统轴测图

在如图 16-19 所示采暖平面图的基础上绘制单层系统图。系统图可以跟平面图绘制在一

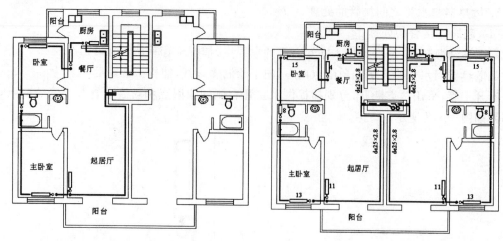

图 16-18　调整后的管道及散热器　　　**图 16-19　完成后的采暖平面图**

个图形文件中,以便于在绘制时相互参照。图层可沿用平面图的设置。

系统图绘制的基本原则是:系统图上的线段长度与平面图相同,但平面图上的竖直线向右旋转 45°,因此在绘图时需要将极轴追踪的增量角设为 45°。

1. 创建散热器模块(打开光盘"16-8"图形文件)。

在绘图区的空白处绘制系统图所用的散热器模块。对于水平或竖直放置的散热器,在系统图中的表示方法共有 4 种,如图 16-20 所示。水平放置的两种可以相互镜像得到,竖直放置的两种只能单独绘制。图中散热器侧上方为另一种方式表示的放气阀。

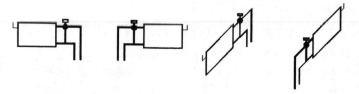

图 16-20　散热器模块

2. 左侧系统图的绘制。

(1) 管道井的绘制。

在绘图区的适当位置绘制平行四边形,作为管道井,其尺寸应从平面图上量取,但可作适当调整。从管道井处开始系统图的绘制。

(2) 起居室管道及散热器的绘制。

从管道井下边中点偏左的位置开始绘制多段线,线宽为 50,先后向左下方追踪 225°角和向左追踪 180°角。

复制相应的散热器模块,基点为散热器供水立管下端,第二点为管道终点。

绘制管道时,每段长度可以在绘制前在平面图上用距离"DIST(DI)"命令量取,也可在绘制过程中随时调用。操作方法是在命令行输入"′DI",即在命令前增加"′",以启动透明命令,其执行过程如下。

命令:PL

PLINE

指定起点:

当前线宽为 50

指定下一个点或[圆弧(A)/半宽(H)/K 度(L)/放弃(u)/宽度(w)]：

指定下一点或【圆弧(A)/闭合(c)/半宽(H)/长度(L)/放弃(u)/宽度(w)】：'di

＞＞指定第一点：＞＞指定第二点：

距离＝4800,XY 平面中的倾角＝0.0,与 XY 平面的夹角＝0.0

X 增量＝4800,Y 增量＝0,Z 增量＝0

正在恢复执行 PLINE 命令。

指定下一点或[圆弧(A)/闭合(c)/半宽(H)/长度(L)/放弃(u)/宽度(…)]：

(3) 主卧室以后管道及散热器的绘制。

绘制的基本步骤如下。

a)从上一个散热器的回水立管开始绘制多段线,按平面图上的走向及长度,至下一个散热器供水立管。

b)复制相应的散热器,然后从新散热器的回水立管开始下一段管道的绘制。

c)最后将管道接到管道井。

在绘制过程中,应注意被遮挡管线的打断。完成的图形如图 16-21 所示。

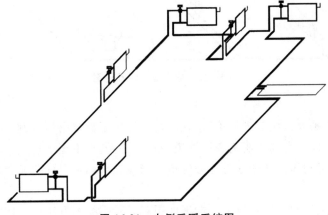

图 16-21　左侧采暖系统图

3. 整个图形的完成。

(1) 利用单行文字对散热器和管道进行标注。

(2) 绘制右侧系统的管道及散热器。

其中竖直放置的散热器可直接复制,水平放置的散热器需要复制后镜像。绘制管道时,由于系统左右是对齐的,可以利用对象捕捉追踪功能根据左侧的相应点直接进行定位。如对卫生间散热器供水管末端可以由上一点向右上方追踪 45°角以及由左侧对应点向右捕捉追踪 0°角的交点来确定。捕捉追踪的效果如图 16-22 所示。

对管线进行必要的打断,补充管道标注,其中平行管道可采用简化标注方法。

完成的系统图如图 16-23 所示。图名改为"标准层采暖系统图"。

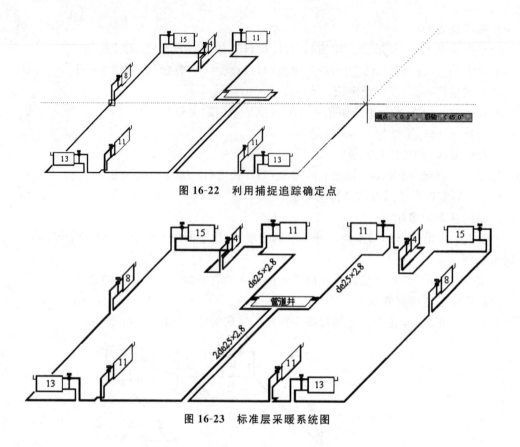

图 16-22　利用捕捉追踪确定点

图 16-23　标准层采暖系统图

　　说明：系统图不需要按比例进行绘制，在图名右侧也不需要书写比例。但管道的长度尽可能依照实际尺寸，这样既有利于明确表达管道的长度关系，也不至于造成系统图变形过大。在某些特殊情况下也可利用拉伸命令将部分管道适当拉长或缩短以优化显示。

　　建筑给水排水工程和燃气管道工程的平面图和系统图绘图方法与上述类似。

参考文献

1. 中华人民共和国建设部主编. GB/T50001-2001 房屋建筑制图统一标准. 北京:中国计划出版社,2002.

2. 中华人民共和国建设部主编. GB/T50103-2001 总图制图标准. 北京:中国计划出版社,2002.

3. 中华人民共和国建设部主编. GB/T50104-2001 建筑制图标准. 北京:中国计划出版社,2002.

4. 中华人民共和国建设部主编. GB/T50106-2001 给水排水制图标准. 北京:中国计划出版社,2002.

5. 中华人民共和国建设部主编. GB/T50114-2001 暖通空调制图标准. 北京:中国计划出版社,2002.

6. 何铭新. 画法几何及土木工程制图. 武汉:武汉工业大学出版社,2000.

7. 罗康贤. 土木建筑工程制图. 广州:华南理工大学出版社,2004.

8. 谭伟建. 建筑设备工程图识读与绘制. 北京:机械工业出版社,2007.

9. 王刚. AutoCAD2009 建筑设备工程图实例精解. 北京:人民邮电出版社,2009.

10. 吴银柱. 土建工程 CAD. 北京:高等教育出版社,2005.

11. 刘建龙. 建筑设备工程制图与 CAD 技术. 北京:化学工业出版社,2009.

图书在版编目(CIP)数据

建筑工程图识读与 AutoCAD 2009 绘图实训/林和德编著.—厦门:厦门大学出版社,2011.3
(2013.8 重印)
ISBN 978-7-5615-3837-1

Ⅰ.①建… Ⅱ.①林… Ⅲ.①建筑制图-识图法-高等学校:技术学校-教材②建筑制图-计算机
辅助设计-应用软件,AutoCAD 2009-高等学校:技术学校-教材 Ⅳ.①TU204

中国版本图书馆 CIP 数据核字(2011)第 021101 号

厦门大学出版社出版发行

(地址:厦门市软件园二期望海路 39 号   邮编:361008)

http://www.xmupress.com

xmup @ xmupress.com

厦门市金凯龙印刷有限公司印刷

2011 年 3 月第 1 版   2013 年 8 月第 2 次印刷

开本:787×1092   1/16   印张:19.5

插页:2   字数:492 千字

定价:35.00 元

本书如有印装质量问题请直接寄承印厂调换